爱上机器人

Robot: making on your time

4 个主题篇章 + 4 个机器人角色 + 16 个趣味机器人变身案例

磁吸式电路模块 + 图形化编程 = 轻松制作智能机器人 + 学习多种传感器应用方法

Arduino 智能机器人设计与制作

图形化编程与传感器应用

■ 胡畔 著

人 民 邮 电 出 版 社

北 京

图书在版编目（CIP）数据

Arduino智能机器人设计与制作 : 图形化编程与传感器应用 / 胡畔著. -- 北京 : 人民邮电出版社, 2023.5
ISBN 978-7-115-60119-3

Ⅰ. ①A… Ⅱ. ①胡… Ⅲ. ①智能机器人－程序设计－青少年读物 Ⅳ. ①TP242.6-49

中国版本图书馆CIP数据核字(2022)第179233号

内 容 提 要

本书以中国教育学会发布的《中小学机器人课程指导纲要》为指导，以培养中小学生设计思维、计算思维、创新思维、实践动手能力为目标，在深入分析儿童机器人教育需求与认知特点的基础上，通过16个儿童机器人教学案例，对智能机器人结构搭建、电路连接、工作原理、编程控制及创新设计等进行详细阐述。

全书共包含绪论及16课内容，绪论为引导部分，主要介绍机器人的概况、制作机器人的硬件平台及软件工具等；16课分为“创意生活篇”“音乐娱乐篇”“智能检测篇”“小车运动篇”4个主题篇章，每个主题篇章包含3个基础项目内容和1个综合项目内容。每课内容包含“我能干什么（机器人功能介绍）”“我从哪里来（机器人硬件组成与传感器介绍）”“换装大变身（机器人电路连接）”“我的基本功（机器人编程控制基础任务）”“我的超能力（机器人编程控制创意与拓展任务）”“小想法”“你做得怎么样”7个部分，引导读者在学会基础知识的同时，发挥自己的想象力，创造不同功能的机器人。此外，每个主题篇章设置一个机器人角色，角色名称分别为“法塔”“凯蒂”“瑞格兰”“罗亚”。书中内容主要以机器人角色的第一人称方式叙述，有利于读者理解课程任务，增加学习兴趣。

本书主要面向机器人制作初学者、编程初学者。

◆ 著　　　胡　畔
责任编辑　哈　爽
责任印制　马振武
◆ 人民邮电出版社出版发行　　北京市丰台区成寿寺路11号
邮编　100164　　电子邮件　315@ptpress.com.cn
网址　https://www.ptpress.com.cn
北京瑞禾彩色印刷有限公司印刷
◆ 开本：787×1092　1/16
印张：12.25　　　　2023年5月第1版
字数：239千字　　　2023年5月北京第1次印刷

定价：89.80元

读者服务热线：(010)81055493　印装质量热线：(010)81055316
反盗版热线：(010)81055315
广告经营许可证：京东市监广登字20170147号

前言 Preface

在云计算、物联网与人工智能技术快速发展的时代背景下，人机交流与协作愈加紧密，各种形态的智能机器人已经渗透到了我们生活的方方面面。对于中小学生而言，机器人兼具了老师与朋友的角色，它们不再仅仅是玩具，而是一种学习工具，对儿童的身心发展具有重要影响与作用。机器人教育能够帮助中小学生更全面、客观地了解和接纳智能机器人及未来的人工智能社会，对于塑造儿童的世界观、技术观、伦理观等都有着十分重要的意义。

近年来，机器人教育受到广泛关注，研究者开发了各种类型的教育机器人以促进儿童学习。其中，可自行组装并编程控制的智能机器人套件对于儿童创新思维、计算思维、实践能力及STEAM跨学科知识发展都有着巨大的促进作用。对中小学生来说，能够自己亲手制作一个机器人是一件非常令人兴奋的事情，它远远比一个成品机器人玩具更有吸引力。然而，要让中小学生理解机器人复杂的组成结构与控制原理，既要求教育机器人套件结构组装方便、合理，还要求机器人编程控制环境友好、易学。当前，教育机器人的软、硬件学习工具只有不断适应儿童认知发展水平，才能实现机器人教育在中小学阶段普及应用。

本书选择的机器人电路控制模块采用磁吸连接方式，避免了初学者直接面对复杂的电路连线问题。同时，选用与乐高兼容的积木作为组装机器人的结构件，有利于中小学生轻松拼装出各种形态的机器人，激发他们的创造力与想象力。此外，本书配套的机器人编程控制软件为基于Scratch 3.0 二次开发的图形化编程工具，有利于中小学生快速接受与适应机器人编程。全书以图、文、视频相结合的方式详细阐述机器人传感器原理、电路连接及编程控制等知识内容，能够帮助学生深入理解机器人“获取信息→计算处理→信号输出”的整个过程，进而形成对机器人的整体概念与认知。

我是佛山科学技术学院副教授，佛山市创意设计与创客教育工程技术研究中心主任。我长期致力于青少年机器人教育与STEAM教育研究及中小学创客教师培训工

作。本书由我负责全书内容框架设计、整体编排与统稿校对，邓颖思负责本书主要内容的组织与编写。除此之外，以下成员参与了本书相关内容的建设：邓颖思（参与了第 1 ~ 4 课的编写）；刘凌波、谭咏晔（参与了第 5 ~ 8 课的编写）；曾梦霞、朱月姣（参与了第 9 ~ 12 课的编写）；陈金玲、黄铎（参与了第 13 ~ 16 课的编写）。其中，邓颖思、刘凌波、陈金玲、黄铎、朱月姣、谭咏晔还为本书的内容录制了视频。如果大家想通过视频学习相关知识，可以在网页中搜索“佛山科学技术学院网络教学平台”，再单击“热搜榜”，搜索“Arduino 智能机器人设计与制作——图形化编程与传感器应用”，找到相关视频。

本书为 2021 年广东省普通高校特色创新类项目“一种面向儿童早期计算思维培养的可编程教育机器人设计与应用研究（No.2021WTSCX084）”及 2021 年广东省研究生教育创新计划项目“面向STEAM教育的现代教育技术专业硕士培养改革与实践（No.2021JGXM104）”的研究成果。

胡畔

2022 年 7 月

目录 Contents

小车运动篇

绪论 智能机器人——人类的好伙伴

5G、人工智能、物联网、云计算等技术的进步，推动了智能机器人在各个领域的发展和应用，智能机器人已经成为人类学习与工作中必不可少的小伙伴。理解机器人的行为，学会与机器人交流、协作与共处，成为新时代数字公民的基本要求，现在就让我们一起来了解与探索智能机器人吧！

一、前沿科技推动机器人快速发展

随着科技的创新与进步，机器人的结构与智能不断升级，它们能够模仿人类的认知功能（如学习和解决问题等），并通过与人交互不断学习进步，更加智能地与人交流、协作和完成人们布置的工作任务。目前，在许多工业生产领域，机器人拥有更加精细的运动能力，可以代替人类在某些高危场景中进行作业，极大地提高了人类的工作效率，如图 0-1（左）所示。值得一提的是，在一些特定的专业领域，人工智能甚至可以超过人类智能，如谷歌公司开发的AlphaGo人工智能机器人在 2016 年以 4:1 的比分战胜了世界顶级围棋手李世石，如图 0-1（右）所示。

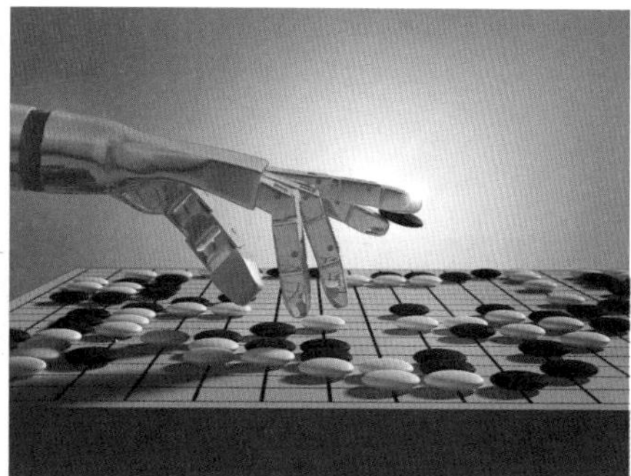

图 0-1　人工智能与机器人

此外，在物联网技术的支持下，机器人能够与各种电子设备进行信息交换与通信，从而实现对其他设备的智能识别、定位、监管与控制等，如图 0-2 所示。在万物

互连时代，机器人将会在工业生产、医疗保健、居家生活等各个方面发挥举足轻重的作用。

随着传感器技术的不断发展，智能机器人感知外部环境信息的能力越来越强，包括外部环境的光线、声音、温/湿度、水平与方位等。同时，智能机器人还能够识别各种人体生物特征（如指纹、虹膜、面部等）以及人体生理指标（如血压、心率、血氧等）。

图 0-2　物联网技术与机器人

随着各种前沿技术在机器人领域的应用，智能机器人在形态与行为能力上都越来越接近甚至超越人类或其他自然生物。如美国波士顿动力（Boston Dynamics）公司研发的机器人与机器狗，以及博物馆观赏导游机器人等，如图 0-3 所示。

图 0-3　仿生机器人

此外，随着ChatGPT等人工智能技术的出现，机器人的智能化程度将越来越高。相信在不久的将来，机器人将会全面融入人类生活，渗透到人类社会的各个领域。

二、机器人与人

我们知道人类具有大脑与神经系统、感官系统、肌肉与骨骼系统，这3个系统的协调配合能够帮助人类实现基本活动。机器人是人类仿照自身结构制作出来的，其组成部分与人类极为类似，对应包含控制系统、检测与传感系统、动力与驱动系统这三大系统，如图0-4所示。

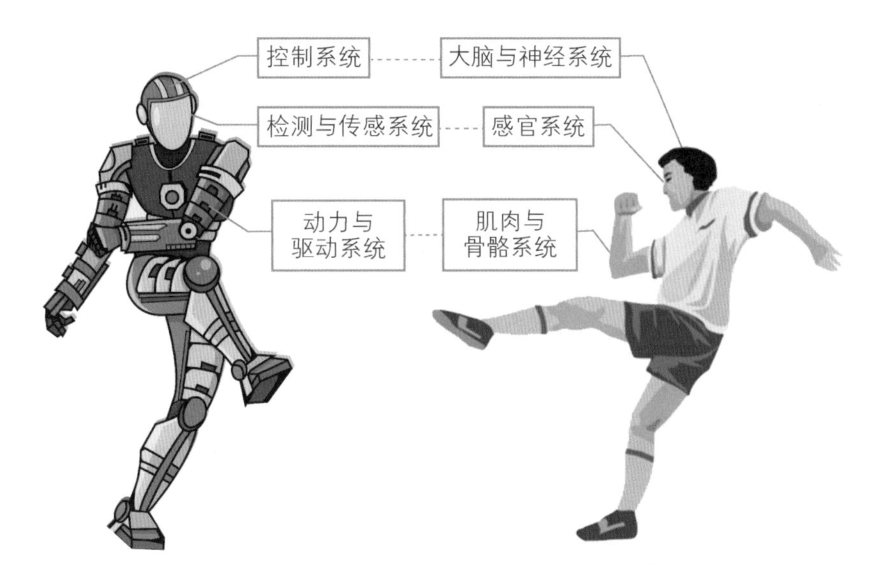

图0-4　机器人与人

机器人的检测与传感系统能够像人类的感觉器官一样从外界获取各种信息，并且在很多方面机器人感知外部环境信息的能力都要强于人类。机器人的控制系统能够像人类大脑一样对各种信息进行加工处理并下达相关指令。机器人的动力与驱动系统在接收指令后，能够像人体的肌肉与骨骼系统一样驱动躯干执行相应操作。

三、mCookie创意套件

Microduino mCookie是美科科技公司面向幼儿园至高中阶段的孩子推出的一款磁吸式创意电子套装，它能够通过简单的拼接和编程创造出各种各样的智能机器人。mCookie创意套件主要包括磁吸式mCookie模块板、各类外接电子元件和传感器等。

1. mCookie模块板

mCookie模块板包括红色核心控制模块、绿色扩展功能模块、蓝色通信功能模块、黄色扩展功能模块等，如图 0-5 所示。mCookie模块板采用磁吸式设计，各个模块之间通过磁吸即可实现电路引脚连接，便于组装连接。

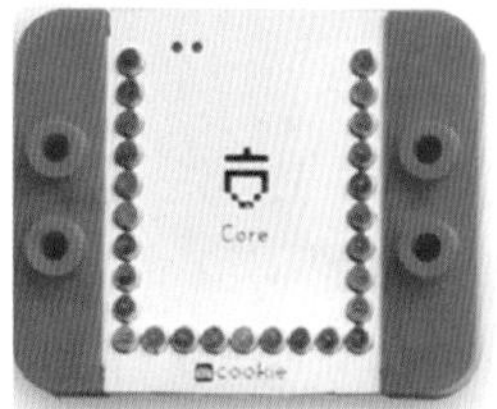

Core模块
用于加载程序，相当于所有应用的大脑，指挥控制其他模块的运作

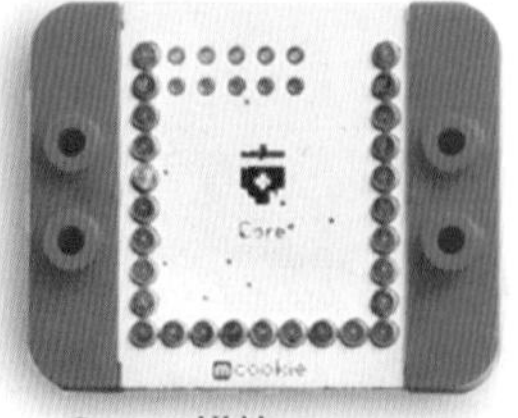

Core^{+}模块
与核心功能一样，但功能更强大，可以处理更复杂的程序

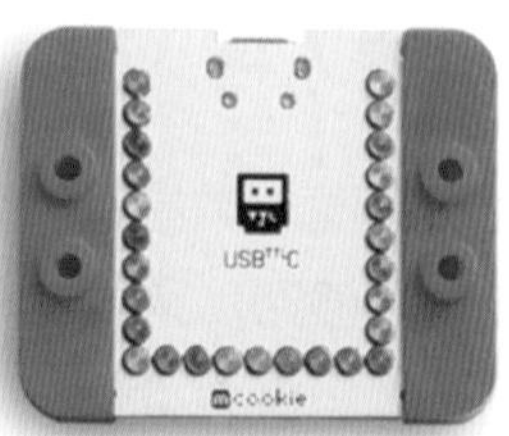

USB^{TTL}C模块
给核心模块下载程序的模块，让核心模块和计算机通过串口通信

OLED屏幕
0.96英寸大小的屏幕，分辨率128像素×64像素，用于显示各种信息

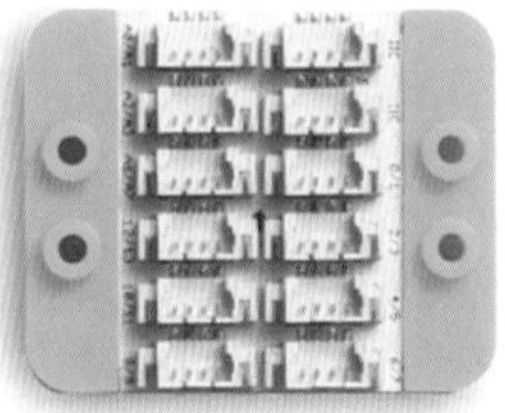

传感器接口板
mCookie所有的功能引脚都接到了传感器接口板的底座上，包括数字、模拟、串口、IIC接口

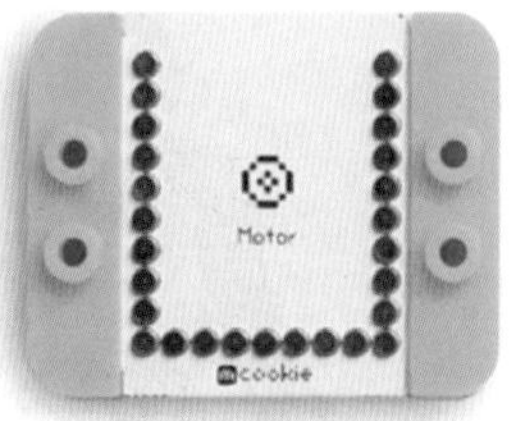

直流电机驱动
可以同时驱动两个直流电机并调速

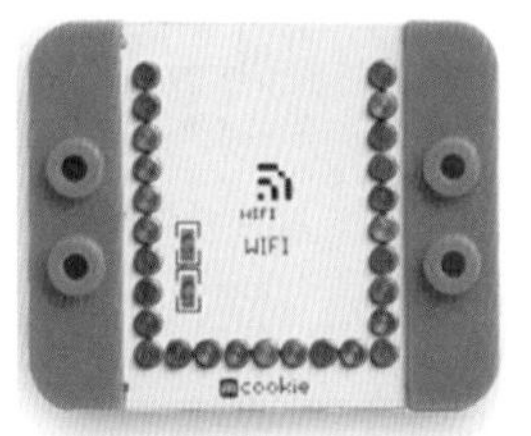

Wi-Fi通信
Wi-Fi无线通信模块，支持Wi-Fi直连或接入点

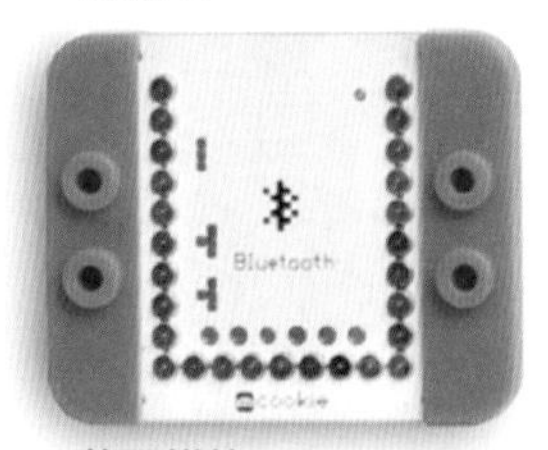

蓝牙模块
可以传输蓝牙信号

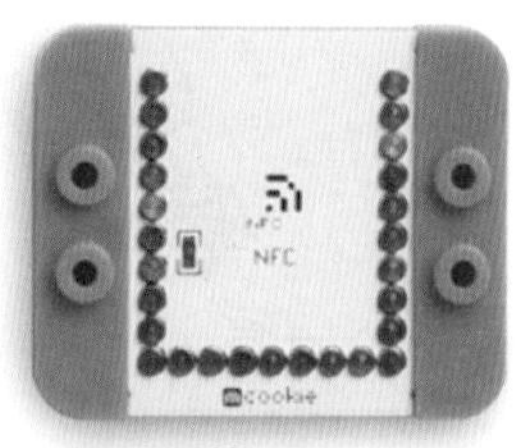

NFC通信
NFC近距离通信模块，与常用的门禁卡、公交卡原理相同

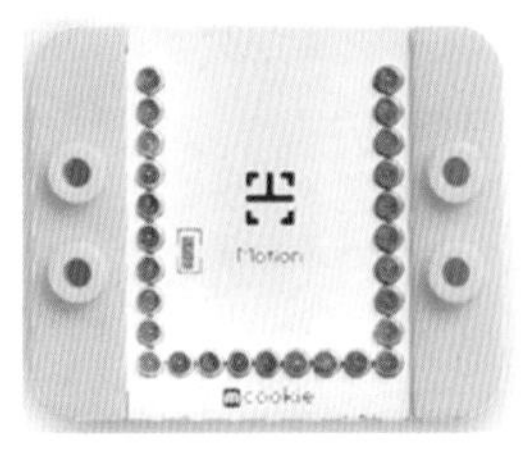

姿态模块
集成了三轴加速度、三轴陀螺仪传感器

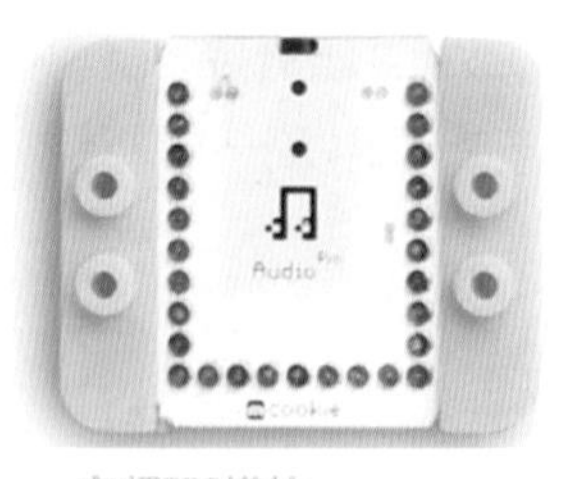

音频^{PRO}模块
可以播放各种格式的音乐，或模拟各种乐器

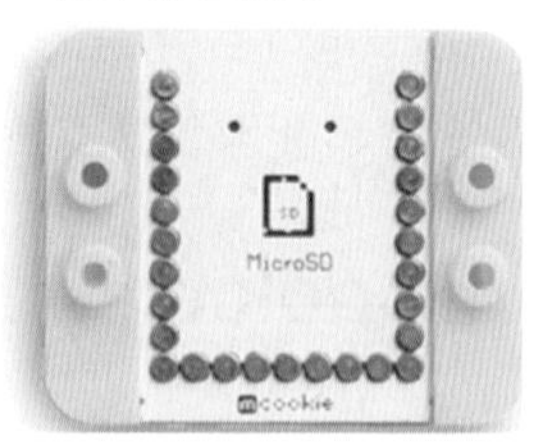

SD卡
背部有卡槽，可以插入MicroSD卡，用于存储音频等各种类型文件

图 0-5　部分 mCookie 模块板

2. mCookie电子元件和传感器

mCookie电子元件和传感器包括各类开关、LED、蜂鸣器与扬声器、电机及各种外部环境检测传感器等，部分mCookie传感器如图 0-6 所示。

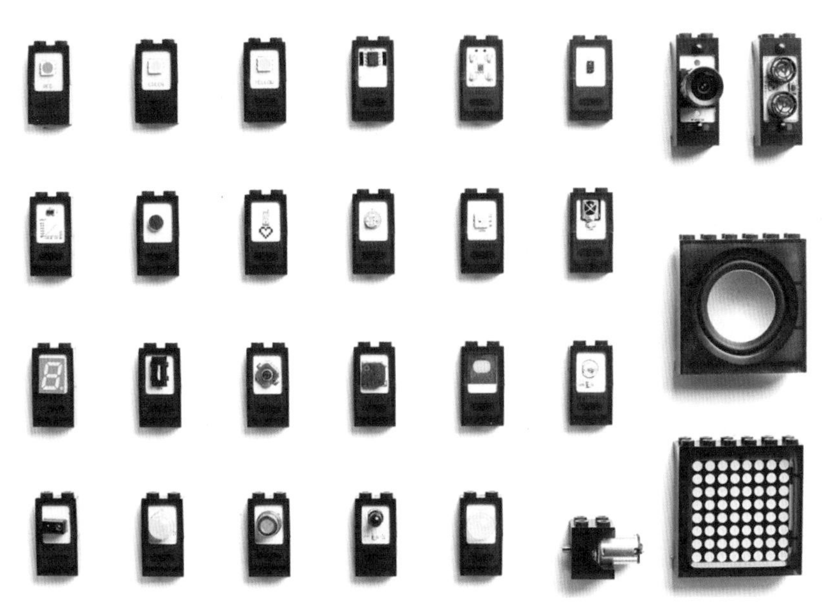

图 0-6 部分 mCookie 传感器

为了方便与积木拼搭，大部分电子元件和传感器都配套了一个积木外壳，将其拆开后，我们可以进一步看清传感器的内部结构，如图 0-7 所示。

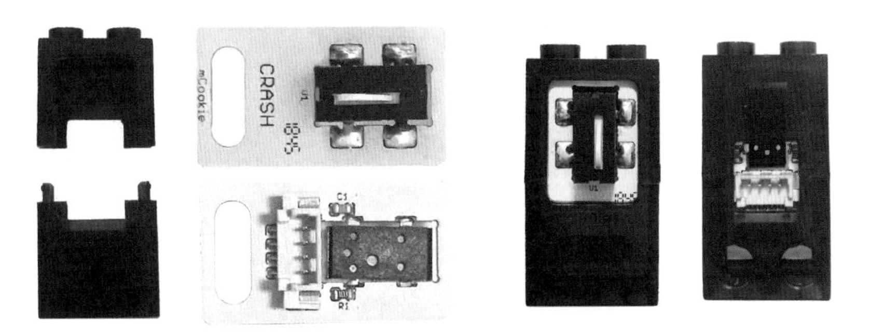

图 0-7 传感器的内部结构

四、mDesigner 3 图形化编程软件

mDesigner 3 是基于Scratch 3 开发的图形化编程软件，其界面如图 0-8 所示，延续了Scratch 3“操作简单、所编即所见”的设计理念，并增加Arduino、Python

语言编程，AI（Artificial Intelligence，人工智能）和IoT（Internet of Things，物联网）等功能模块，用户通过拖曳程序块的操作方式，可以轻松控制自己的智能硬件，创作生动有趣的创意作品。

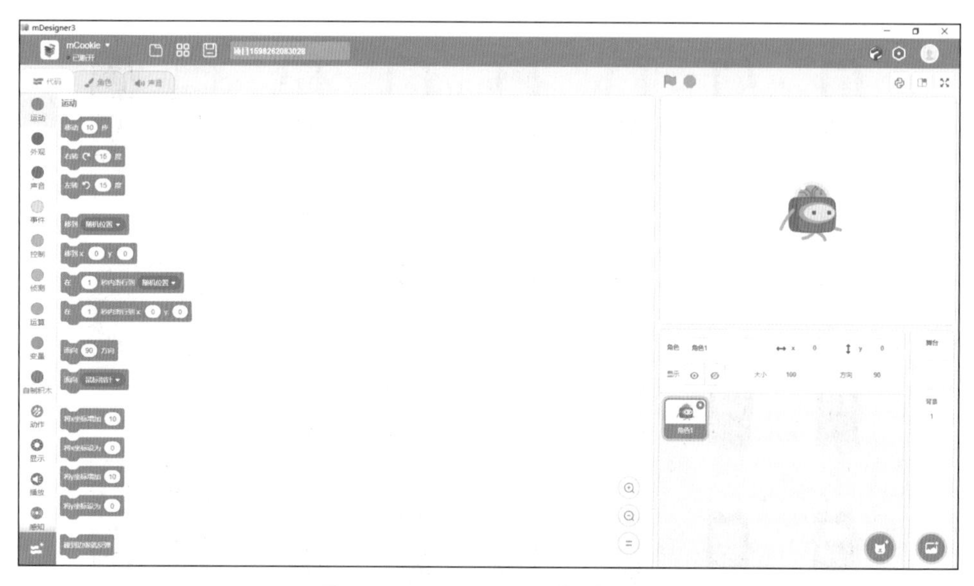

图 0-8　mDesigner 3 软件界面

1. mDesigner 3 菜单栏

mDesigner 3 菜单栏（见图 0-9）可以切换套件、连接硬件、登录账号，并对项目文件执行基本操作。同时菜单栏mDesigner 3 包含一些简单的帮助引导。

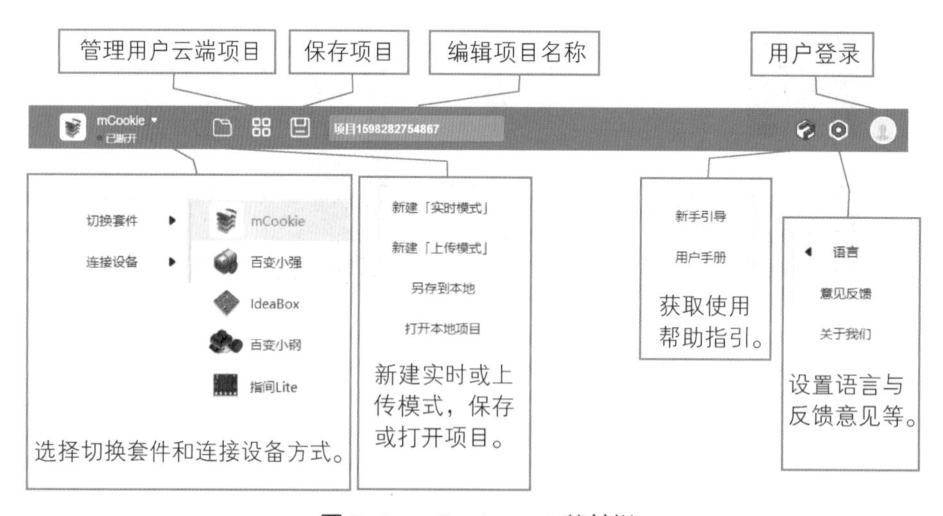

图 0-9　mDesigner 3 菜单栏

2. 实时模式（online）

“实时模式”是指所编写的程序在计算机端mDesigner 3 软件上实时执行，并且用户可以与舞台角色进行交互，但程序不能脱离计算机在Microduino的核心模块上独立运行。在“实时模式”下，单击“绿旗”标志即可执行所编写的程序，便于用户快速调试程序。“实时模式”界面如图 0-10 所示。

图 0-10 “实时模式”界面

除了我们在Scratch 3 中熟悉的九大基本积木模块和“音乐”“画笔”扩展积木模块，mDesigner 3 在“实时模式”中还根据可连接硬件设备和智能识别技术新增了 11 种扩展积木模块（见图 0-11）。当开启Python模式时，mDesigner 3 不支持“IoT”“姿态检测”“图像分类”“物体识别”“音乐”扩展积木模块，同时，也不支持“事件”“控制”“运算”积木模块的部分积木。

3. 上传模式（offline）

“上传模式”是指将用户编写好的程序上传到Microduino核心模块的主控芯片中，用户程序可以脱离计算机在主控芯片上独立运行。在“上传模式”下，用户如修改程序，则必须重新编译上传后才能执行。同时，程序运行过程中用户不能与mDesigner3 软件进行交互。“上传模式”界面如图 0-12 所示。

图 0-11 “实时模式”扩展模块

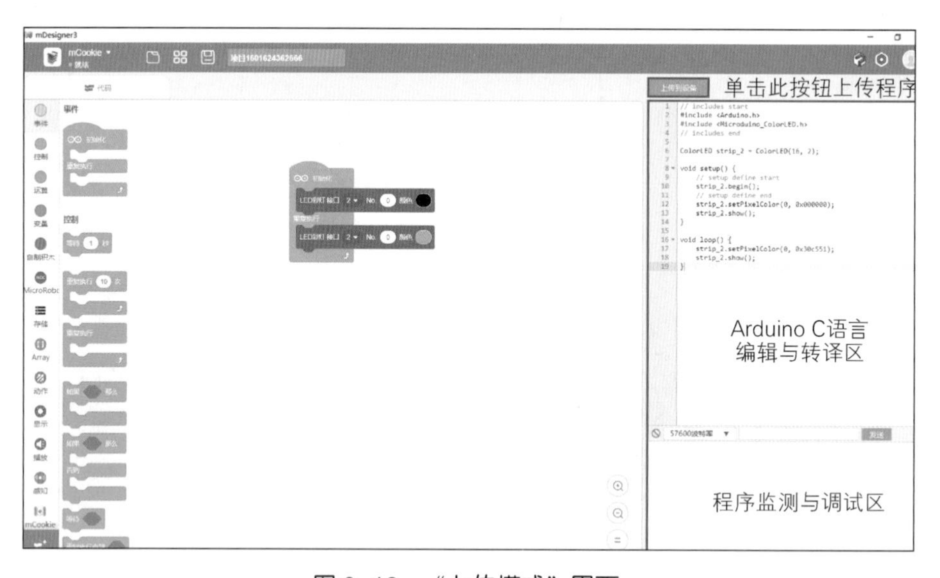

图 0-12 “上传模式”界面

在“上传模式”下，mDesigner 3 软件不支持“运动”“外观”“声音”“侦测”基本积木模块，“音乐”“画笔”扩展积木模块，以及“实时模式”中的“AI”“姿态检测”“图像分类”“物体识别”扩展积木模块。但增加了“MicroRobot”“存储”“数组”积木模块，如图 0-13 所示。同时，“事件”“控制”“播放”“感

知”“Arduino”“IoT”“mCookie扩展”积木模块亦有所改变或扩展。

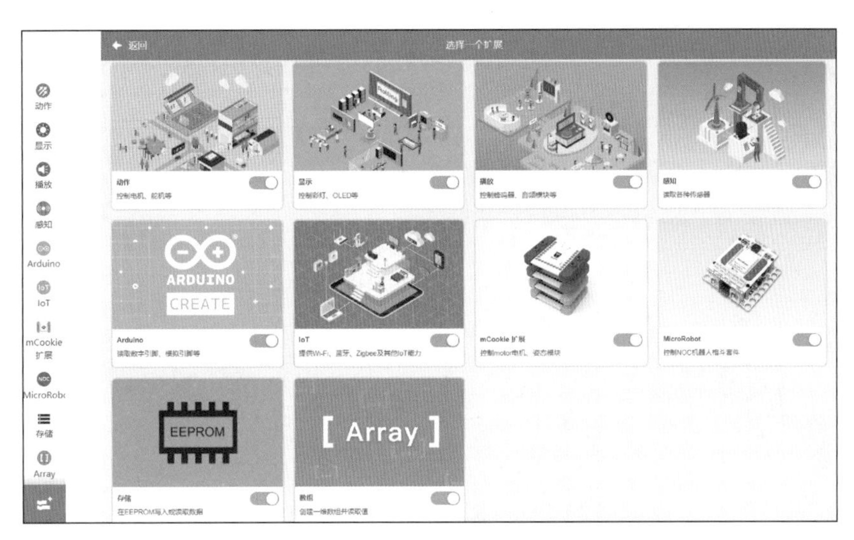

图 0-13　“上传模式”扩展模块

4. 连接设备

在上传程序和烧录固件前，必须进行设备连接，并保证设备已连接上，未连接则系统显示“已断开”，已连接则系统显示“就绪”，如图 0-14 所示。

图 0-14　连接状态显示

每次在“实时模式”和“上传模式”之间进行切换时，必须重新连接设备。

进行连接时，必须保证电池盒处于打开状态（见图 0-15），并且核心模块已拼接到电池盒，才能完成程序上传和固件烧录。

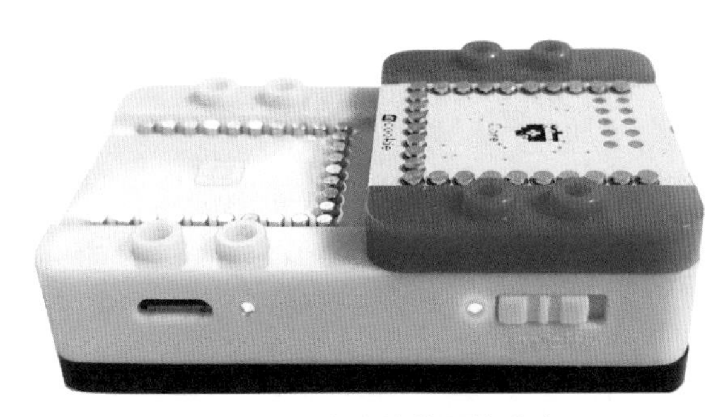

图 0-15　连接前的硬件准备

使用USB连接时，需使用USB线将电池盒与计算机连接，并选择相应的连接设备。“实时模式”下执行实时程序时，个人计算机须保持与设备USB连接；在“上传模式”下完成上传、烧录后，主控设备可断开USB连线独立执行程序，如图0-16所示。

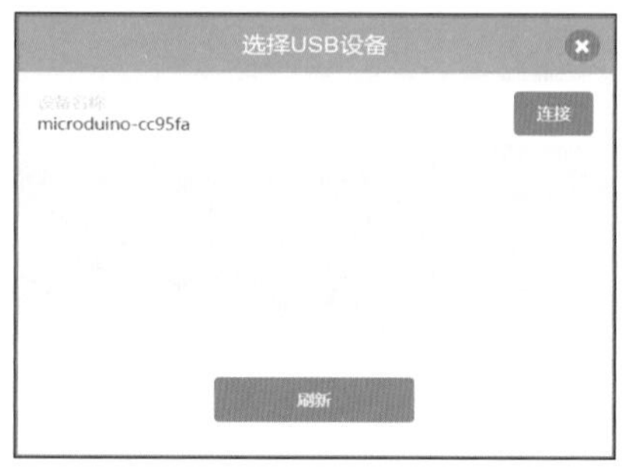

图0-16　使用USB连接

使用蓝牙连接时，需另外将蓝牙模块拼接到电池盒上，同时保证计算机或手机的蓝牙功能处于打开状态，如图0-17与图0-18所示。

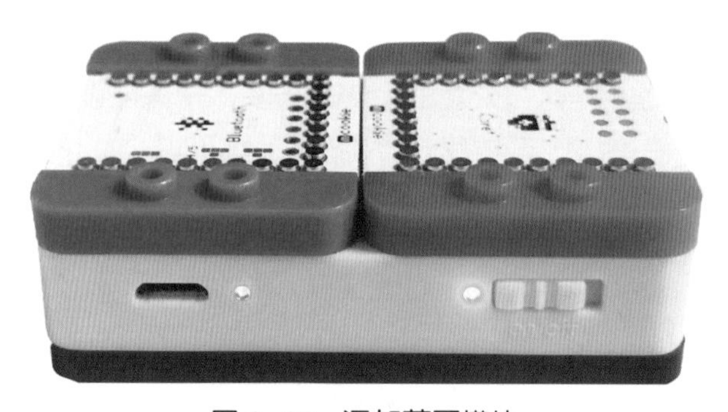

图0-17　添加蓝牙模块

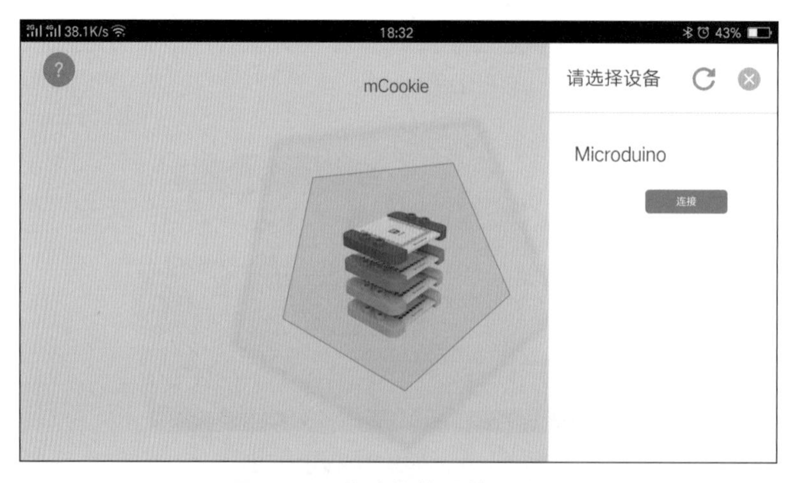

图0-18　移动端使用蓝牙连接

若出现固件烧录或程序上传失败的情况，请尝试重新连接。

5. 固件烧录与程序上传

设备连接成功后，在“实时模式”界面上直接单击“绿旗”标志，即可运行程序，实时查看程序运行效果。除此以外，双击某一个积木块或某一段积木程序，亦可实时查看对应程序的运行效果。“实时模式”下的固件烧录如图 0-19 所示。

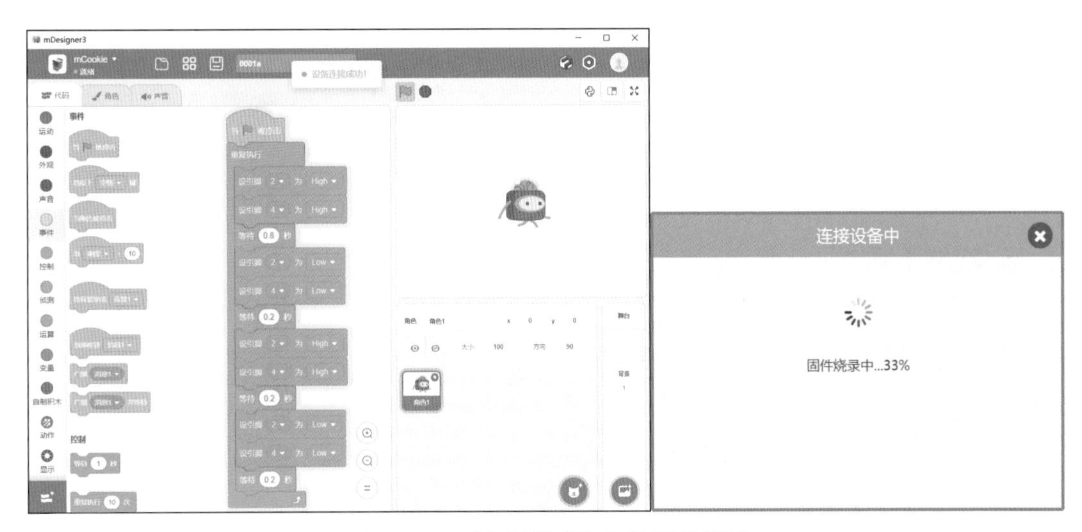

图 0-19　“实时模式”下的固件烧录

设备连接成功后，在“上传模式”界面上单击“上传到设备”按钮（如图 0-20 所示），在上传程序过程中请勿中断设备连接，耐心等待完成上传。

图 0-20　在“上传模式”下上传程序

若出现烧录失败，请仔细检测硬件搭建是否正确，随后重新连接设备，再次编译

并上传程序；若出现编译错误，请检测程序，随后再次编译并上传程序，如图 0-21 所示。

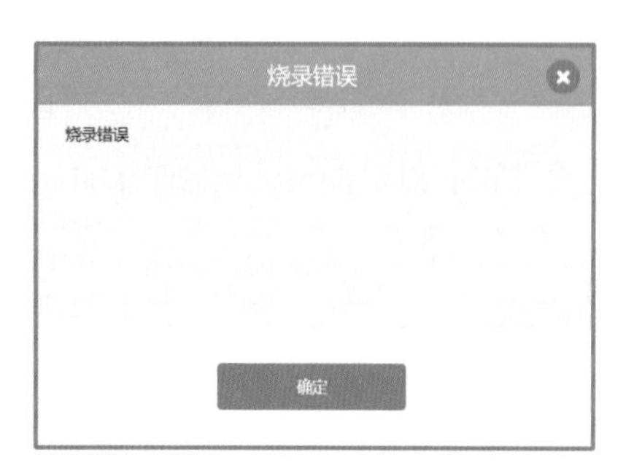

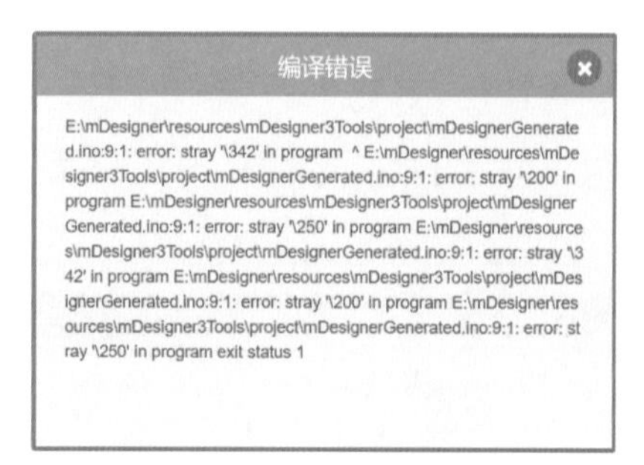

图 0-21 错误排查

6. 软件下载

访问美科科技官网的下载中心，可获得计算机端（Windows系统或macOS系统）或移动端（iOS系统或Android系统）的mDesigner 3 软件安装包，该软件支持多平台学习。

现在我们就来开始新一课的学习吧！

创意生活篇

- 第 1 课　唤醒小法塔
- 第 2 课　机灵小法塔
- 第 3 课　智能小法塔
- 第 4 课　早操小领队

第1课　唤醒小法塔

一、我能干什么

眼睛是人类心灵的窗口，机器人小法塔（见图 1-1）也有一双漂亮的眼睛，当小法塔的眼睛亮起，是充满活力的觉醒信号，还是表示小法塔在向我们表达友好的问候呢？现在，就让我们一起来“唤醒”机器人小法塔吧！

图 1-1　“小法塔”机器人展示图

二、我从哪里来

一起来看看小法塔由哪些部件组成吧（见图 1-2~图 1-8）!

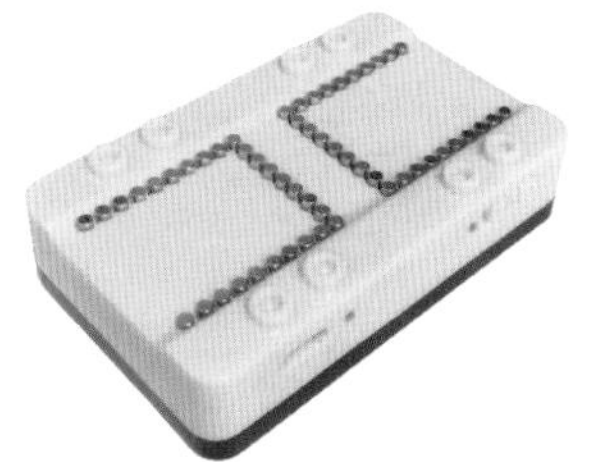

内含850mAh可充电锂电池，它是连接各个电路模块的枢纽。

图 1-2　电池盒 ×1

连接计算机与电池盒，用于程序上传与充电。

图 1-3　USB 线 ×1

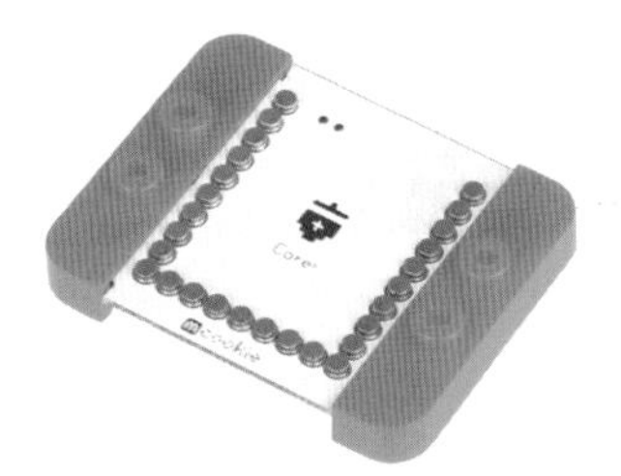

包含主控芯片，用于存储程序，运算和控制其他模块和元器件，相当于机器人的大脑。

图 1-4　核心模块 ×1

拥有12个不同类型的接口，通过导线可以用来连接不同传感器和外部设备。

图 1-5　传感器接口板 ×1

用于连接不同元器件与设备，每组连接线由4根导线组成，包含电源线与信号线。

图 1-6　4Pin 连接线 ×3

有红、黄、绿3种颜色的LED，每种灯都只能发出一种对应颜色的光。

图 1-7　单色 LED×2

按键与弹簧相连，当按下按键后开关闭合；松开按键后恢复原状，开关断开。

图 1-8　碰撞开关 ×1

三、换装大变身

1. 拼合模块与电池盒

将核心模块与传感器接口板底面及电池盒的磁性插针对齐，实现连接，如图 1-9 所示。

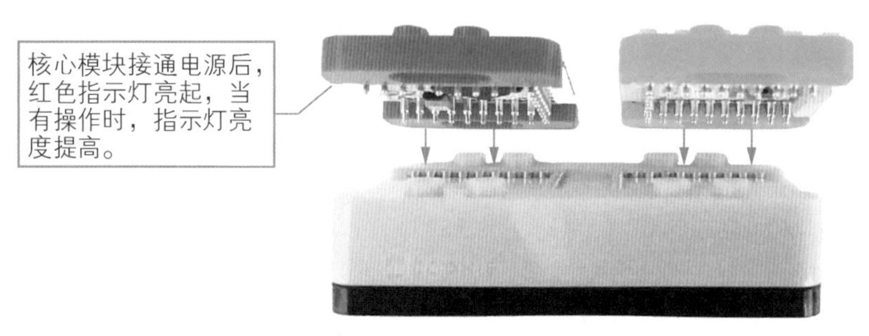

图 1-9　拼合模块板与电池盒

知识卡片 1：电池盒指示灯

电池盒上带有电源指示灯和USB指示灯，其不同的颜色和状态对应的情况如表 1-1 所示。

表 1-1　电池盒指示灯闪烁情况

USB连线	连接		断开
电池盒开关	打开（On）	关闭（Off）	打开（On）
电源指示灯	●：满电	●：满电	●：电量正常
	◐：充电中	◐：充电中	◐：电量不足
	/	/	●：没电
USB指示灯	●：程序正常运行	/	●：程序正常运行
	◐：接上mDesigner	/	/
	◐：上传程序	/	/

注：表1-1中小圆点的颜色表示指示灯的颜色。如●表示红色常亮，◐表示红色闪烁，◐表示红绿色交替闪烁，●表示不亮，其他颜色如此。

2. 将两个单色LED接上传感器接口板

用一条 4Pin线连接一个单色LED与传感器接口板的 2/3 接口，搭建小法塔的左眼；用另一条 4Pin线连接另一个单色LED与传感器接口板的 4/5 接口，搭建小法塔的右眼，如图 1-10（上）所示。

3. 连接碰撞开关与传感器接口板

用一条 4Pin线连接碰撞开关与传感器接口板的 10/11 接口，搭建小法塔的鼻子，如图 1-10（下）所示。

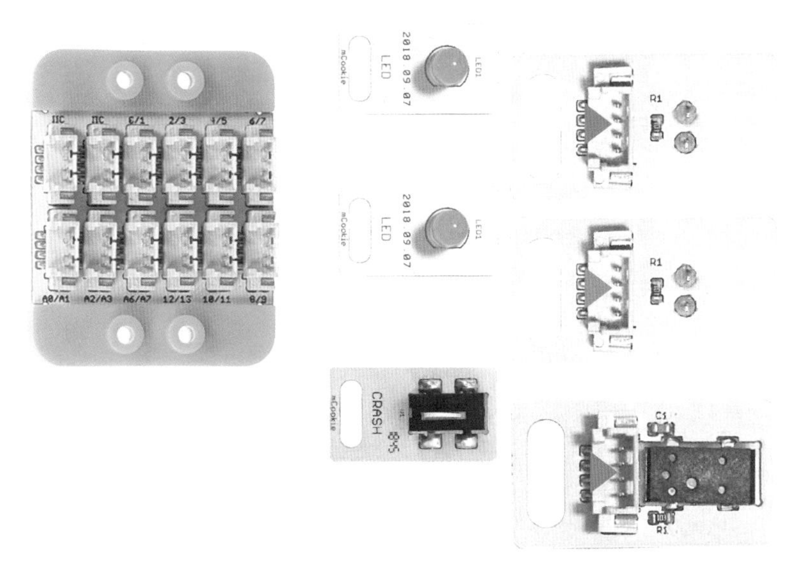

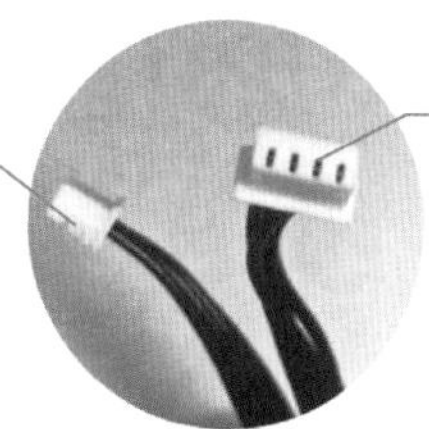

图 1-10　连接单色 LED 与传感器接口板、碰撞开关与传感器接口板

知识卡片 2：传感器接口板

传感器接口板是核心模块与各个元器件连接的集合板，但核心模块的主控芯片与不同元器件的通信方式各不相同。传感器接口板上有 3 种信号类型的连接端口，分别是IIC（Inter-Integrated Circuit，集成电路总线）通信接口、数字信号（Digital Signal）

接口、模拟信号（Analog Signal）接口。

不同元器件的控制信号与通信方式各不相同，我们需要将元器件与传感器接口板上的正确信号接口相连接，否则将无法实现元器件与核心模块之间的通信。本项目中用到的单色LED的控制信号为数字信号，应连接传感器接口板的数字信号接口。本书在介绍各元器件时分别用“D”（数字信号）、“A”（模拟信号）、“IIC”（IIC通信）标注该元器件的信号类型，具体接口连接情况如图 1-11 所示。

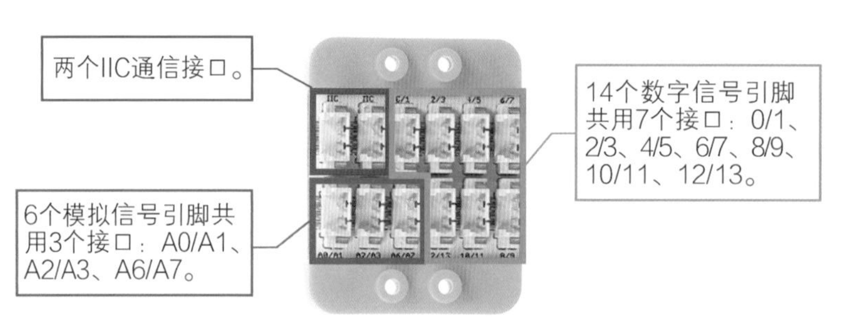

图 1-11　传感器接口板接口与引脚

除IIC通信接口外，主控芯片的每两个引脚共用一个接口，当该传感器接口板接口与元器件相连接时，默认选择连接偶数引脚。在本项目中，两个单色LED对应连接的引脚序号分别是 2 和 4，而碰撞开关对应连接的引脚序号是 10。

将在计算机上编写好的程序下载到核心模块的主控芯片中时，系统需要占用传感器接口板的 0/1 接口，所以在下载程序时，传感器接口板的 0/1 接口不能被占用，程序下载完毕后，不会影响 0/1 接口的使用。

知识卡片 3：数字信号

数字信号是一个关于时间函数离散的量，是断续信号。从图 1-12 中可以看出，数字信号只有高电平与低电平两种状态，通常用 1、0 两个数字表示。在本项目中，当主控芯片的 2、4 引脚为高电平时，LED被点亮；为低电平时，LED被熄灭。

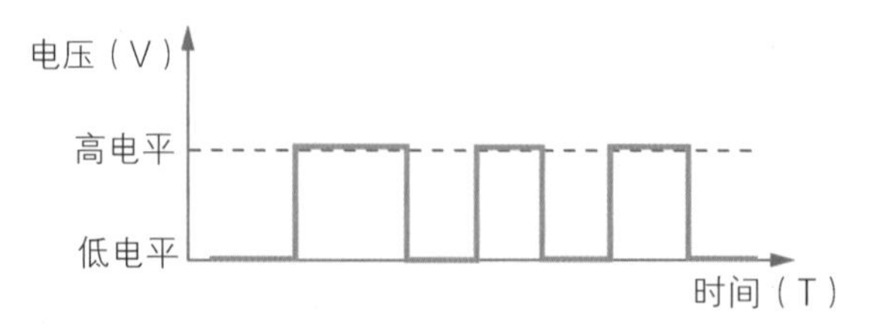

图 1-12　数字信号的变化

四、我的基本功

打开电源后，小法塔就会眨两下眼睛，即两个单色LED会闪烁两次。下面，我们就一起来实现这个功能。

1. 认识新积木

实现这个功能需要用到的积木如图 1-13 所示。

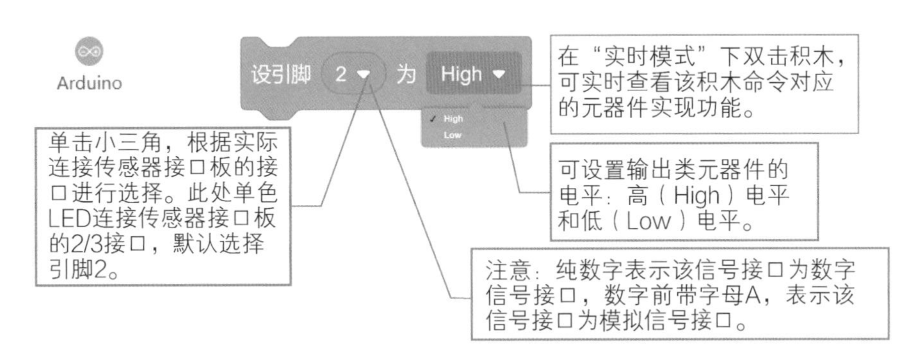

图 1-13　Arduino 分类中的设置引脚电平积木

2. 程序流程

图 1-14 所示为小法塔眨眼睛的程序流程。

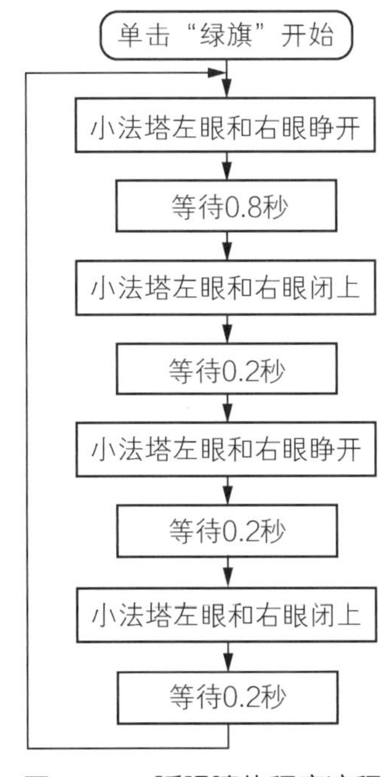

图 1-14　眨眼睛的程序流程

3. 程序编写

打开mDesigner，新建“上传模式”项目并重命名，编写如图 1-15 所示的程序。

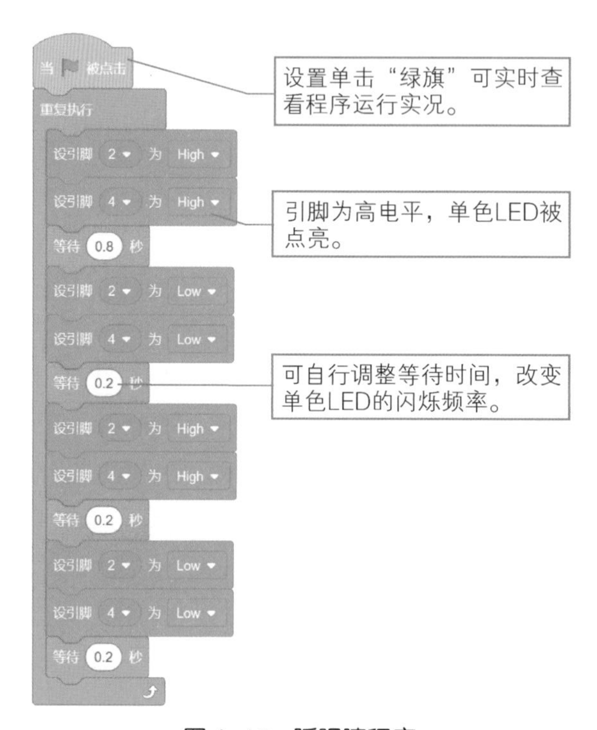

图 1-15　眨眼睛程序

4. 程序运行调试

运行程序，我们可以看到小法塔的眼睛闪亮了两次，并且第一次与第二次亮的时长不同，你可以尝试调整小法塔眼睛亮的时间与次数，完成后与其他小伙伴一起分享一下你的作品吧！

五、我的超能力

当我们按住小法塔的鼻子，它的眼睛会逐渐变亮；当松开它的鼻子，小法塔的眼睛就会逐渐变暗，慢慢闭上。让我们一起来看看如何实现这个超能力吧。

打开mDesigner，新建“上传模式”项目并重命名。

1. 认识新积木

实现这个超能力需要使用的积木如图 1-16~图 1-18 所示。

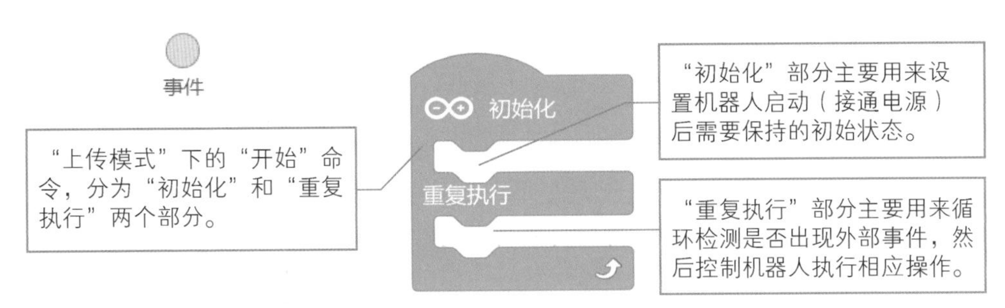

图 1-16　事件分类中的开始命令积木

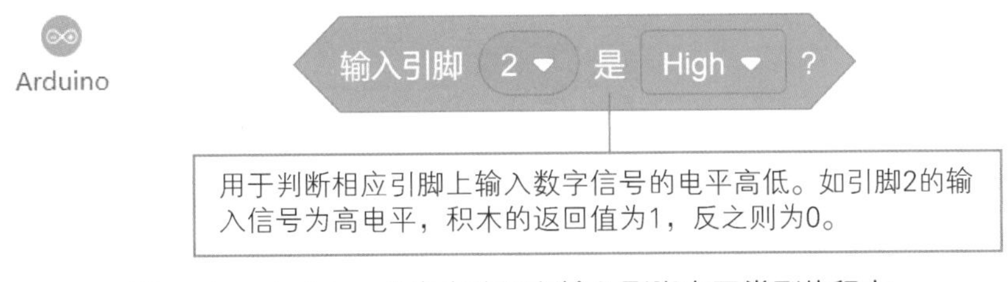

图 1-17　Arduino 分类中的判断输入引脚电平类型的积木

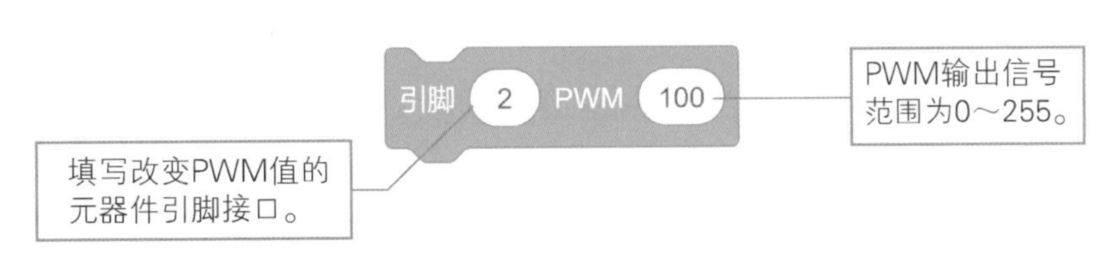

图 1-18　Arduino 分类中的设置引脚 PWM 值的积木

知识卡片 4：PWM

PWM（Pulse Width Modulation，脉冲宽度调制）是指微处理器通过调节数字输出信号的频率与占空比，从而使数字信号达到模拟信号的效果。数字信号频率与周期互为倒数，图 1-19 所示为一个周期为 10 毫秒（ms）的PWM波形，其频率为 100Hz。占空比为每个周期内高低电平脉冲宽度占整个周期的比例。图 1-19 中 3 个周期的占空比分别为 0.4、0.6 和 0.8。

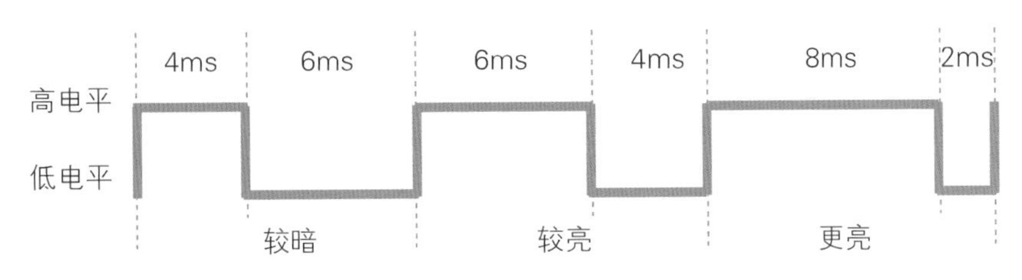

图 1-19　PWM 方波（以 10ms 一周期为例）

在“我的基本功”中，我们通过控制相应引脚输出高、低电平来控制LED点亮或熄灭，但并不能改变LED的亮度。LED的亮度由电流大小决定，而数字信号输出高电平是一个固定的电压值，在外部电阻不变的情况下，其输出电流恒定。

要实现小法塔的超能力，让小法塔的眼睛逐渐变亮或变暗，我们可以借助PWM来调节LED的亮度。通过图 1-18 所示的积木改变 2、4 引脚PWM的“占空比”，我们会发现LED的亮度也随之改变，“占空比”越高，LED越亮；“占空比”越低，LED越暗。

有同学会觉得奇怪，为什么在PWM一个周期内，高电平LED会被点亮，低电平LED会被熄灭，但我们并没有感觉LED在闪烁。这是因为PWM的频率足够高，即每个周期都非常短，通常以毫秒计算，以至于人眼无法分辨与感知一个周期内的灯光闪烁，但每个周期的“占空比”决定了固定时间内LED点亮发光的总时间，从而影响LED的亮度。

2. 程序流程

图 1-20 所示为触碰开关控制眨眼睛的程序流程。

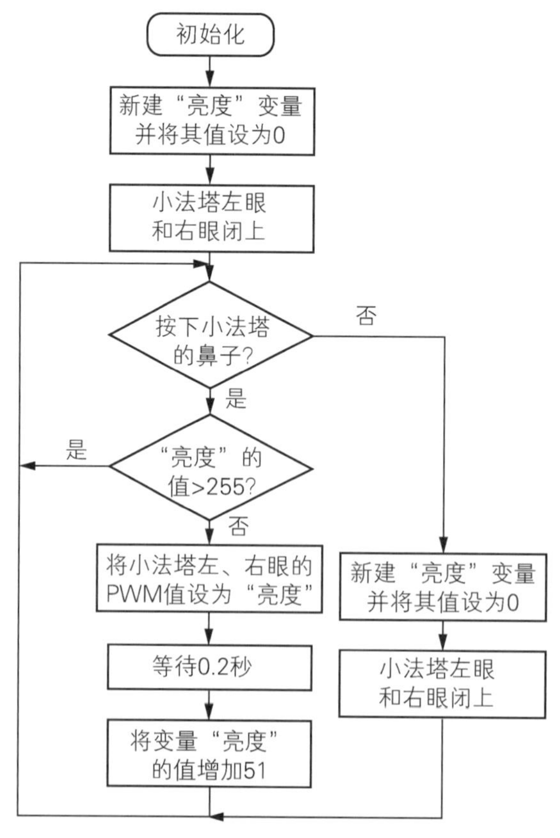

图 1-20　触碰开关控制眨眼睛的程序流程

3. 程序编写

打开mDesigner，新建“上传模式”项目并重命名，编写如图 1-21 所示的程序。

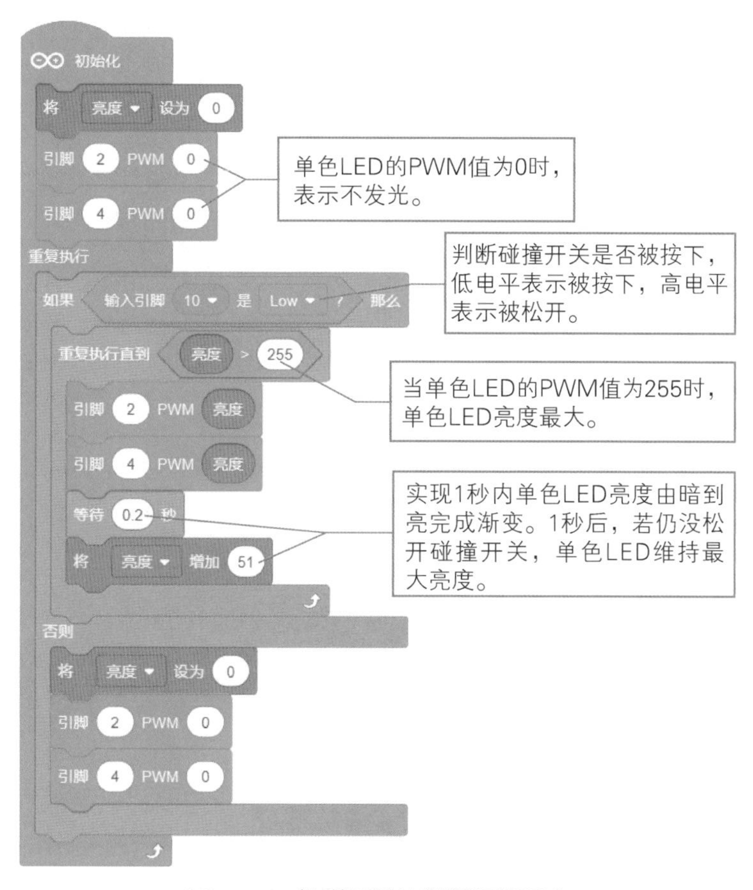

图 1-21　触碰开关控制眨眼睛程序

4. 程序运行调试

运行程序，我们可以发现，当按下小法塔的碰撞开关时，它的眼睛亮度会逐渐提高，当松开后，亮度逐渐降低。你也可以试着调整小法塔逐渐睁开眼睛的时间，完成后向其他小伙伴展示一下你的作品吧！

六、小想法

让小法塔启动后一直眨眼睛，并且当按下碰撞开关的时间越长，小法塔眨眼睛的速度越快。

七、你做得怎么样

根据自己在本课中的学习表现情况进行自我评价（“√”）。

知识技能	优秀	良好	一般	合格	仍需努力	备注
对元件、传感器的了解						
机器人搭建与接线情况						
程序编写与调试情况						
问题与困惑的解决情况						
创意与创造力表现						

第 2 课　机灵小法塔

一、我能干什么

声音传感器是机器人能够灵敏地感知外部声音并与人类进行互动交流必不可少的一个元件，现在就让我们给小法塔安装上耳朵与灵活的小天线（见图 2-1），让它与我们一起玩耍吧！

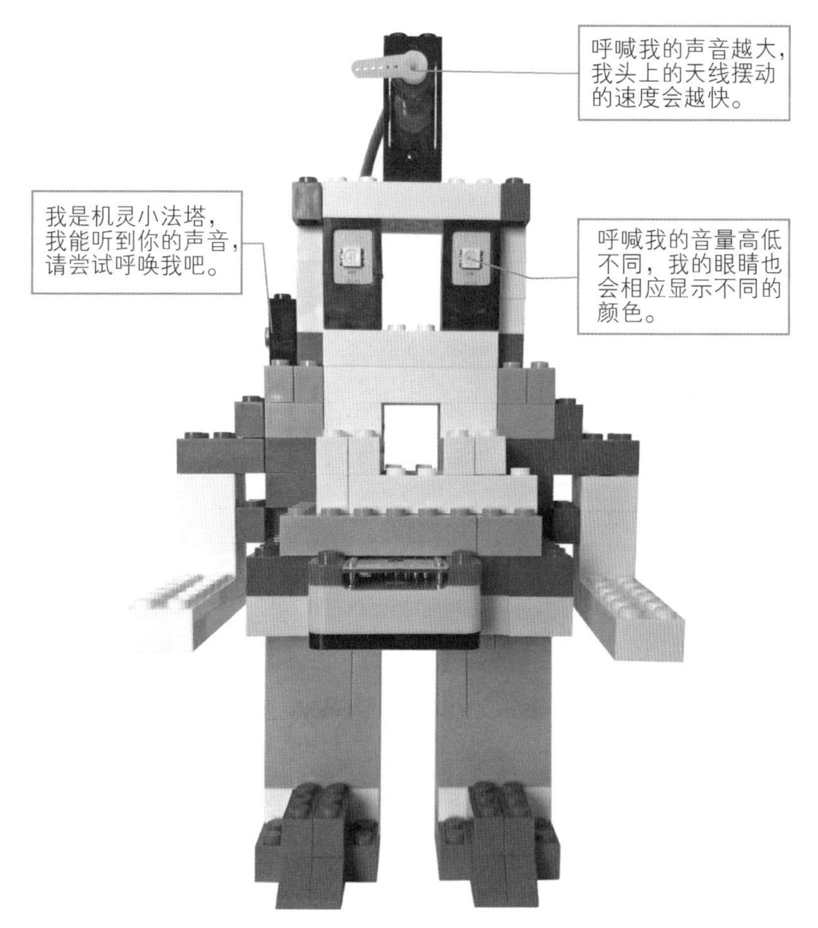

图 2-1　“机灵小法塔”机器人展示图

二、我从哪里来

一起来看看机灵小法塔由哪些部件组成吧（见图 2-2~图 2-10）!

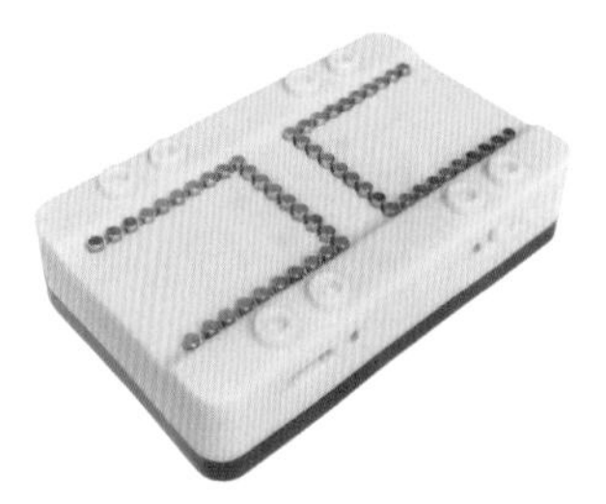

图 2-2 电池盒 ×1

图 2-3 USB 线 ×1

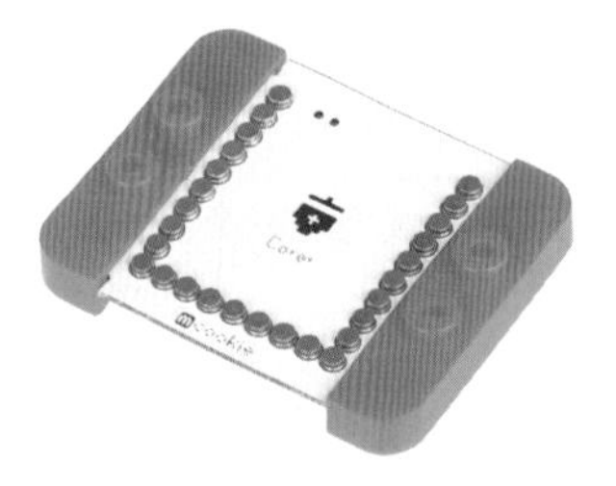

图 2-4 核心模块 ×1

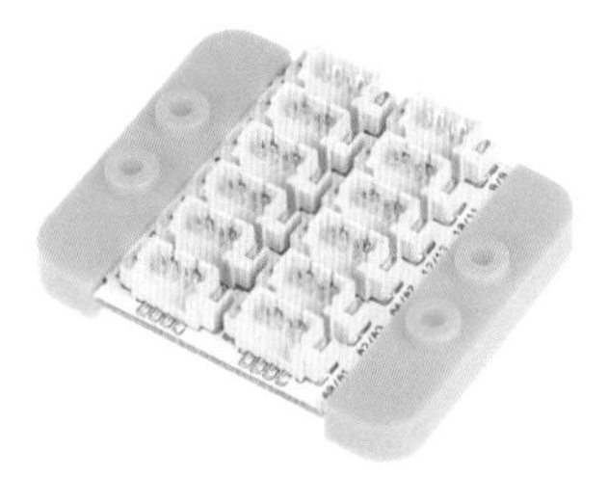

图 2-5 传感器接口板 ×1

图 2-6 4Pin 连接线 ×5

支持1600万色显示，能够支持多灯串联。

图 2-7 LED 彩灯（D）×2

能够感应声波振幅大小的变化，即音量的大小。

图 2-8 声音传感器（A）×1

指针可以在0～180度旋转。

图 2-9 舵机（D）×1

用于连接舵机和传感器接口板。

图 2-10　舵机转接器 ×1

三、换装大变身

1. 组合电池盒与核心模块、传感器接口板

2. 连接LED彩灯和传感器接口板

首先，用一条 4Pin 线连接LED彩灯 1 的OUT接口与LED彩灯 2 的IN接口，如图 2-11 所示，将两个LED彩灯连接起来，作为机灵小法塔的两只眼睛。

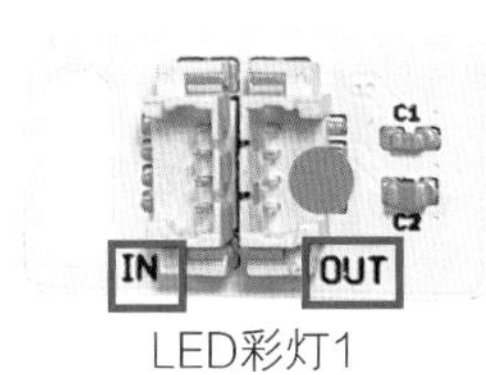

LED彩灯1

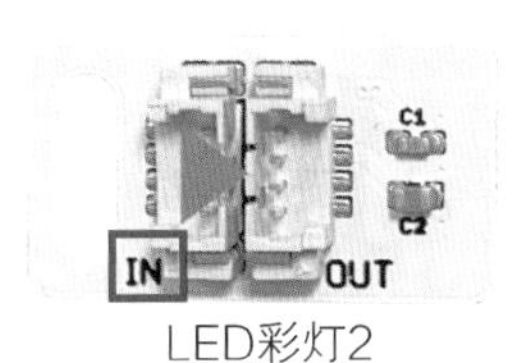

LED彩灯2

图 2-11　连接两个 LED 彩灯

然后，用一条 4Pin 线连接传感器接口板的 2/3 接口与LED彩灯 1（D）的IN接口，完成LED彩灯电路的连接。

3. 连接舵机与传感器接口板

舵机的连接线（3Pin 线）由黄色线、红色线、棕色线 3 根线组成，3Pin 线不能直接连接传感器接口板接口，需要经过舵机转接板进行转换，具体连接方法如图 2-12 所示。舵机转接板可以同时将两个舵机连接到一个传感器接口板接口，使传感器接口板接口的两个引脚分别独立控制两个舵机。舵机转接板的奇数引脚与传感器接口板接口的奇数引脚相连，偶数引脚与传感器接口板接口的偶数引脚相连。

本项目中使用一个舵机，并通过连接舵机转接板与传感器接口板的 6/7 接口，（如果舵机连接转接板的 2 号引脚，那么对应传感器接口板的控制引脚为 6），搭建机灵小法塔头上的天线。

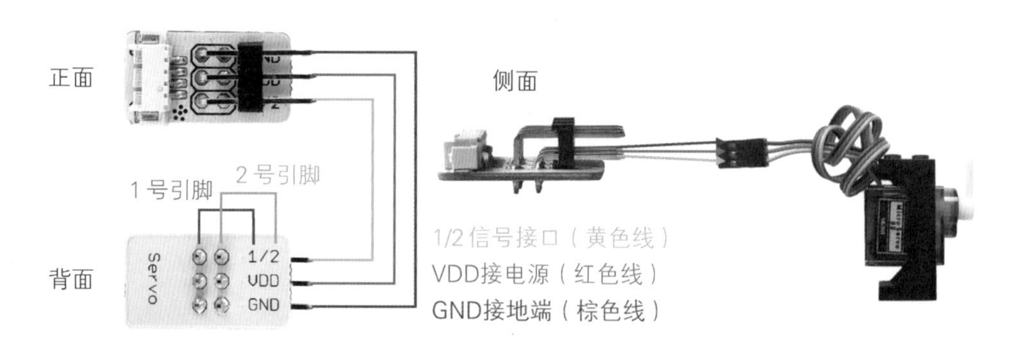

图 2-12　连接舵机与舵机转接板

知识卡片 1：传感器接口板的引脚接口

传感器接口板上共有 12 个接口，如图 2-13 所示，其中有 7 个数字接口（0/1、2/3、4/5、6/7、8/9、10/11、12/13），3 个模拟接口（A0/A1、A2/A3、A6/A7），以及两个IIC通信接口。每个接口都有 4 个引脚，分别连接电源（正极）、地端（负极）、信号线。每个数字接口与模拟接口都有两根信号线，可同时连接并单独控制两个电子元器件或传感器；IIC通信接口的信号线由SDA（数据线）与SCL（时钟线）组成。

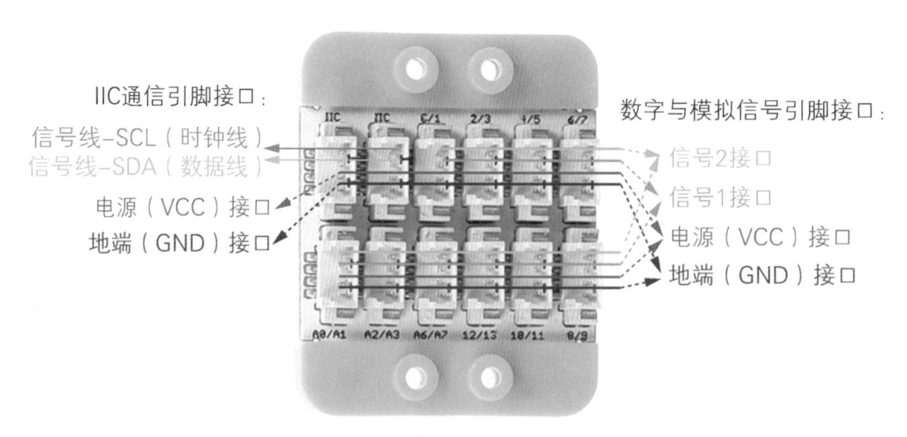

图 2-13　传感器接口板的引脚接口

4. 连接声音传感器与传感器接口板

用一条 4Pin 线连接声音传感器（A）与传感器接口板的 A0/A1 模拟接口，如图 2-14 所示，搭建机灵小法塔的耳朵。

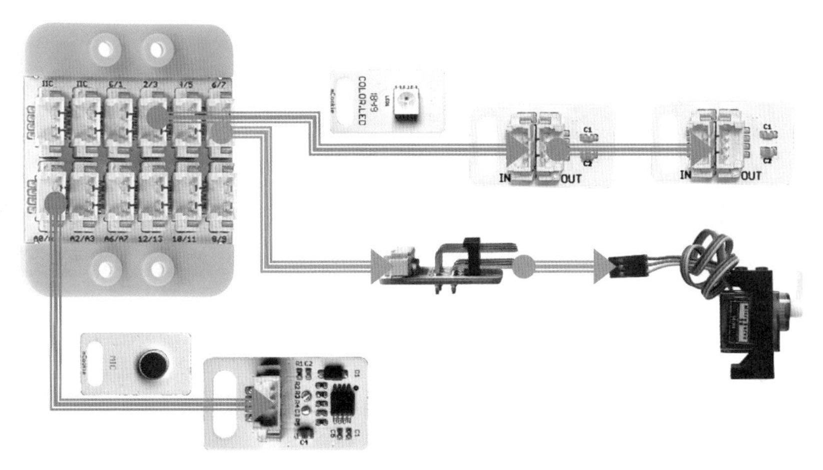

图 2-14　电路连接示意图

知识卡片 2：模拟信号

模拟信号是一个关于时间函数的、连续的量，与离散的数字信号不同，模拟信号是连续的信号。然而，由于核心模块的 CPU 只能处理运算数字信号，传感器仍然需要将所检测到的外部模拟信号转换为相应的数值，通过一定范围内数值的变化来仿真模拟信号。在 Microduino mCookie 电子套件中，模拟传感器转换信号对应的数值变化区间为 0 ～ 1023，如图 2-15 所示。

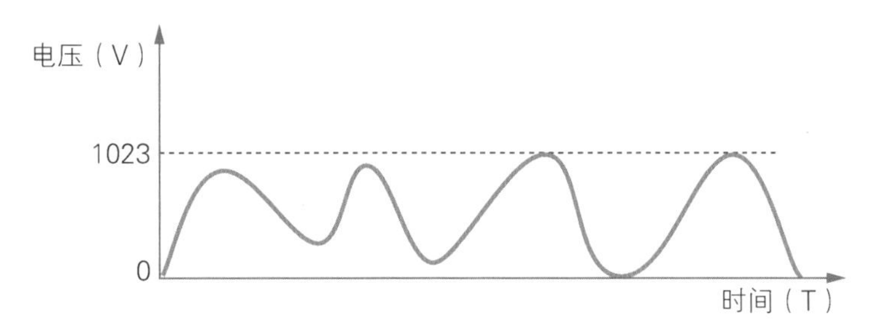

图 2-15　模拟信号的变化

知识卡片 3：声音分贝等级

分贝是声压级单位（记为 dB），常用于度量声音强度。在声音分贝等级标准中，人们根据声音对人类生活的影响对 0 ～ 150dB 的声音进行了等级划分（见图 2-16），本项目使用的声音传感器测量范围为 45 ～ 120dB。

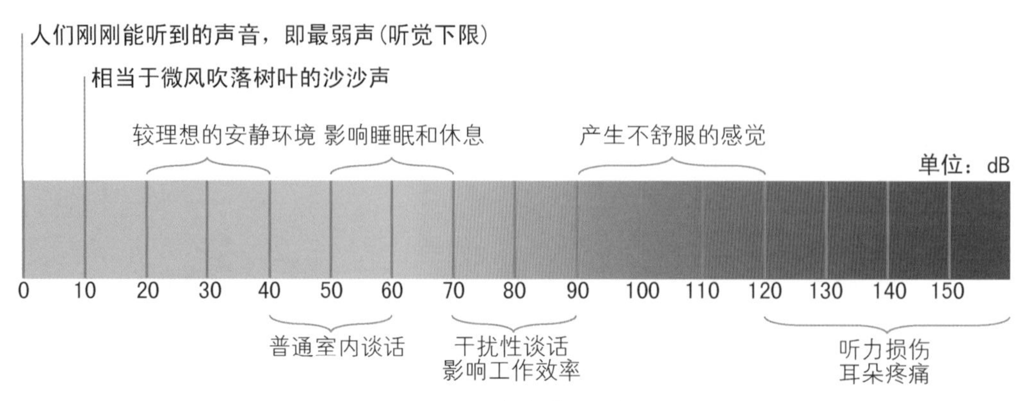

图 2-16　声音分贝等级

四、我的基本功

用不同的音量呼喊机灵小法塔，机灵小法塔的眼睛会相应显示不同的颜色。

1. 认识新积木

实现这个功能需要使用的积木如图 2-17 和图 2-18 所示。

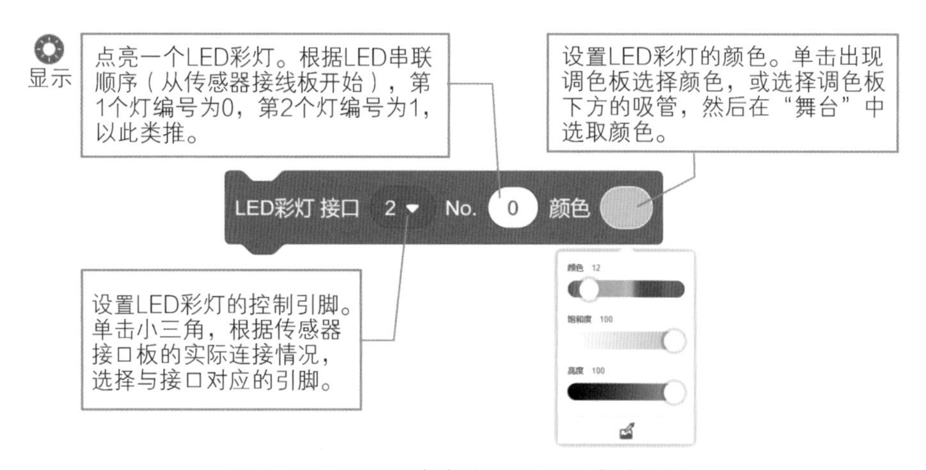

图 2-17　显示分类中的 LED 彩灯颜色积木

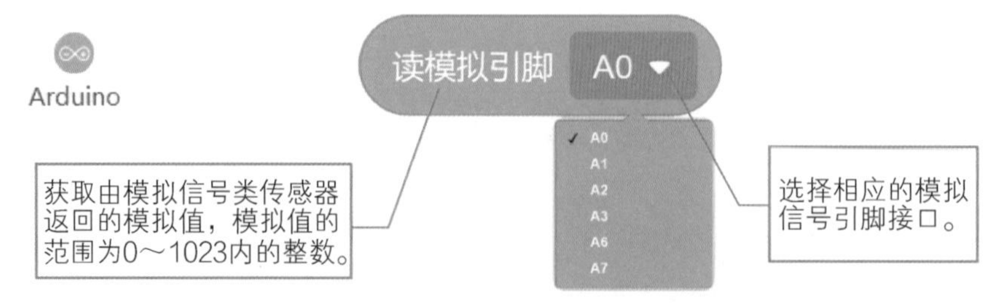

图 2-18　Arduino 分类中的读模拟引脚积木

2. 程序流程

图 2-19 所示为眼睛随音量变化的程序流程。

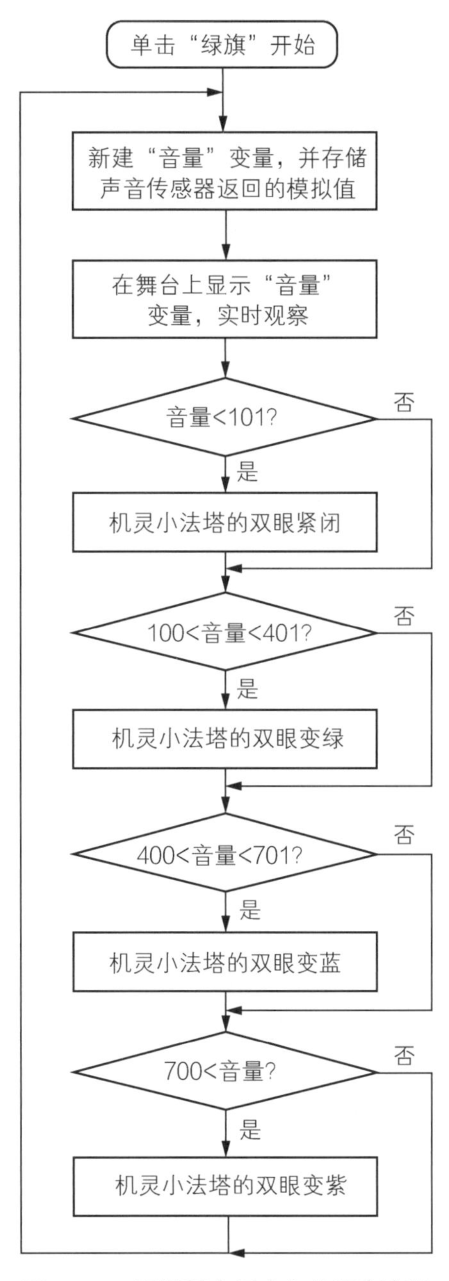

图 2-19　眼睛随音量变化的程序流程

3. 程序编写

打开mDesigner，新建“上传模式”项目并重命名，编写如图 2-20 所示的程序。

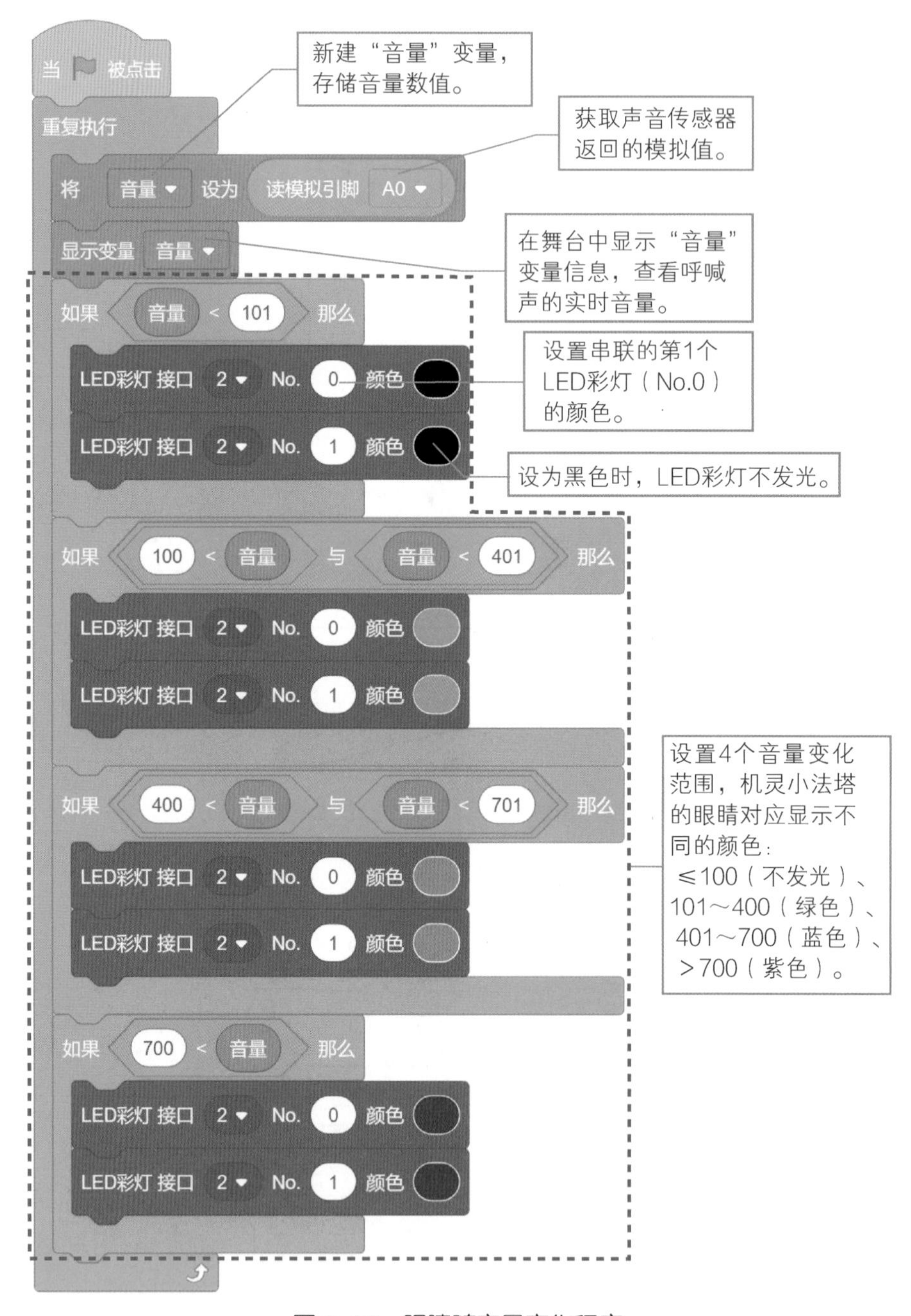

图 2-20　眼睛随音量变化程序

4. 程序运行调试

运行程序，可以发现机灵小法塔的眼睛颜色会根据呼喊声的音量变化而变化。请你尝试修改一下控制颜色转变的音量临界值，完成后看看运行结果有什么不同。

五、我的超能力

机灵小法塔头上天线转动的速度，会随着呼喊声的增大而变快。而天线的转动是通过舵机实现的。

1. 认识新积木

实现这个超能力需要使用的积木如图 2-21 所示。

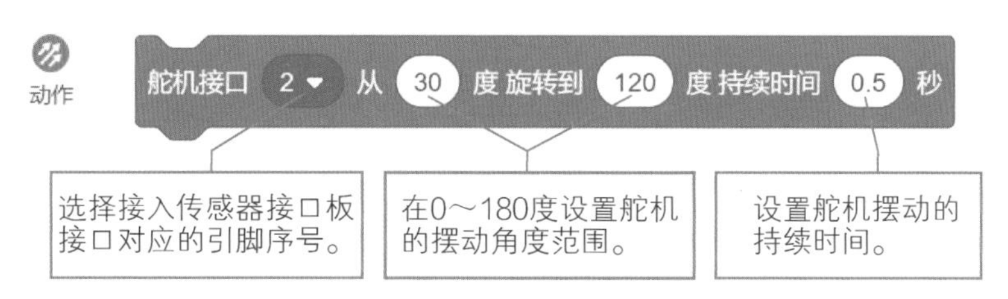

图 2-21　动作分类中的舵机旋转持续时间积木

知识卡片 4：舵机的旋转

舵机，也叫伺服电机，主要是由摆臂、外壳、电路板、无核心电机、齿轮与位置检测器构成。通电后，舵机可以根据指令在 0 ～ 180 度的任意角度停下（见图 2-22）。此外，通过可拆卸的摆臂，人们可以自由调整舵机旋转起点的位置。

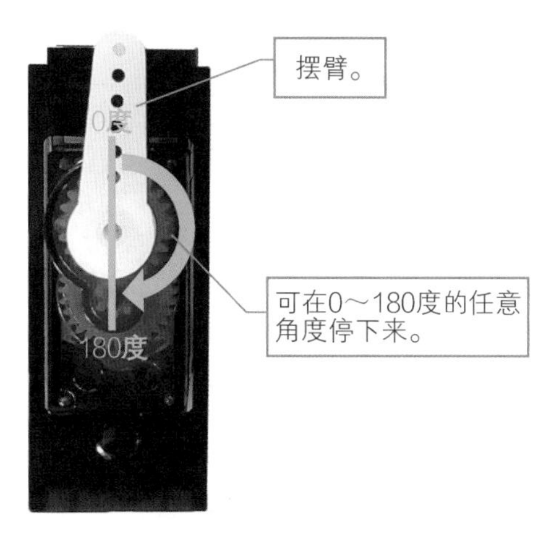

图 2-22　舵机的旋转

在精确度问题上，舵机在旋转时会有轻微的角度偏差，在 45 ～ 135 度转动，舵机转角会更加精准。

2. 程序流程

图 2-23 所示为舵机与眼睛随音量变化的程序流程。

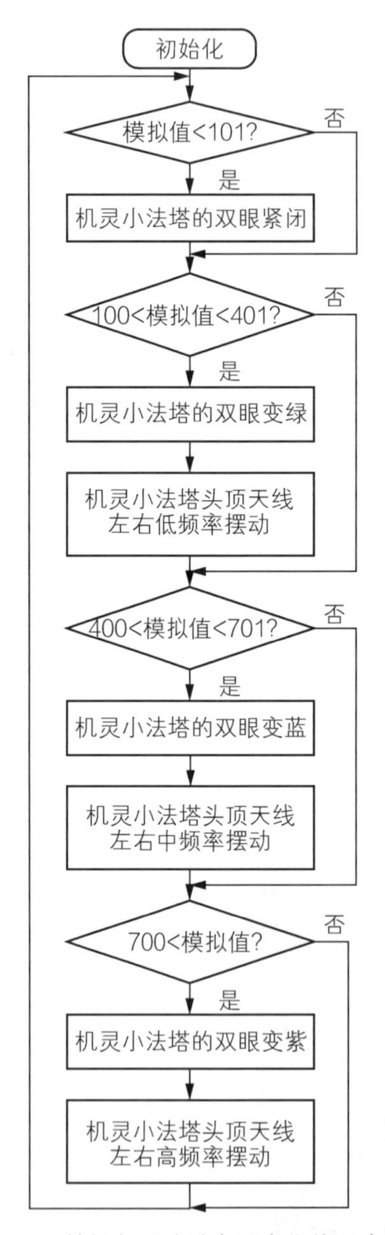

图 2-23　舵机与眼睛随音量变化的程序流程

3. 程序编写

打开mDesigner，新建“上传模式”项目并重命名，编写如图 2-24 所示的程序。

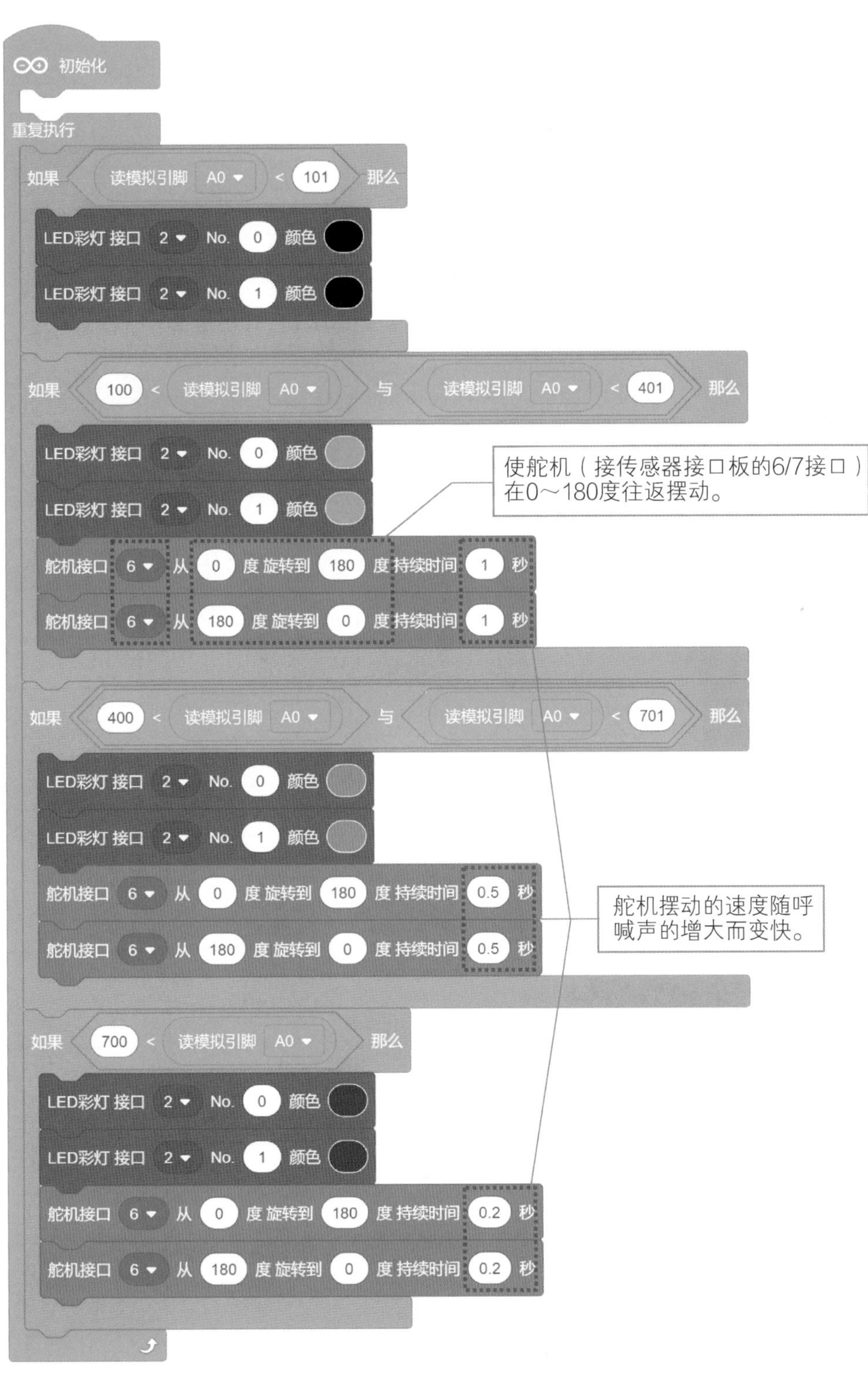

图 2-24　舵机与眼睛随音量变化的程序

4. 程序运行调试

运行程序，可以发现不仅机灵小法塔眼睛的颜色会根据呼喊声的大小而变化，其头顶天线的转动速度也会随着呼喊声的增大而变快！

六、小想法

尝试更改程序，让机灵小法塔帮助你测试肺活量（对着声音传感器连续吹气）。吹气时间越短，肺活量越小，小法塔眼睛越暗，头上的天线越靠近 0 度的方向；吹气时间越长，肺活量越大，小法塔眼睛越亮，头上的天线越靠近 180 度方向。

七、你做得怎么样

根据自己在本课中的学习表现情况进行自我评价（“√”）。

知识技能	优秀	良好	一般	合格	仍需努力	备注
对元件、传感器的了解						
机器人搭建与接线情况						
程序编写与调试情况						
问题与困惑的解决情况						
创意与创造力表现						

第3课　智能小法塔

一、我能干什么

随着人工智能技术的发展，我们身边出现了不少智能小助理。它们帮助我们提高工作效率和生活质量的同时，也给我们的生活带来了许多乐趣。小法塔在智能升级后不仅能识别我们的性别，还能识别我们的表情（见图3-1）!

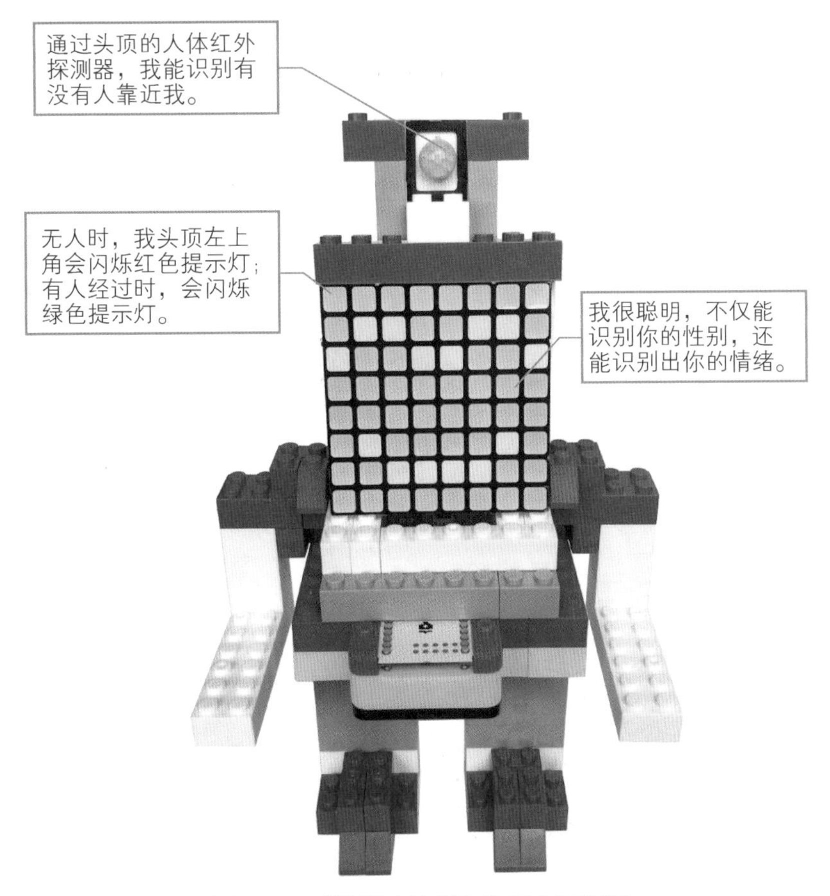

图3-1　“智能小法塔”机器人展示图

二、我从哪里来

一起来看看智能小法塔由哪些部件组成吧（见图 3-2~图 3-8）!

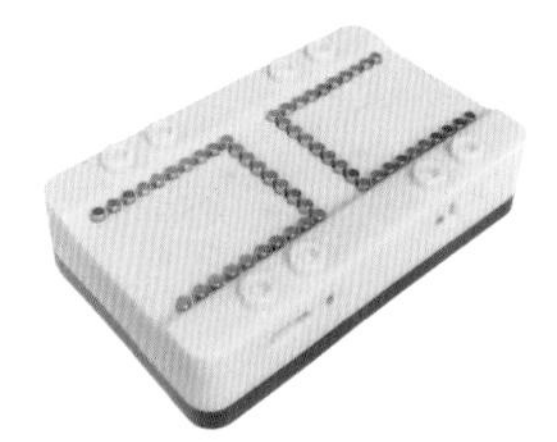

图 3-2　电池盒 ×1

图 3-3　USB 线 ×1

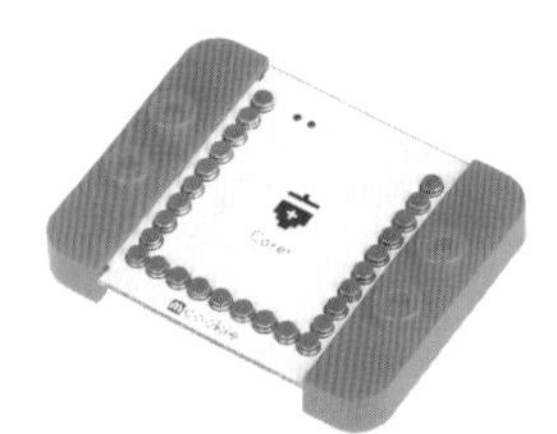

图 3-4　核心模块 ×1

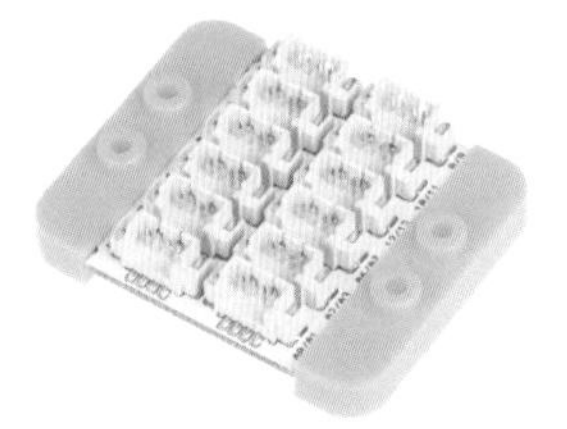

图 3-5　传感器接口板 ×1

图 3-6　4Pin 连接线 ×2

可以感应到是否有人或动物靠近，使用时要将白色部分外露。

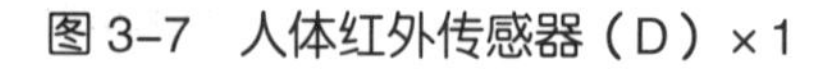

图 3-7　人体红外传感器（D）×1

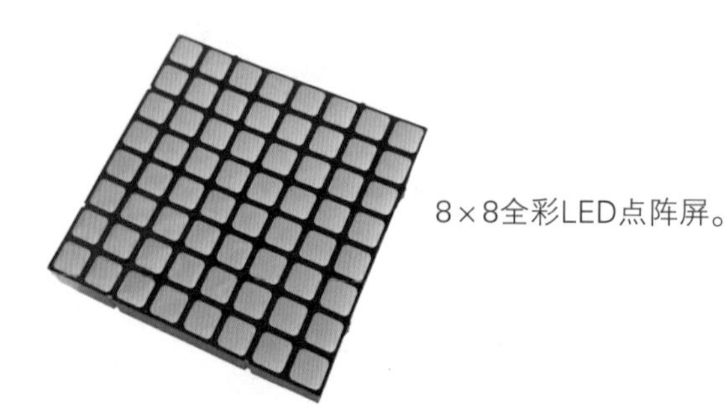

8×8全彩LED点阵屏。

图 3-8　全彩点阵屏（IIC）×1

三、换装大变身

（1）拼合模块板与电池盒。

（2）将人体红外传感器连接传感器接口板。用一条 4Pin 线连接人体红外传感器（D）与传感器接口板的 8/9 接口，搭建智能小法塔的额头。

（3）将全彩点阵屏连接传感器接口板。用一条 4Pin 线连接全彩点阵屏与传感器接口板的 IIC 接口，搭建智能小法塔的身体。电路连接示意图如图 3-9 所示。

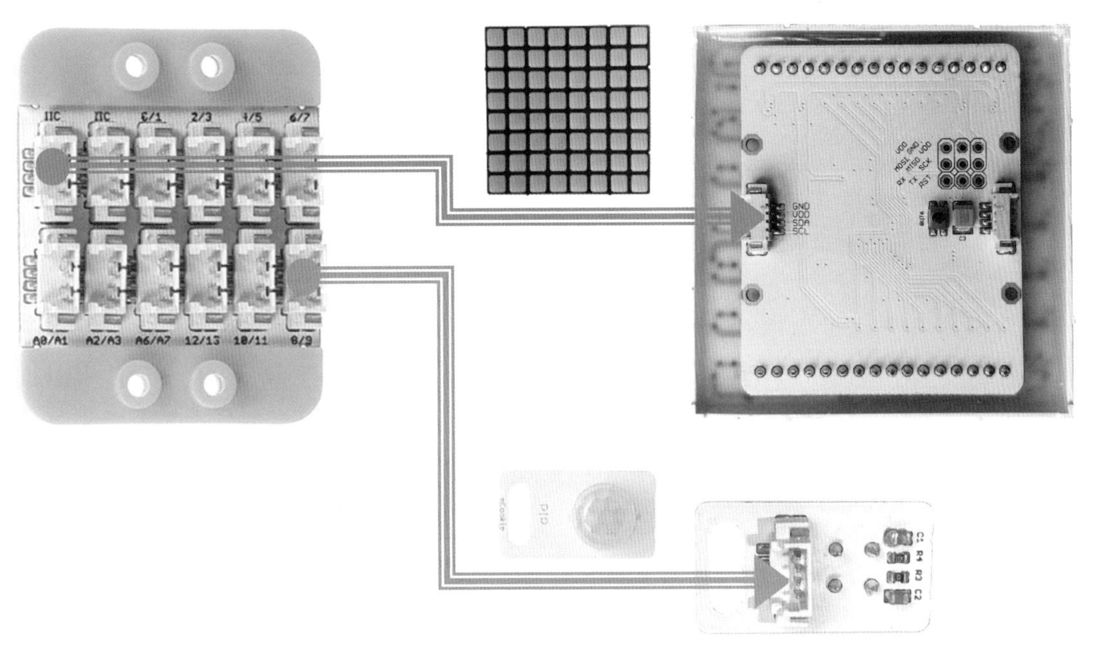

图 3-9　电路连接示意图

知识卡片 1：人体红外传感器

人体红外传感器（见图 3-10）能检测运动的人或动物身上发出的红外线，输出开关信号，可以应用于各种需要检测移动热量源的场合。人体红外传感器通过数字接口返回高电平或低电平状态，有移动热量源时为高电平状态，没有移动热量源时为低电平状态。人体红外传感器可以从静止状态立即转换为触发状态，其从触发状态转换为静止状态的时间为 2 ～ 3 秒。

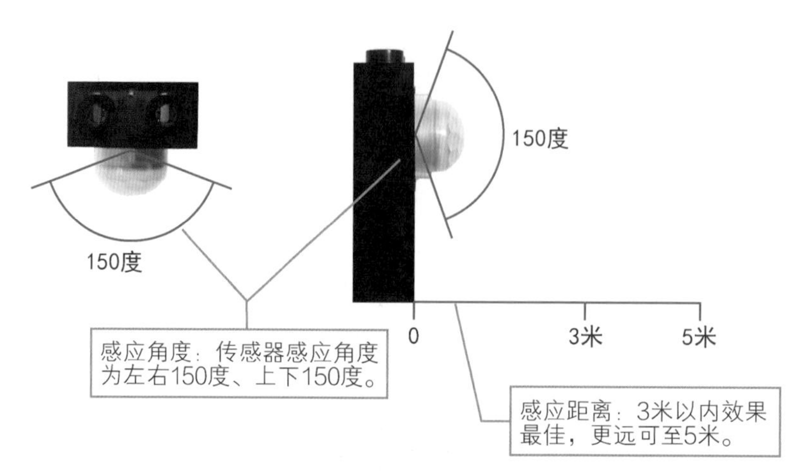

图 3-10　人体红外传感器的感应角度与距离

知识卡片 2：全彩点阵屏

全彩点阵屏是一个由 64 个 LED 彩灯（8×8 阵列）组成的矩阵显示模块，点阵屏上的每一个点可被看作一个像素点，每个像素点的位置用坐标（x，y）表示，例如图 3-11 中红点的坐标位置是（0，0），绿点的坐标位置是（4，3）。全彩点阵屏的坐标方向可根据点阵屏四边的凹凸拼接口判断，如图 3-11 所示。

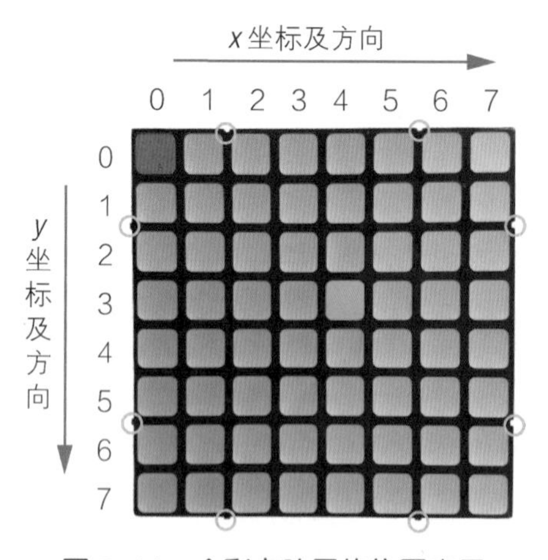

图 3-11　全彩点阵屏的位置表示

全彩点阵屏通过 IIC 协议与主控模块通信，配有两个 IIC 端口（见图 3-12），须与传感器接口板上的 IIC 接口相连，当其绿屏显示时，表示电路已连通。全彩点阵屏可单个点阵或多个点阵组合使用，用于显示图片或文字，也能实现简单的动画效果。

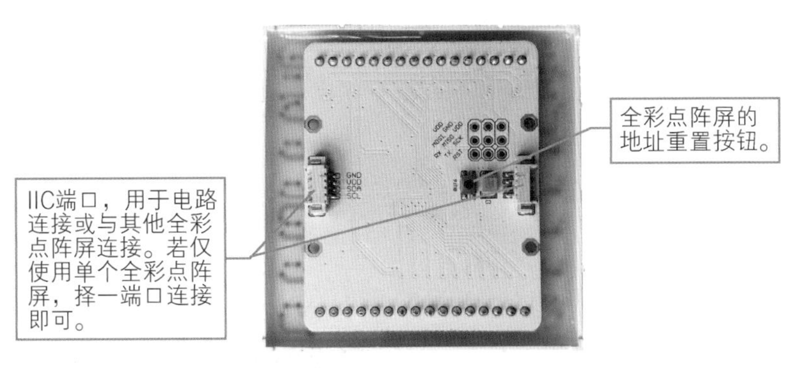

图 3-12　全彩点阵屏的连接端口

知识卡片 3：IIC 通信

IIC（Inter-Integrated Circuit，集成电路总线）又名 I^2C，每个连接在总线上的设备都通过唯一的地址和其他电子元器件实现通信，遵循 IIC 通信协议。IIC 通信协议采用两条信号线：一条时钟线和一条数据线。总线上可以接多个从设备，从设备的地址必须不同，也可也接多个主设备，但同一时刻只能有一个主设备控制总线，如图 3-13 所示。

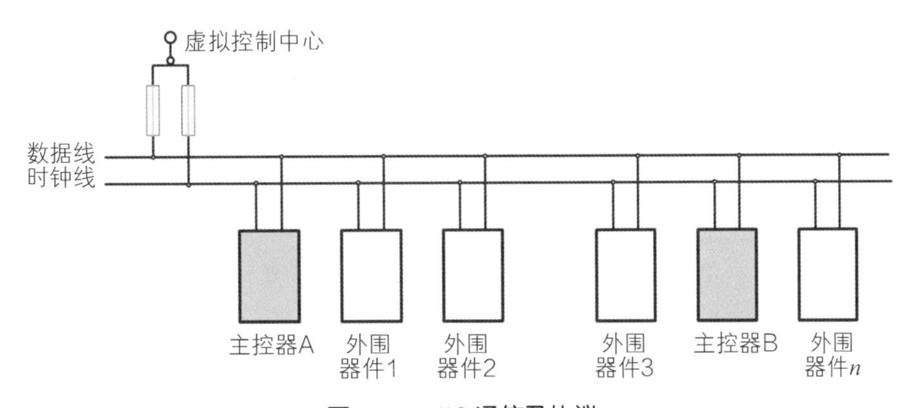

图 3-13　IIC 通信及协议

主设备通常是微处理器，即核心模板的主控芯片。核心模块的主控芯片负责整个系统的任务协调与分配，从设备通过接收主控芯片的指令完成某些特定的任务。

四、我的基本功

当智能小法塔前方没有人时，点阵屏左上角像素点（0，0）会闪烁红色提示信号；当其前方有人经过时，会闪烁绿色提示信号。同时，智能小法塔能够借助计算机的摄像头通过人脸识别人的性别，并在点阵屏上给出结果且给出语音提示，识别结果分别为“女性”“男性”“识别失败”。

知识卡片 4：人脸识别技术

人脸识别（Face Recognition）是基于人的脸部特征信息进行身份识别的一种生物识别技术（见图 3-14）。利用摄像机或摄像头采集含有人脸的图像，并自动在图像中检测和跟踪人脸，进而对检测到的人脸图像进行一系列的相关应用操作。人脸识别系统集成了人工智能、机器识别、机器学习、模型理论、专家系统、视频图像处理等多种专业技术，体现了弱人工智能向强人工智能的转化。

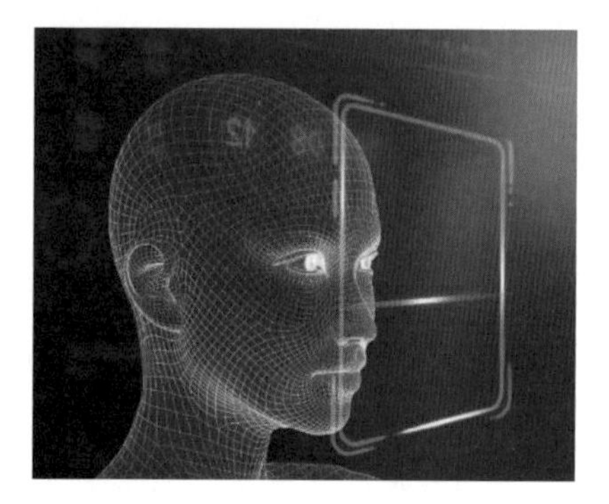

图 3-14　人脸识别技术

1. 认识新积木

实现性别识别功能需要使用的积木如图 3-15~图 3-19 所示。

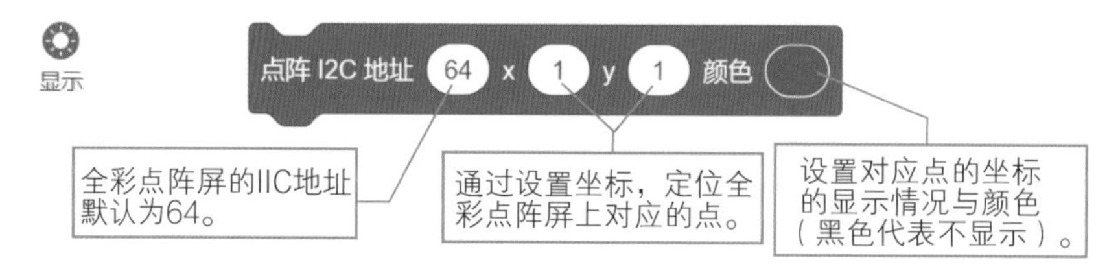

图 3-15　显示分类中的设置点阵坐标颜色积木

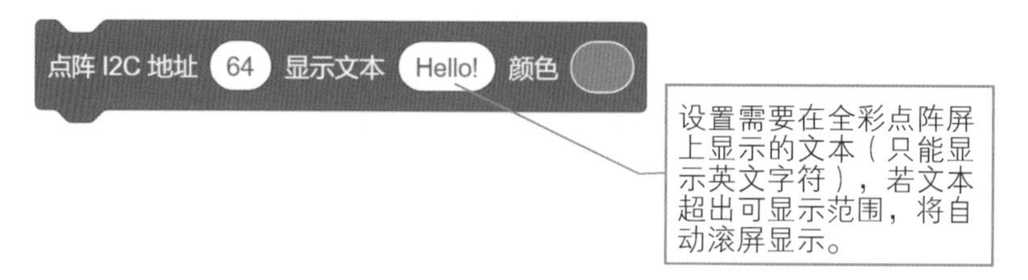

图 3-16　显示分类中的设置点阵文本与颜色积木

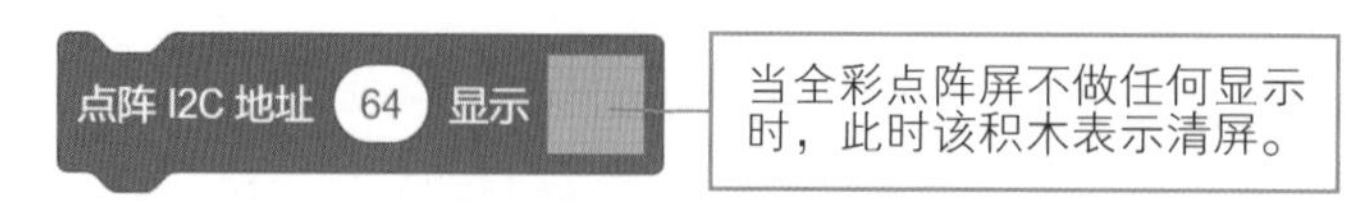

图 3-17　显示分类中的设置点阵显示积木

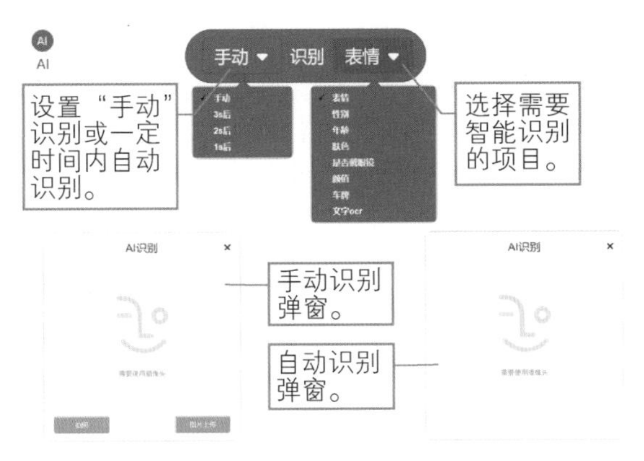

图 3-18　AI 分类中的识别积木

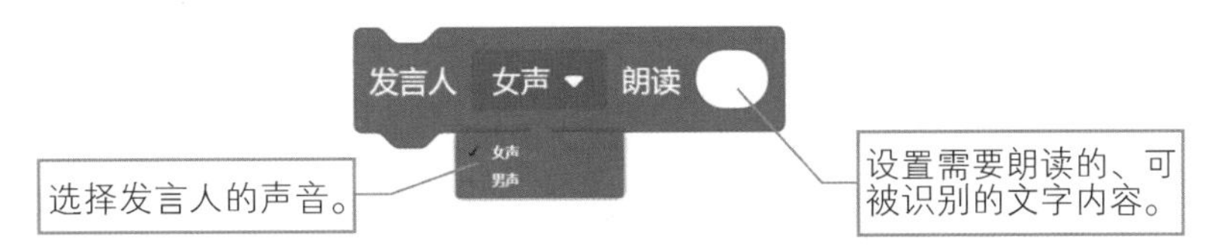

图 3-19　AI 分类中的发言人朗读积木

2. 程序流程

图 3-20 所示为性别识别的程序流程。

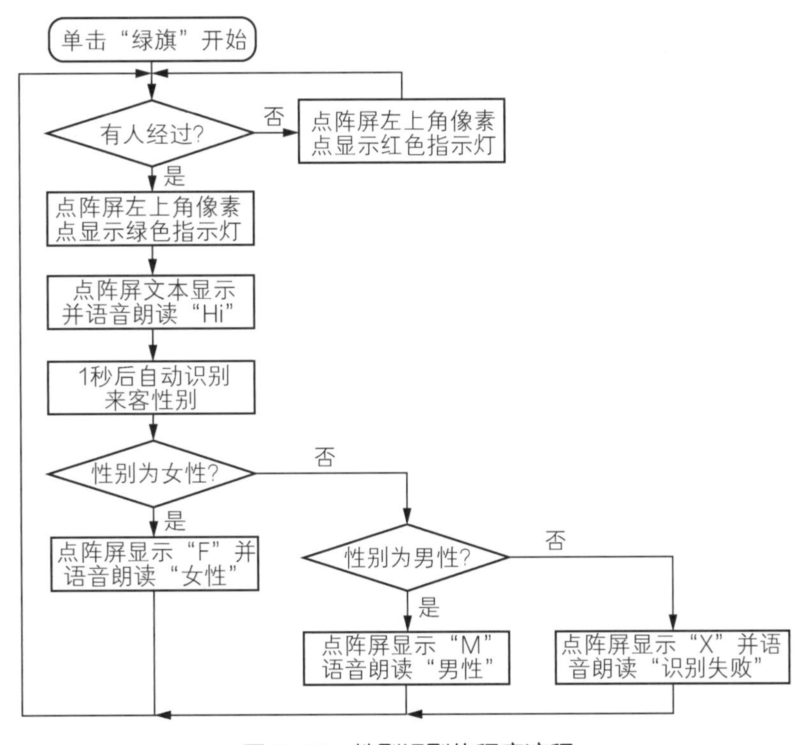

图 3-20　性别识别的程序流程

3. 程序编写

本程序运行时需要借助计算机的摄像头及mDesigner的人脸识别引擎，因此采用“实时模式”。打开mDesigner，新建“实时模式”项目并重命名，编写图3-21所示的程序。

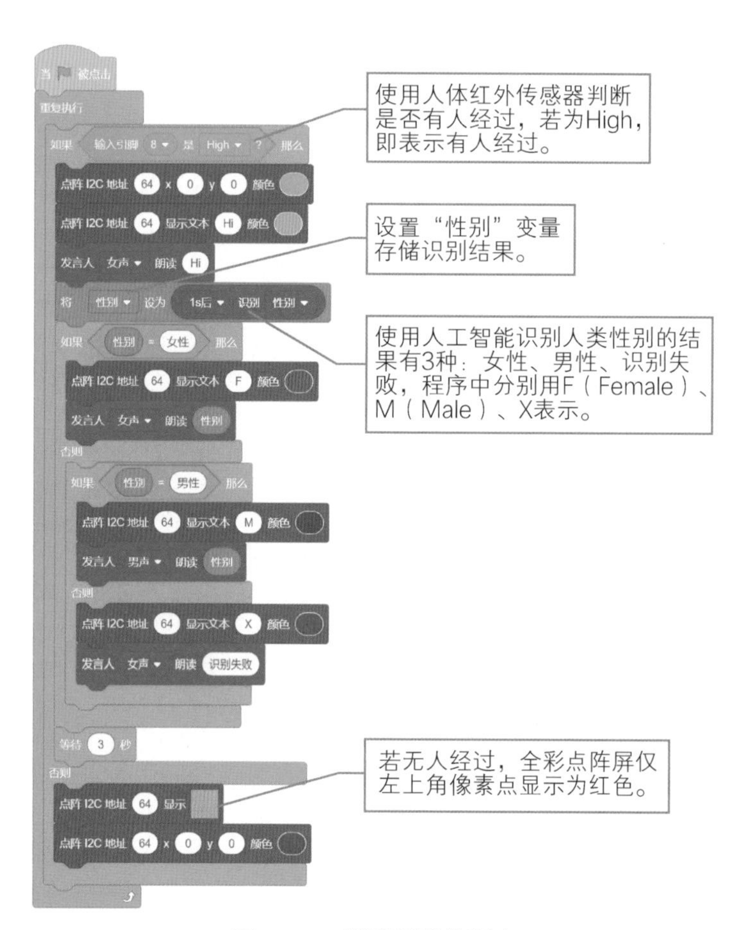

图 3-21　性别识别的程序

4. 程序运行调试

运行程序，当有人经过智能小法塔时，全彩点阵屏首先会显示Hi，并发出“Hi”的声音。然后智能小法塔开始识别性别，并在点阵屏上显示识别结果，同时通过语音播报出来。

五、我的超能力

智能小法塔前方没有人时，点阵屏左上角像素点（0，0）会显示红色提示信号；当其前方有人经过时，会显示绿色提示信号。同时，智能小法塔能够借助计算机的摄像头识别人的表情，并在点阵屏上给出结果且进行语音播报提示，识别结果分别为“开心”“平静”“悲伤”“识别失败”。

1. 认识新积木

实现表情识别功能需要使用的积木如图 3-22 所示。

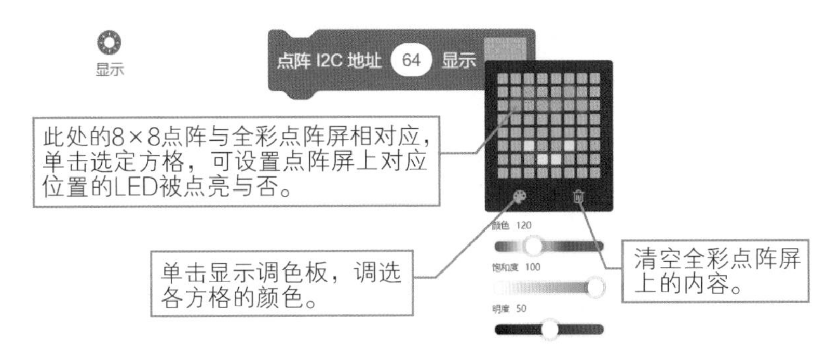

图 3-22　显示分类中的设置点阵显示积木

2. 流程图

图 3-23 所示为表情识别的程序流程。

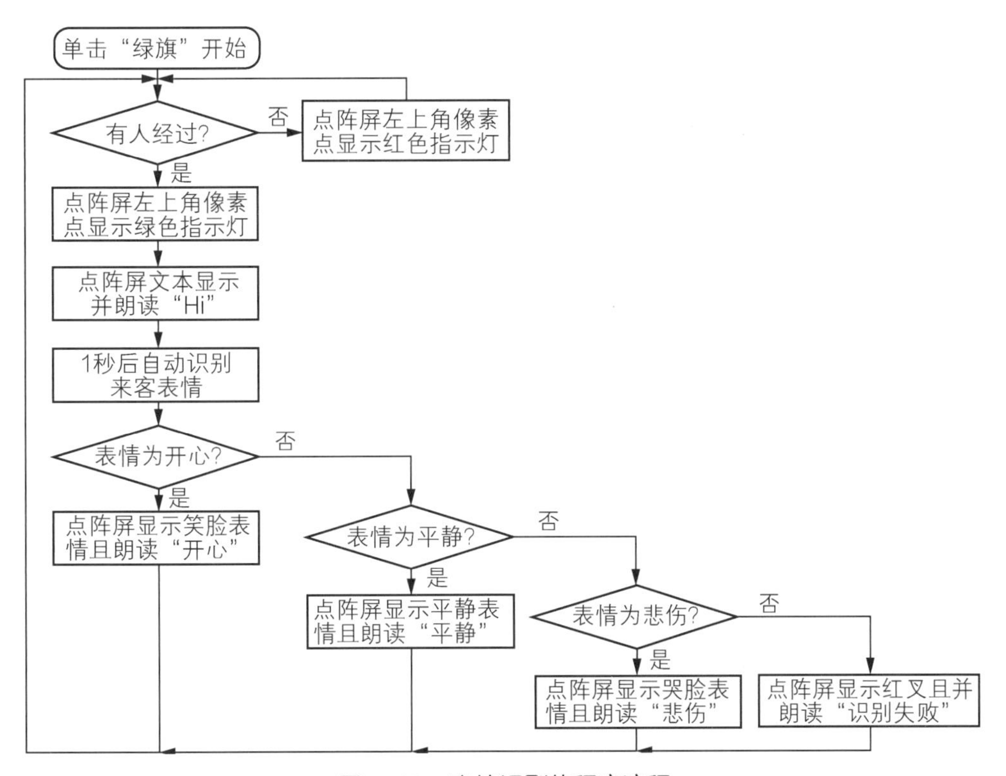

图 3-23　表情识别的程序流程

3. 程序编写

打开mDesigner，新建“实时模式”项目并重命名，编写如图 3-24 所示的程序。

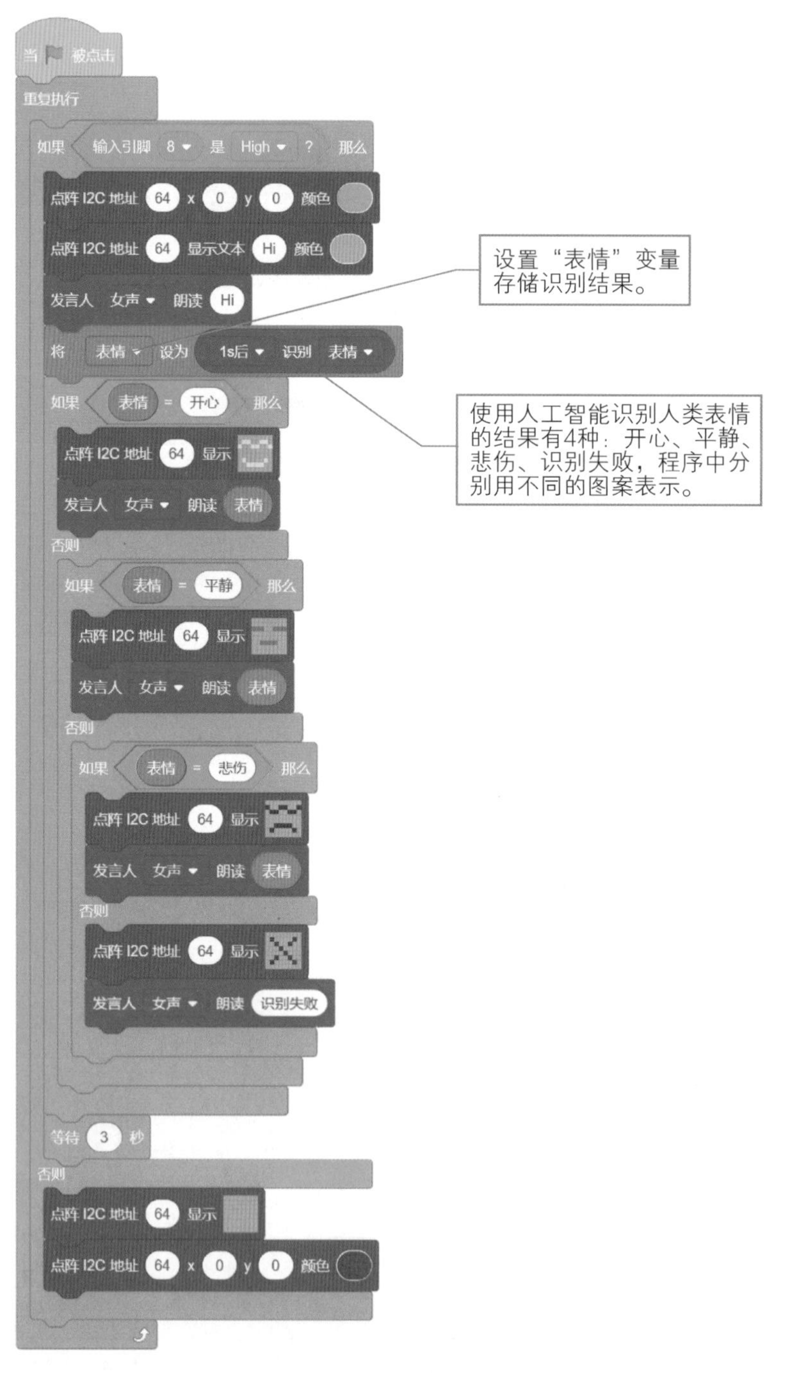

图 3-24　表情识别程序

4. 测试并运行程序

运行程序，当你从正面靠近智能小法塔时，全彩点阵屏会显示Hi，并说“Hi”，向你打招呼。然后，当你对着智能小法塔笑，智能小法塔会说“开心”；当你对着智能小法塔哭，智能小法塔会说“悲伤”。快与你的小伙伴们一起来体验智能小法塔的超能力吧！

六、小想法

尝试让小法塔识别其他的内容，并在识别出结果后，给出语音和显示信息。如：当小法塔识别出你的肤色为黄色时，会说出“你的肤色为黄”“你可能来自亚洲”，全彩点阵屏会显示“Asia”。

七、你做得怎么样

根据自己在本课中的学习表现情况进行自我评价（“√”）。

知识技能	优秀	良好	一般	合格	仍需努力	备注
对元件、传感器的了解						
机器人搭建与接线情况						
程序编写与调试情况						
问题与困惑的解决情况						
创意与创造力表现						

第 4 课 早操小领队

一、我能干什么

生命在于运动，适当的运动能帮助我们放松心情、调整情绪、强健身体。规范的运动姿势更能让锻炼效果事半功倍（见图 4-1）。接下来，让我们跟着小法塔一起来做运动吧！

图 4-1 “早操小领队”机器人展示图

二、我从哪里来

一起来看看小法塔是由哪些部件组成的吧（见图 4-2~图 4-11）!

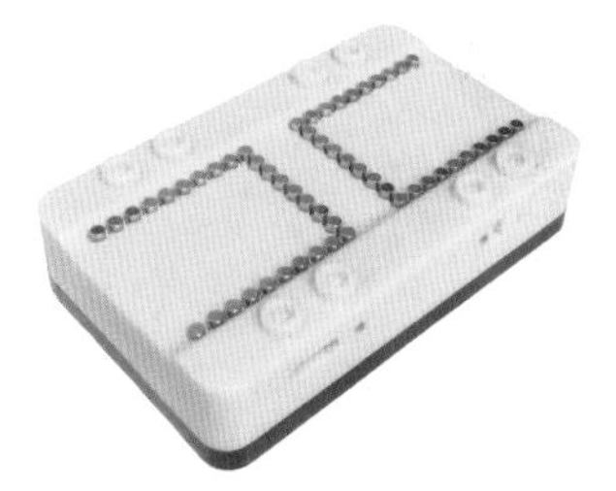

图 4-2　电池盒 ×1

图 4-3　USB 线 ×1

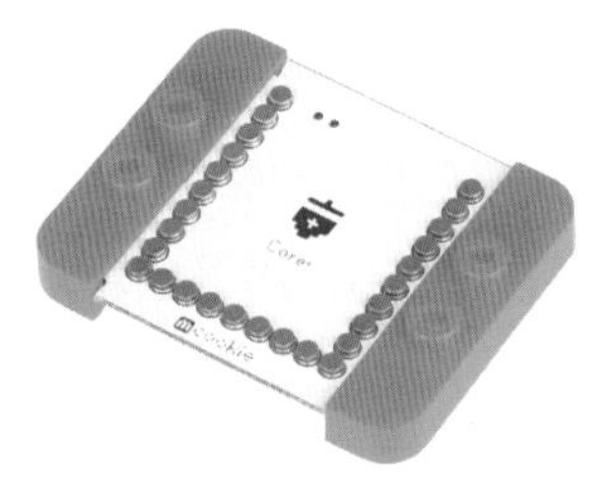

图 4-4　核心模块 ×1

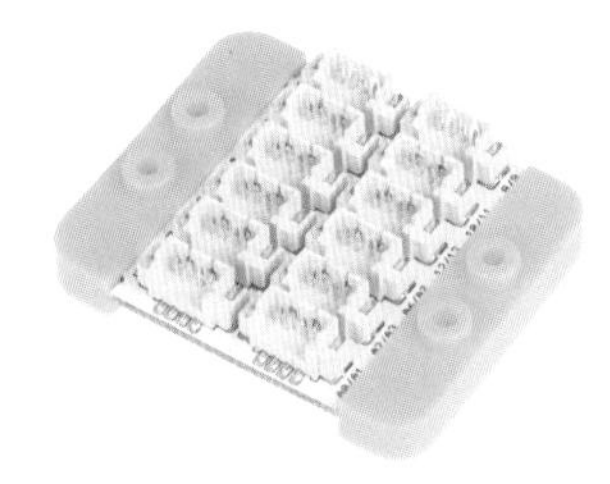

图 4-5　传感器接口板 ×1

图 4-6　4Pin 连接线 ×7

图 4-7　LED 彩灯（D）×2

图 4-8　舵机（D）×2

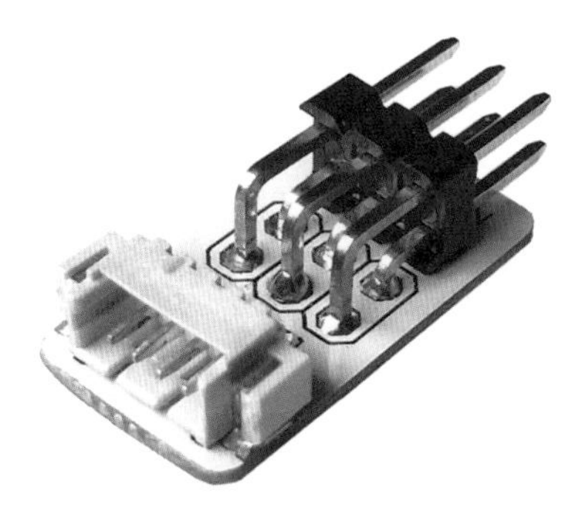

图 4-9　舵机转接板 ×1

图 4-10　碰撞开关（D）×1

图 4-11　手势传感器（IIC）×1

三、换装大变身

（1）拼合模块板与电池盒。

（2）连接LED彩灯与传感器接口板。首先，用一条 4Pin线连接LED彩灯 1 的OUT接口与LED彩灯 2 的IN接口，将两个LED彩灯连接起来，作为小法塔的两只眼睛。然后，用一条 4Pin线连接传感器接口板的 2/3 接口与LED彩灯 1 的IN接口，完成LED彩灯电路的连接，如图 4-12 所示。

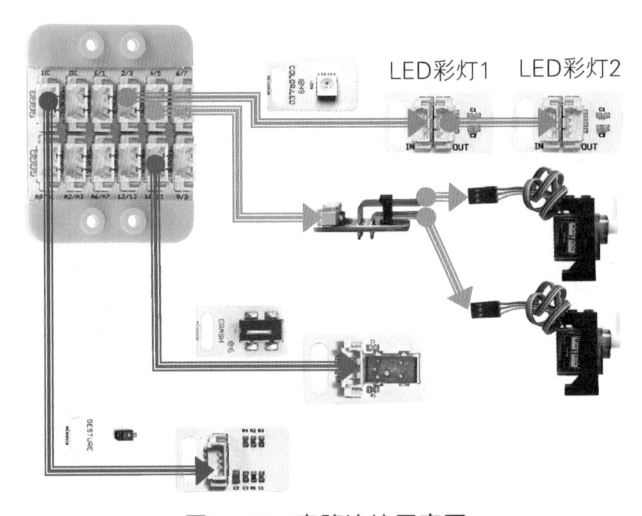

图 4-12　电路连接示意图

（3）连接舵机与传感器接口板。首先，按照 3Pin线的颜色区分两个舵机接口的正反方向，将这两个接口分别与舵机转接板的上排针（1 号引脚）与下排针（2 号引脚）连接。然后，用一条 4Pin线连接舵机转接板与传感器接口板的 4/5 接口，搭建小法塔的双手，此时 2 号引脚舵机对应控制接口 4，1 号引脚舵机对应控制接口 5，如图 4-12 所示。

（4）连接碰撞开关与传感器接口板。用一条 4Pin线连接碰撞开关与传感器接口

板的 10/11 接口，搭建小法塔的耳朵。

（5）连接手势传感器与传感器接口板。用一条 4Pin 线连接手势传感器与传感器接口板的 IIC 接口，搭建小法塔的鼻子。

知识卡片 1：手势传感器

手势传感器可通过检测环境光和RGB（Red Green Blue，红绿蓝，三原色）色度来判断手的运动方向和远近。用于检测手的运动方向时，手掌须在 10 厘米以内正对传感器，做出标准且平缓的向上、向下、向左、向右的挥手动作；用于检测手的远近距离时，手掌应正对传感器做来回运动，远近距离的监测范围为 0 ～ 25 厘米，返回数值范围为 0 ～ 255（0 最远，255 最近），如图 4-13 所示。

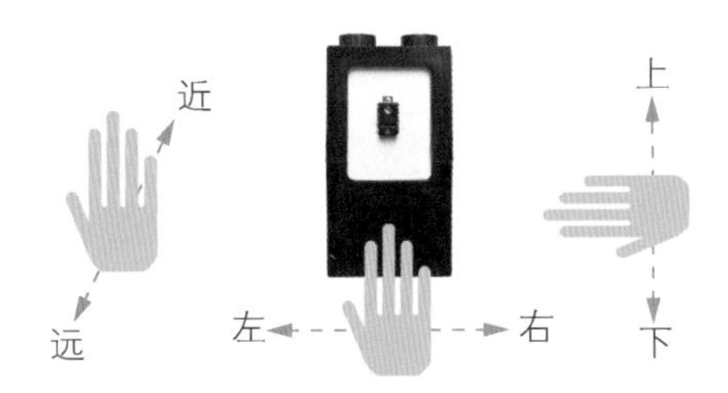

图 4-13　手势传感器

四、我的基本功

当我们做出不同的手势指令时，小法塔的眼睛会变成不同的颜色，并且小法塔会示范出与手势指令对应的标准动作。

1. 认识新积木

实现这个功能需要使用的积木如图 4-14~图 4-16 所示。

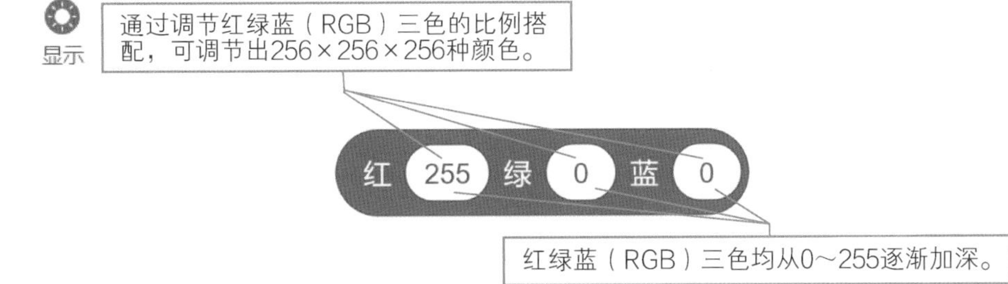

图 4-14　显示分类中的红绿蓝积木

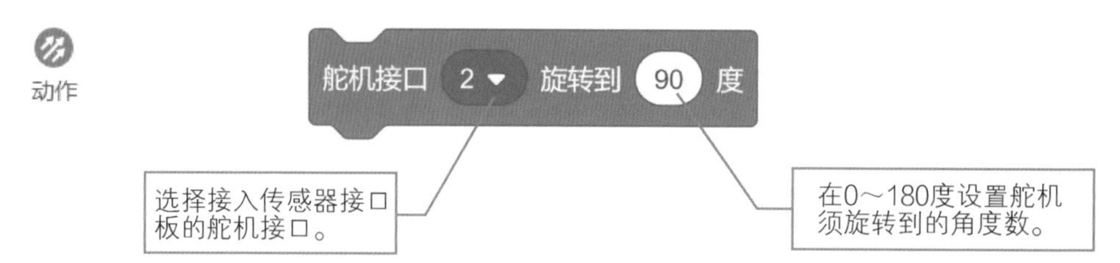

图 4-15　动作分类中的舵机旋转度数积木

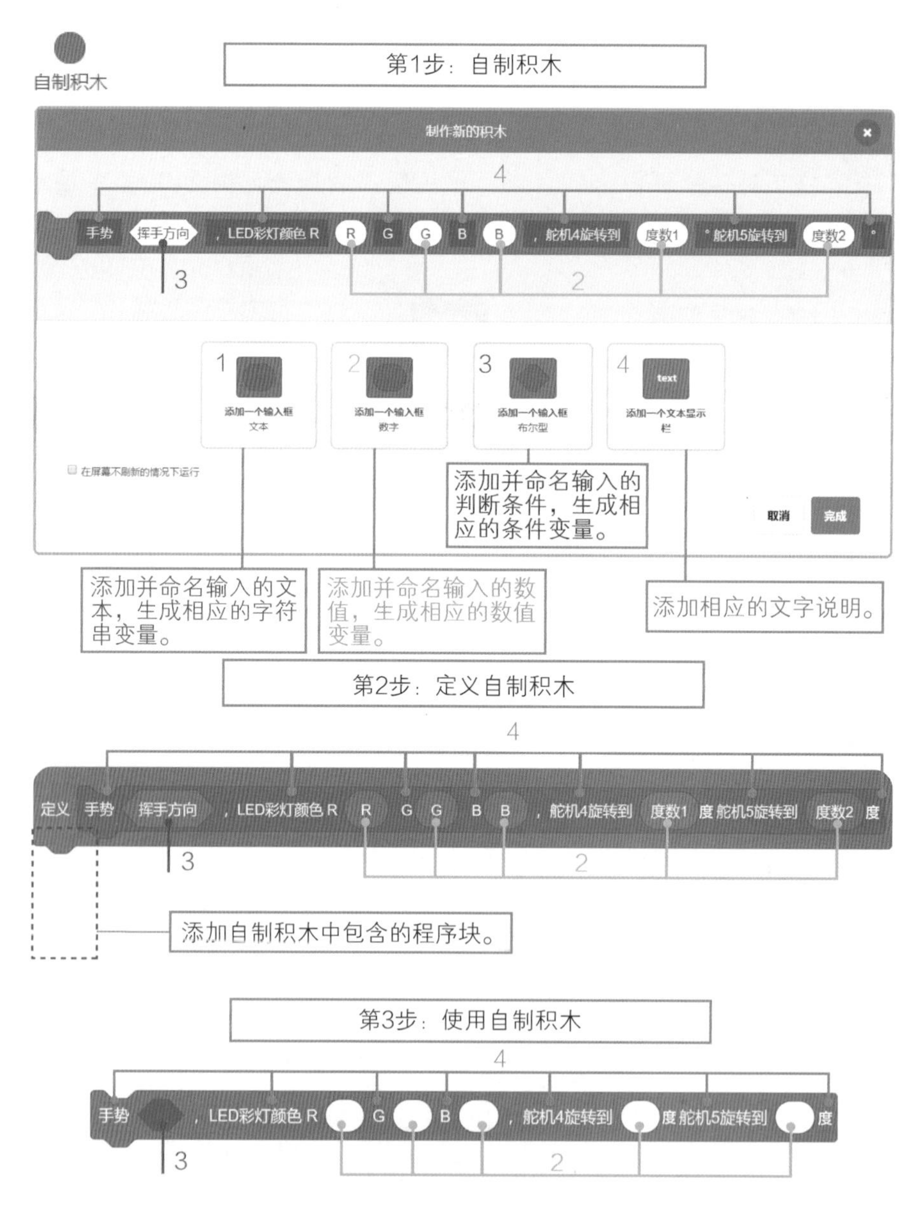

图 4-16　自制积木分类中的“控制手势、彩灯、舵机”积木

知识卡片 2：光的三原色

光的三原色，即红、绿、蓝（RGB）三色，是白光被分解成 7 种色光后无法被再次分解的 3 种色光。RGB 这 3 种颜色的组合，几乎能形成所有的颜色。光的三原色两两混合可以得到更亮的中间色——黄（Yellow）、青（Cyan）、品红（Magenta），而三原色等量组合可以得到白色，如图 4-17 所示。

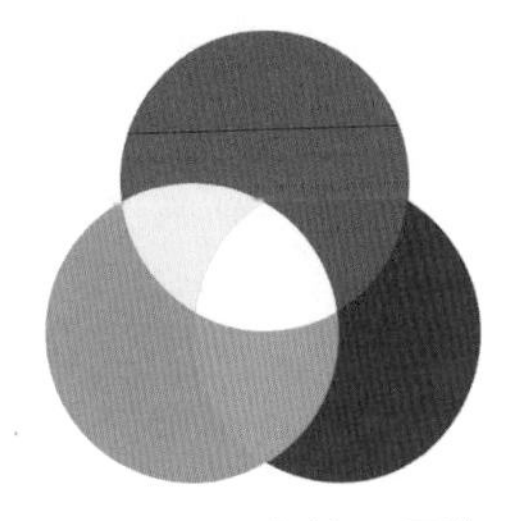

图 4-17　光的三原色

2. 程序流程

图 4-18 所示为手势识别的程序流程。

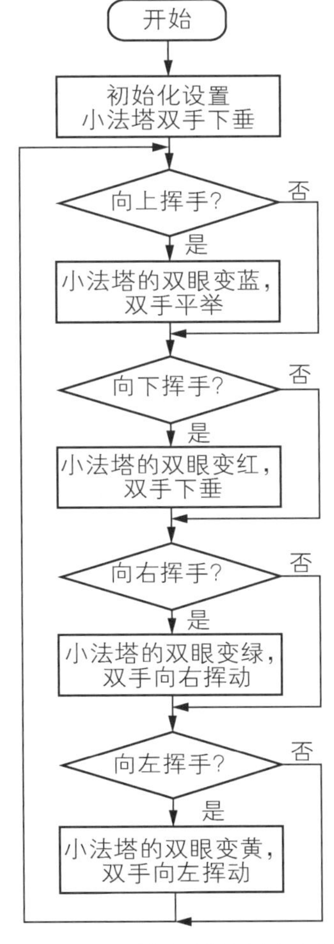

图 4-18　手势识别的程序流程

3. 程序编写

打开mDesigner，新建“上传模式”项目并重命名，首先编写如图 4-19 所示的定义自制积木程序，再编写如图 4-20 所示的手势识别主程序。

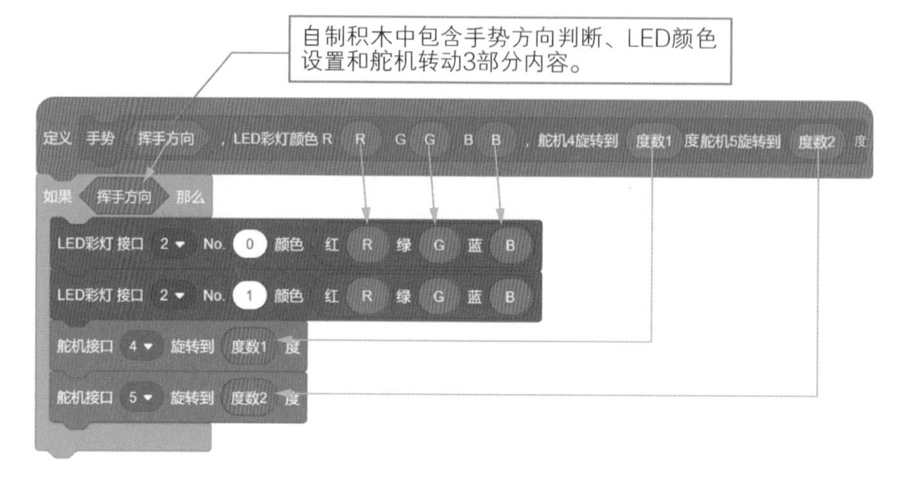

图 4-19 定义自制积木程序

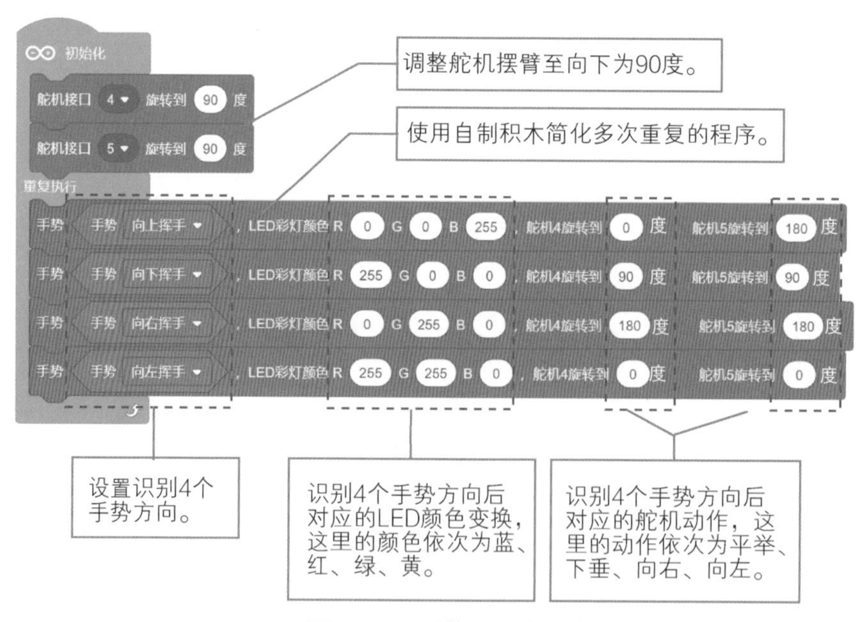

图 4-20 手势识别主程序

4. 程序运行调试

运行程序，我们可以发现，当对小法塔做出手势向上、下、左、右等动作时，小法塔的双眼颜色会分别亮起蓝光、红光、绿光和黄光，手部动作也会做出与手势动作相应的变化。

五、我的超能力

按下小法塔的肩膀，小法塔会做出一套设定好的体操动作。

1. 程序流程

图 4-21 所示为小法塔做操与手势识别的程序流程。

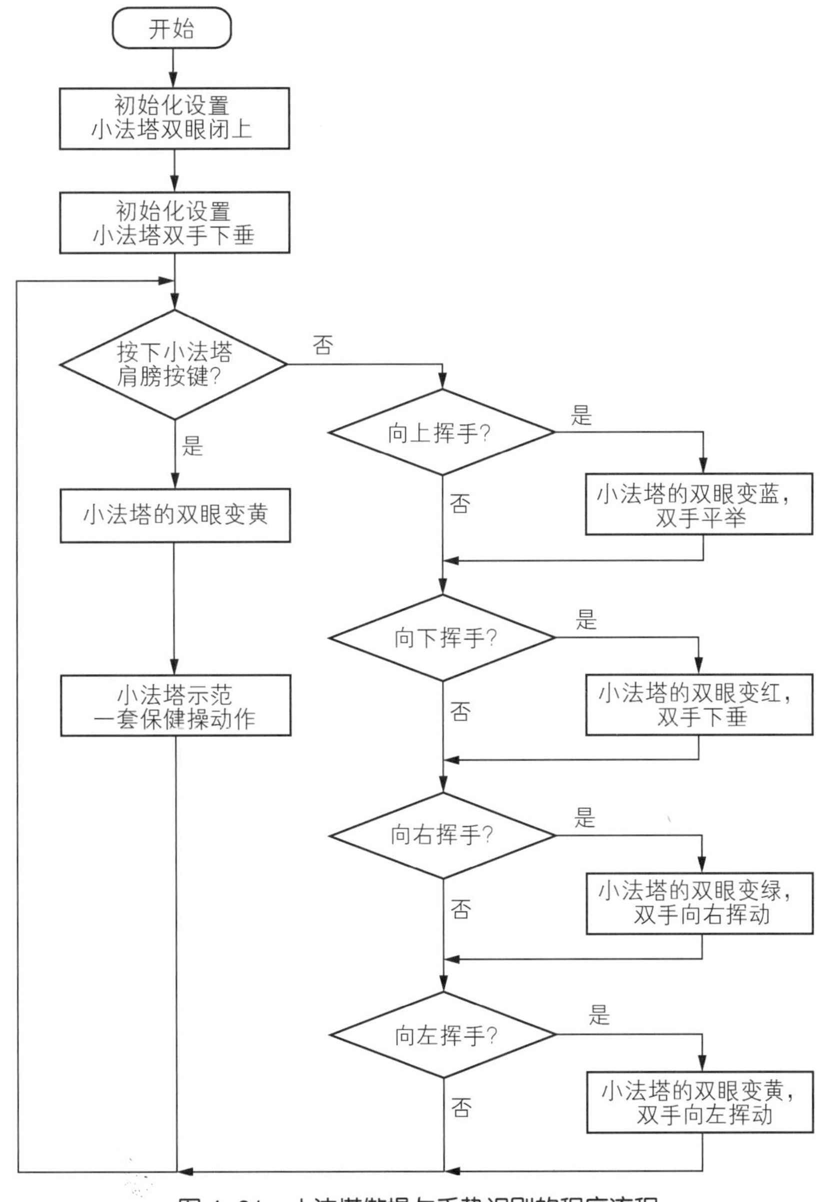

图 4-21 小法塔做操与手势识别的程序流程

2. 程序编写

打开mDesigner，新建“上传模式”项目并重命名，首先定义如图 4-22 所示 3 个自制积木程序，再编写完成如图 4-23 所示的小法塔做操与手势识别主程序。

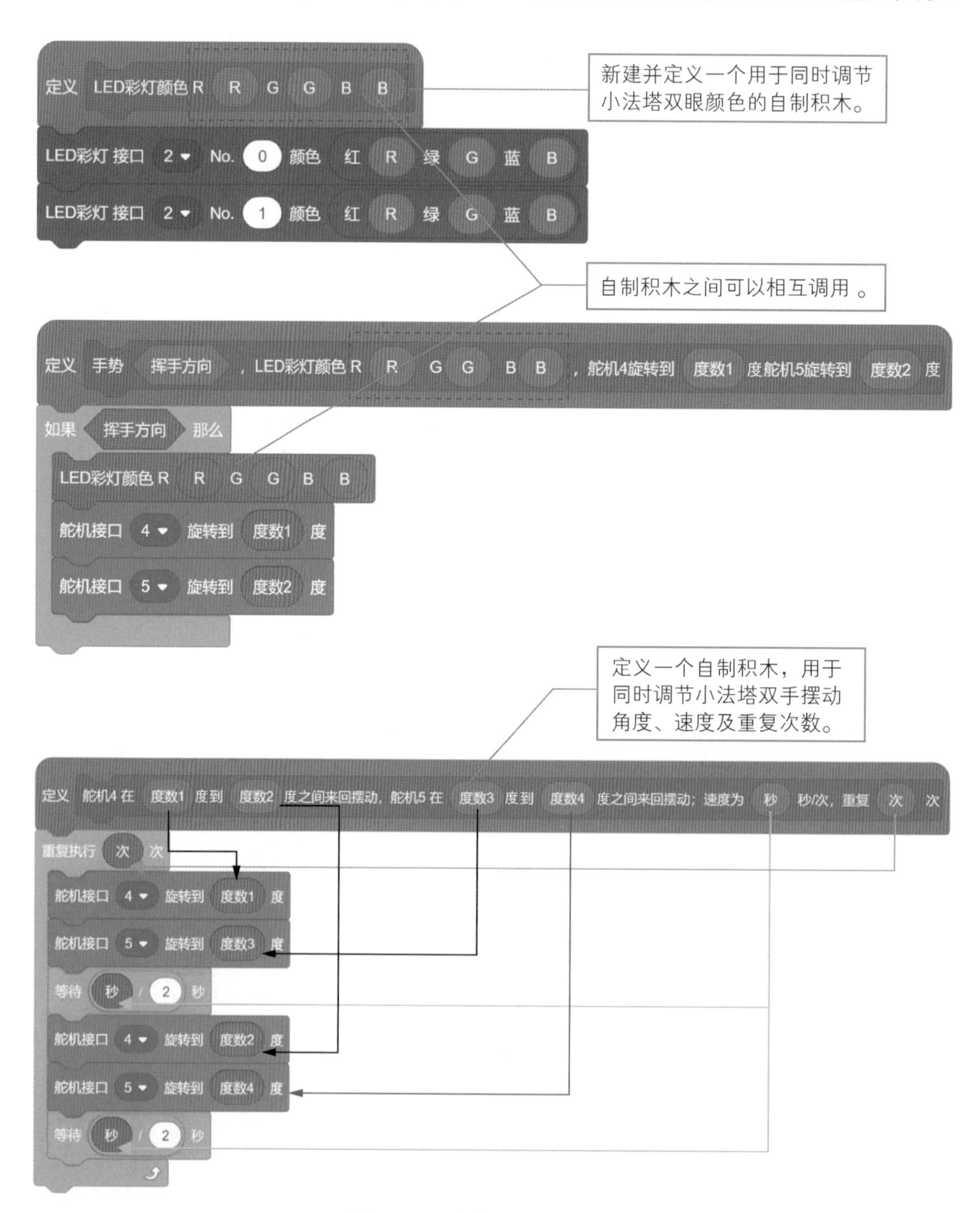

图 4-22　定义 3 个自制积木

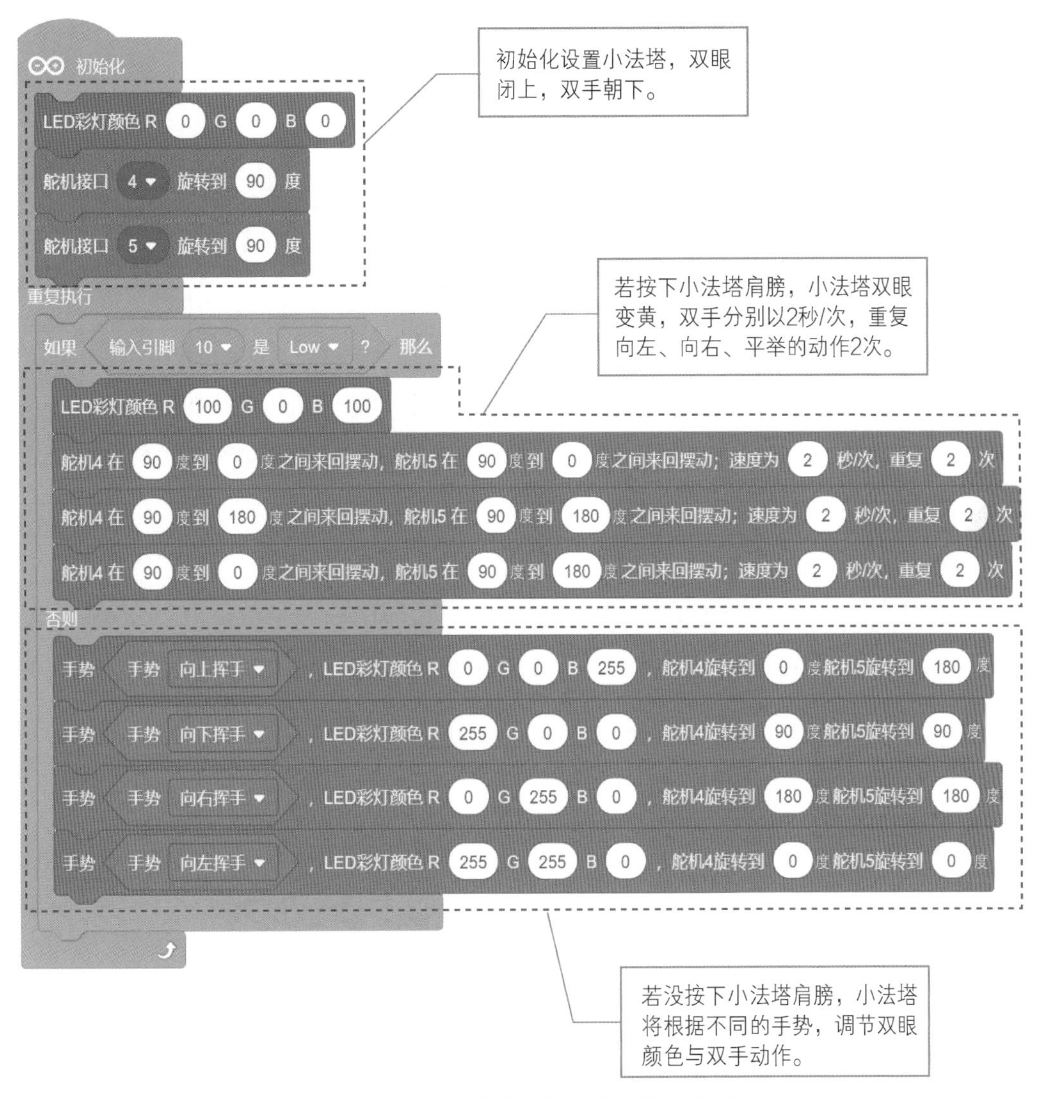

图 4-23　小法塔做操与手势识别主程序

3. 程序运行调试

运行程序，我们可以发现，小法塔不仅可以跟随我们的手势做出动作，当按下小法塔的肩膀时，它还会做出一套完整的体操动作。请与你的小伙伴们一起试着让小法塔做出更有趣的体操动作吧！

六、小想法

尝试编辑一段早操动作，并通过识别手势传感器的远近，控制小法塔动作的快慢，以及小法塔眼睛颜色转换的快慢。

七、你做得怎么样

根据自己在本课中的学习表现情况进行自我评价（“√”）。

知识技能	优秀	良好	一般	合格	仍需努力	备注
对元件、传感器的了解						
机器人搭建与接线情况						
程序编写与调试情况						
问题与困惑的解决情况						
创意与创造力表现						

音乐娱乐篇

◆ 第 5 课　灵魂音乐家

◆ 第 6 课　摇控小凯蒂

◆ 第 7 课　惊喜制造家

◆ 第 8 课　悦音小精灵

第5课 灵魂音乐家

一、我能干什么

音乐能够陶冶情操，丰富我们的精神世界。小凯蒂很喜欢唱歌，《两只老虎》和《哆啦A梦》是它最喜欢的两首歌曲。小凯蒂不仅会唱歌，还能帮助你谱曲，如图5-1所示。触碰它脑袋上的开关就可以弹奏美妙的音乐！

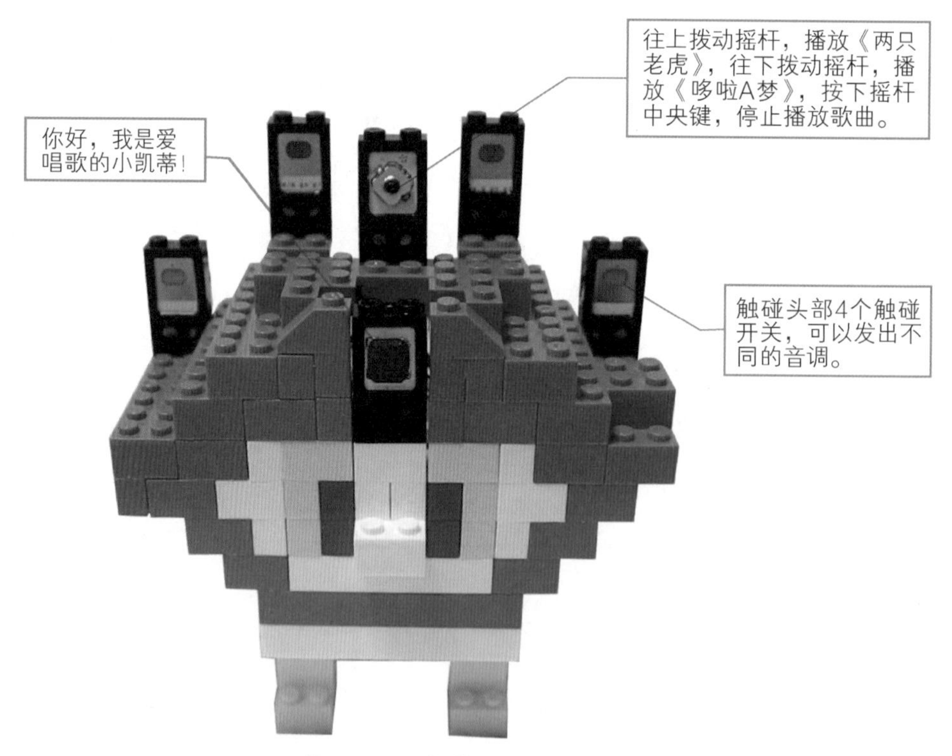

图5-1 “小凯蒂”机器人展示图

二、我从哪里来

一起来看看小凯蒂是由哪些部件组成的吧（见图5-2～图5-10）！

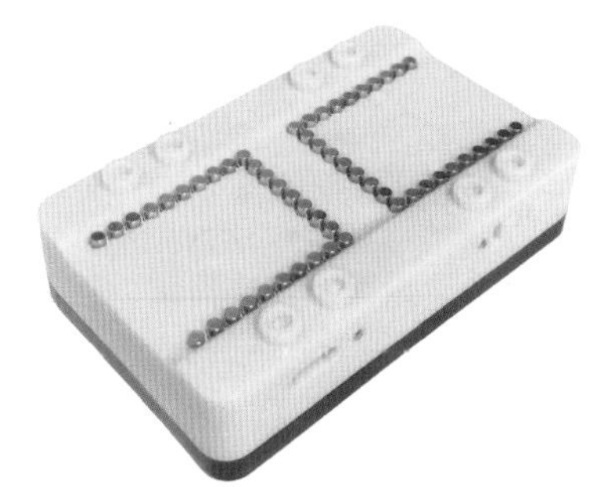

图 5-2　电池盒 ×1

图 5-3　USB 线 ×1

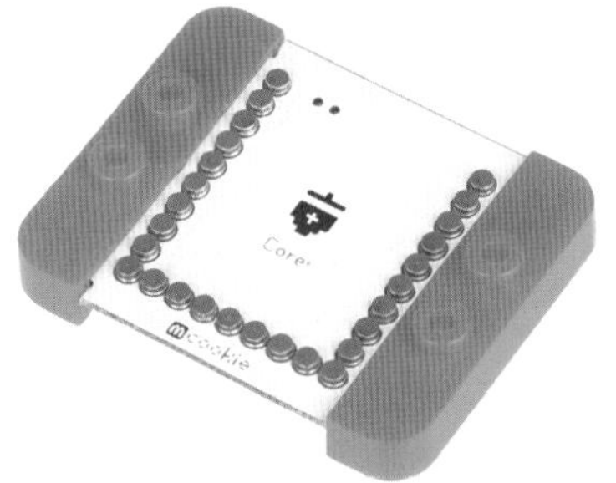

图 5-4　核心模块 ×1

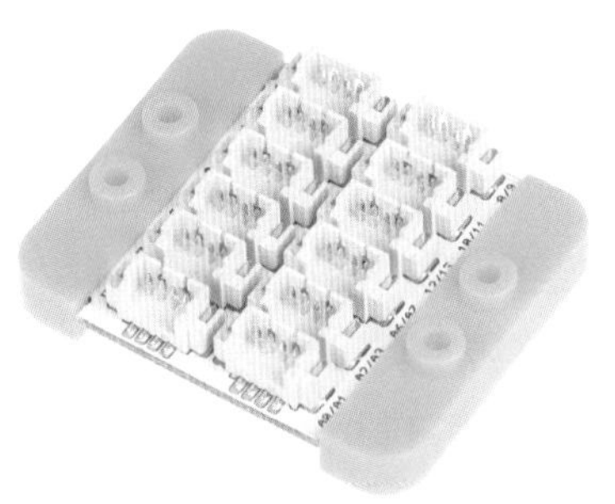

图 5-5　传感器接口板 ×1

图 5-6　4Pin 连接线 ×8

简单的发声装置，可以用于报警和提醒，也可以播放简单的音乐。

图 5-7　蜂鸣器（D）×1

可以向上、下、左、右4个方向拨动摇杆按键，也可以从中央按下按键。

图 5-8　摇杆按键（A）×1

内置电容式触摸按键传感器模块，用来检测是否被触摸，只要用手触碰金色区域，就能触发开关。

图 5-9　触碰开关（D）×4

1转2转接板是I/O（IN/OUT）接口分线模块，可将1个传感器接口板数字接口或模拟接口分成两个传感器接口板数字接口或模拟接口。

图 5-10　1 转 2 转接板 ×2

三、换装大变身

（1）拼合模块板与电池盒。

（2）连接蜂鸣器、摇杆开关和传感器接口板。用一条 4Pin 线连接蜂鸣器与传感器接口板的 2/3 接口，用另一条传感器线连接摇杆开关与传感器接口板的A0/A1 接口，搭建小凯蒂的歌曲播放控制台，如图 5-11 所示。

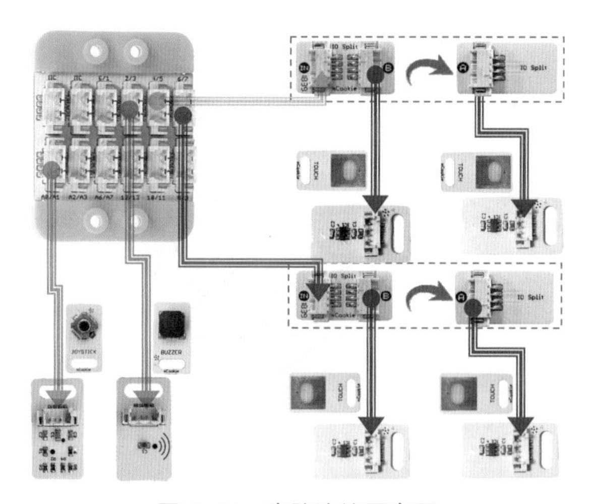

图 5-11　电路连接示意图

知识卡片 1：有源蜂鸣器与无源蜂鸣器

蜂鸣器从驱动方式上可分为有源蜂鸣器和无源蜂鸣器，所谓“源”指的是振荡源。有源蜂鸣器中含有振荡源，通电就能发声，但发出的声音单调、频率固定；而无源蜂鸣器没有振荡源，需要使用一定的方波驱动，它可以发出不同频率的声音，频率越高则音调越高。本课中用到的蜂鸣器为无源蜂鸣器。

（3）连接 1 转 2 转接板和触碰开关。用传感线将两个 1 转 2 转接板的IN接口分别与传感器接口板的 4/5、6/7 接口连接，再将 4 个触碰开关分别连接在 1 转 2 转接板的A、B接口，如图 5-11 所示。IN接口连接到传感器接口板接口后（除IIC接口以外），可将所连接的接口分为A、B两个接口。A接口对应所接传感器接口板接口的偶数引脚，B接口对应奇数引脚。图 5-11 中，IN接口连接传感器接口板的 4/5 接口，则A接口对应的引脚为 4，B接口对应的引脚为 5。

四、我的基本功

打开电源后，通过操纵摇杆，可以让小凯蒂播放相应的歌曲。下面，我们就一起来实现这个功能。

1. 认识新积木

实现这个功能需要使用的积木如图 5-12~图 5-14 所示。

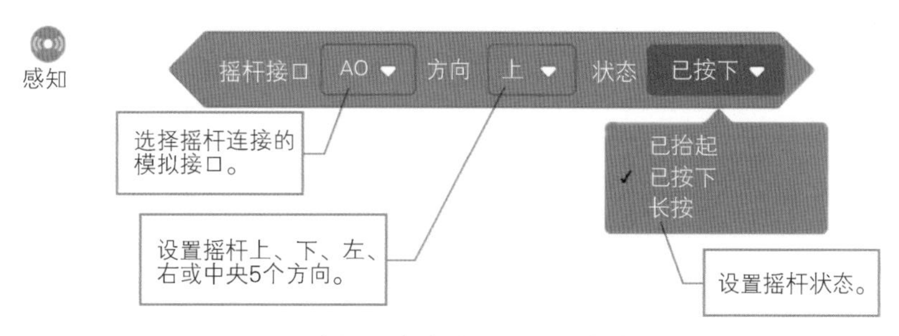

图 5-12　感知分类中的设置摇杆方向和状态

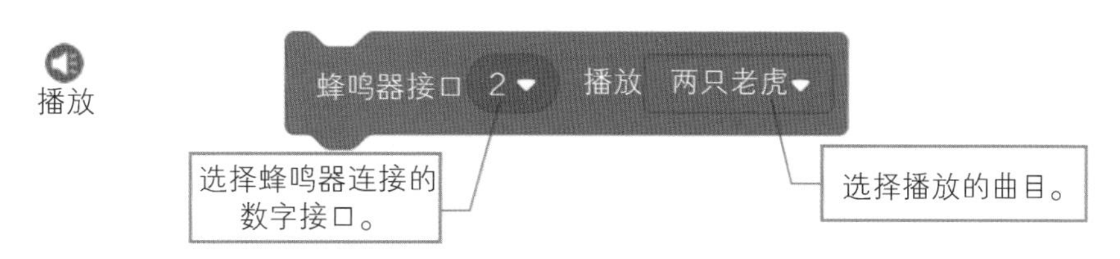

图 5-13　播放分类中的蜂鸣器播放

图 5-14　播放分类中的蜂鸣器关闭

2. 程序流程

图 5-15 所示为换歌台的程序流程。

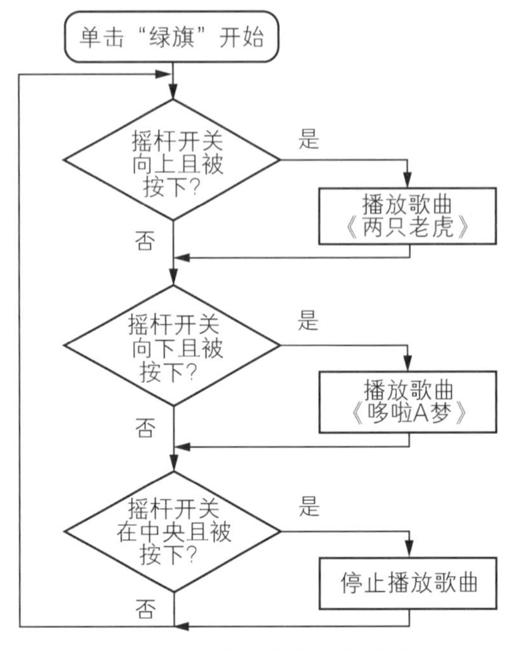

图 5-15　换歌台的程序流程

3. 程序编写

打开mDesigner，新建“实时模式”并重命名，编写如图 5-16 所示的程序。

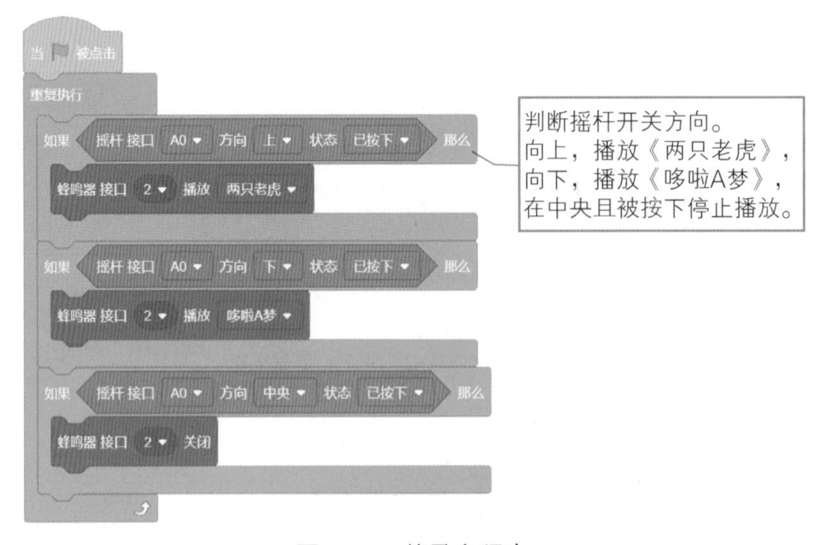

图 5-16　换歌台程序

4. 程序运行调试

运行程序，通过上、下拨动摇杆可以控制小凯蒂播放两首不同的歌曲，按下中央

按键则可以停止播放。请继续尝试让摇杆的 4 个方向按键分别对应 4 首不同歌曲。

五、我的超能力

当我们按照指定操作触摸小凯蒂头顶的触碰开关时，小凯蒂就会发出相应的音调。让我们一起来看看如何实现小凯蒂的这个超能力吧！

1. 认识新积木

实现这个超能力需要使用的积木如图 5-17、图 5-18 所示。

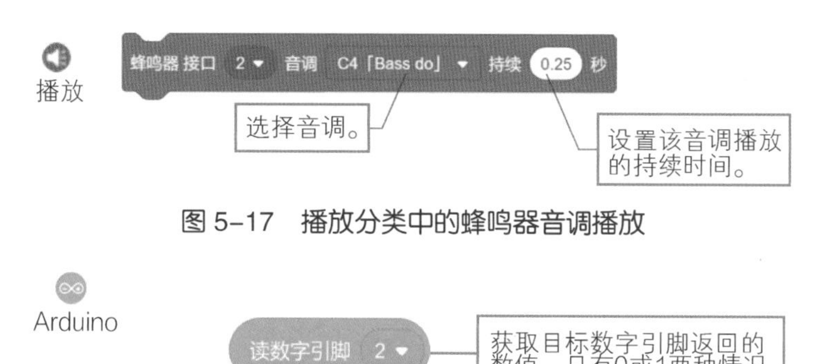

图 5-17　播放分类中的蜂鸣器音调播放

Arduino

读数字引脚 2

获取目标数字引脚返回的数值，只有0或1两种情况。

图 5-18　Arduino 分类中的读数字引脚

知识卡片 2：音名与基本音级

在音乐体系中，有 7 个基本音级，如图 5-19 所示，钢琴键盘白键的音名分别是 C、D、E、F、G、A、B，分别唱作 do、re、mi、fa、sol、la、si（多、来、米、发、索、拉、西）。以 7 个基本音级为一组，钢琴键盘上有多组这样的音。相邻组的两个具有同样名称的音的关系叫作“八度”。C4 代表中央C，也就是键盘中间的音。

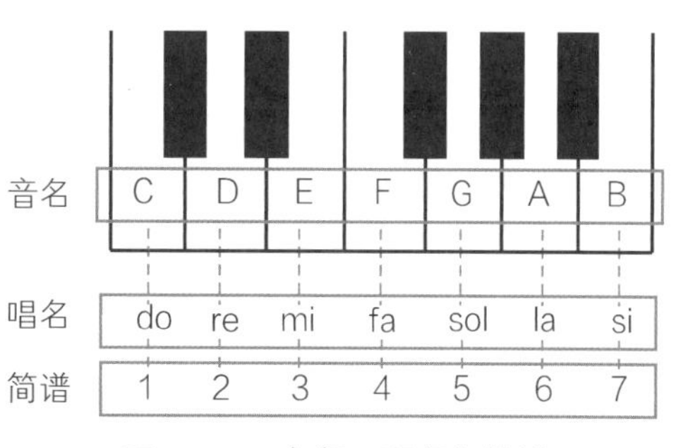

图 5-19　音名、唱名与简谱

音调的高低是由物体在一定时间内的振动次数（频率）决定的，振动的频率越高，音调越高，反之越低。本课中使用到的蜂鸣器是通过改变音频信号的频率来实现音调变化的。

小凯蒂可以发出 8 个音，分别是C4（do）、D4（re）、E4（mi）、F4（fa）、G4（sol）、A4（la）、B4（si）、C5（do），用简谱表达就是 1、2、3、4、5、6、7、i。8 个音调对应的指法如表 5-1 所示，通过变换组合这 8 个音调，就可以演奏出动听的曲子。

表 5-1　音调与指法

音调	指法	音调	指法
C4（do）	按下引脚4触碰开关	G4（sol）	同时按下引脚4、5触碰开关
D4（re）	按下引脚5触碰开关	A4（la）	同时按下引脚6、7触碰开关
E4（mi）	按下引脚6触碰开关	B4（si）	同时按下引脚4、6触碰开关
F4（fa）	按下引脚7触碰开关	C5（do）	同时按下引脚5、7触碰开关

2. 程序流程

图 5-20 所示为小凯蒂谱曲的程序流程。

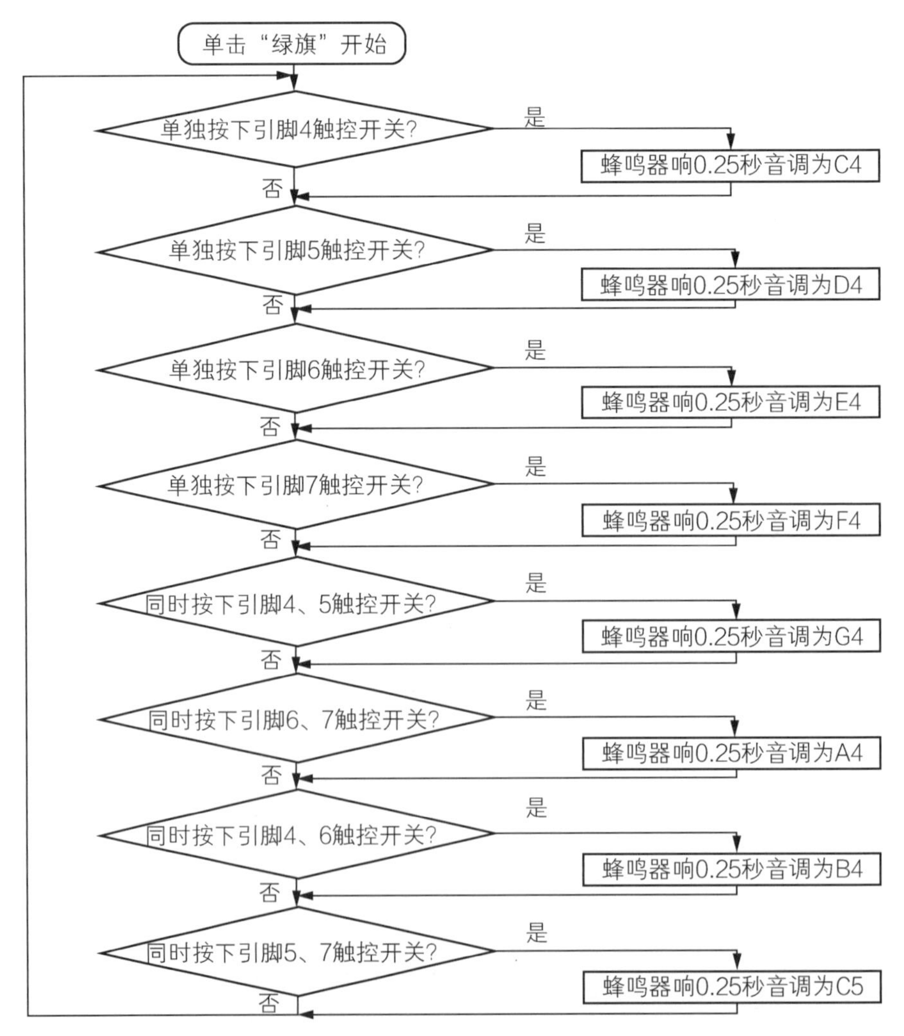

图 5-20　小凯蒂谱曲的程序流程

3. 程序编写

打开mDesigner，新建“实时模式”并重命名，编写如图 5-21 所示的程序。

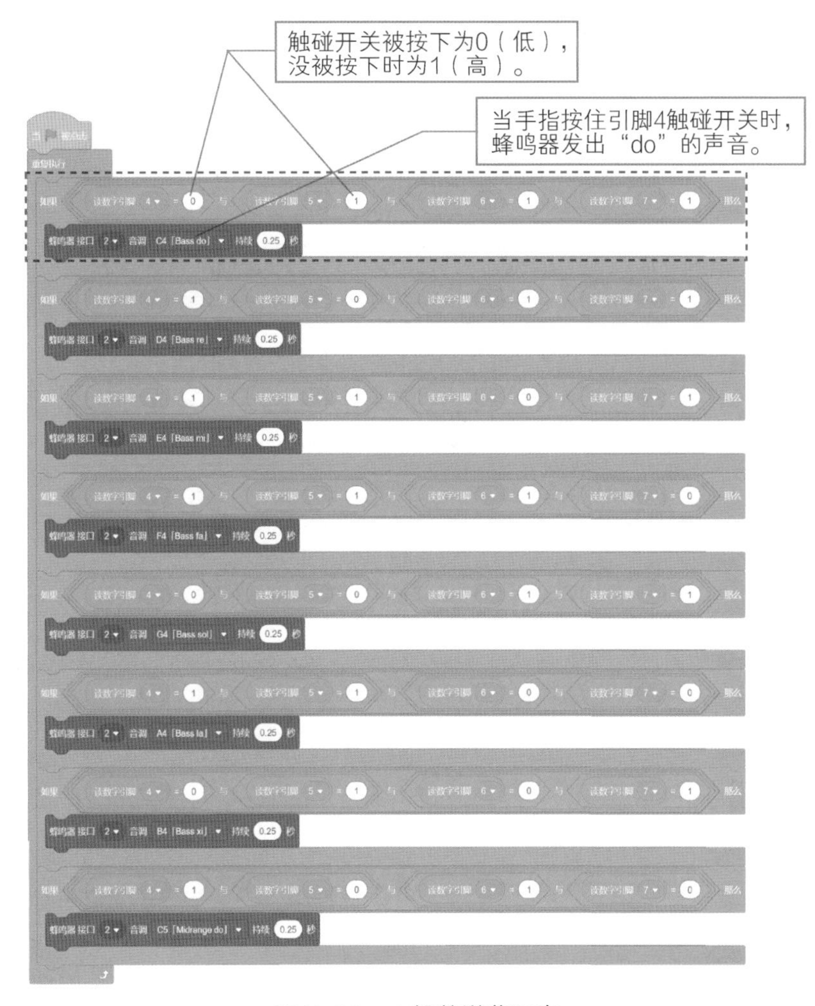

图 5-21　小凯蒂谱曲程序

4. 程序运行调试

“一闪一闪亮晶晶，满天都是小星星！ do do sol sol la la sol，fa fa mi mi re re do ！”是我们耳熟能详的歌曲《小星星》，请你试着用小凯蒂头上的触碰开关演奏一下这个曲子吧！当然，你也可以自由发挥，演奏属于你的曲调。

六、小想法

在“我的基本功”中，摇杆的中央按键是“停止”键，请你将它改为“暂停/播放”键，即每次按下中央按键，都能让小凯蒂在“暂停”与“播放”两种状态之间切换，并且暂停后重新播放的歌曲与暂停前播放的歌曲始终保持一致。

七、你做得怎么样

根据自己在本课中的学习表现情况进行自我评价（“√”）。

知识技能	优秀	良好	一般	合格	仍需努力	备注
对元件、传感器的了解						
机器人搭建与接线情况						
程序编写与调试情况						
问题与困惑的解决情况						
创意与创造力表现						

第 6 课　摇控小凯蒂

一、我能干什么

遥控器是方便我们日常生活的好帮手，遥控器上各个按键都对应不同的功能。小凯蒂也能够变身成为遥控机器人，我们通过设置遥控器按键的功能，控制小凯蒂做各种动作，如图 6-1 所示。还不快来试试看！

图 6-1　“遥控小凯蒂”机器人展示图

二、我从哪里来

一起来看看小凯蒂是由哪些部件组成的吧（见图 6-2~图 6-11）！

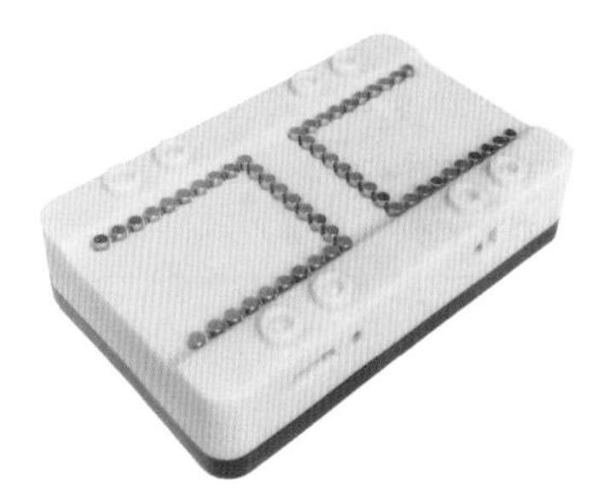

图 6-2　电池盒 ×1

图 6-3　USB 线 ×1

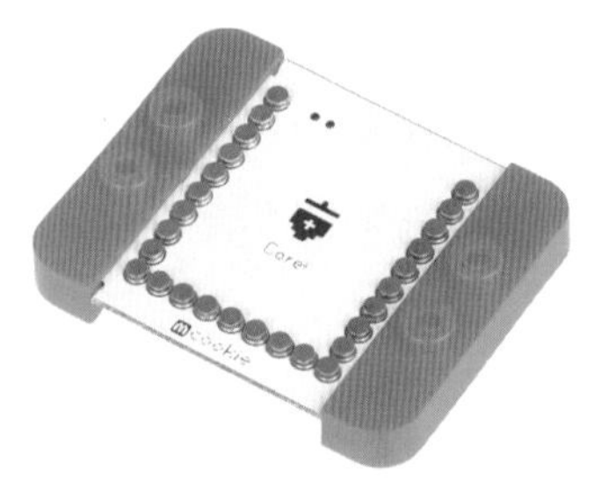

图 6-4　核心模块 ×1

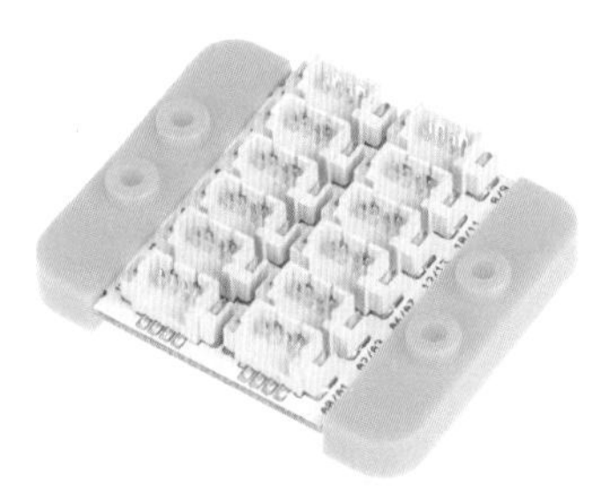

图 6-5　传感器接口板 ×1

图 6-6　4Pin 连接线 ×3

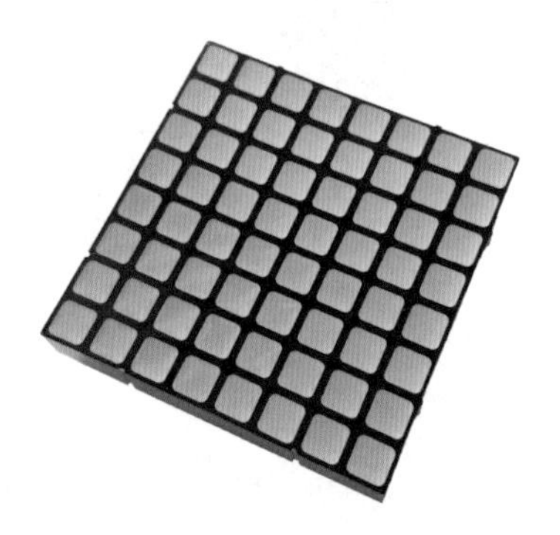

图 6-7　全彩点阵屏（IIC）×1

图 6-8　舵机转接板 ×1

图 6-9　舵机（D）×2

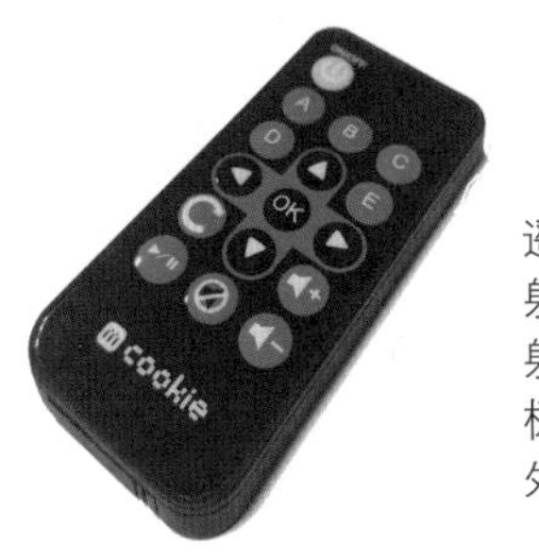

遥控器内含红外线发射器，发射部分的发射元件为红外发光二极管，它发出的是红外线而不是可见光。

图 6-10　遥控器 ×1

红外接收传感器可以检测到物体发射出的红外线。

图 6-11　红外接收传感器（D）×1

三、换装大变身

（1）拼合模块板与电池盒。

（2）连接舵机与传感器接口板。将两个舵机的 3Pin 线插在舵机转接板上，再用一根 4Pin 线将舵机转接板接在传感器接口板上的 6/7 接口，如图 6-12 所示。

（3）连接红外接收传感器与传感器接口板。用一根 4Pin 线连接红外接收传感器与传感器接口板的 4/5 接口。

（4）连接全彩点阵屏与传感器接口板。用一条 4Pin 线连接全彩点阵屏与传感器接口板的 IIC 接口。

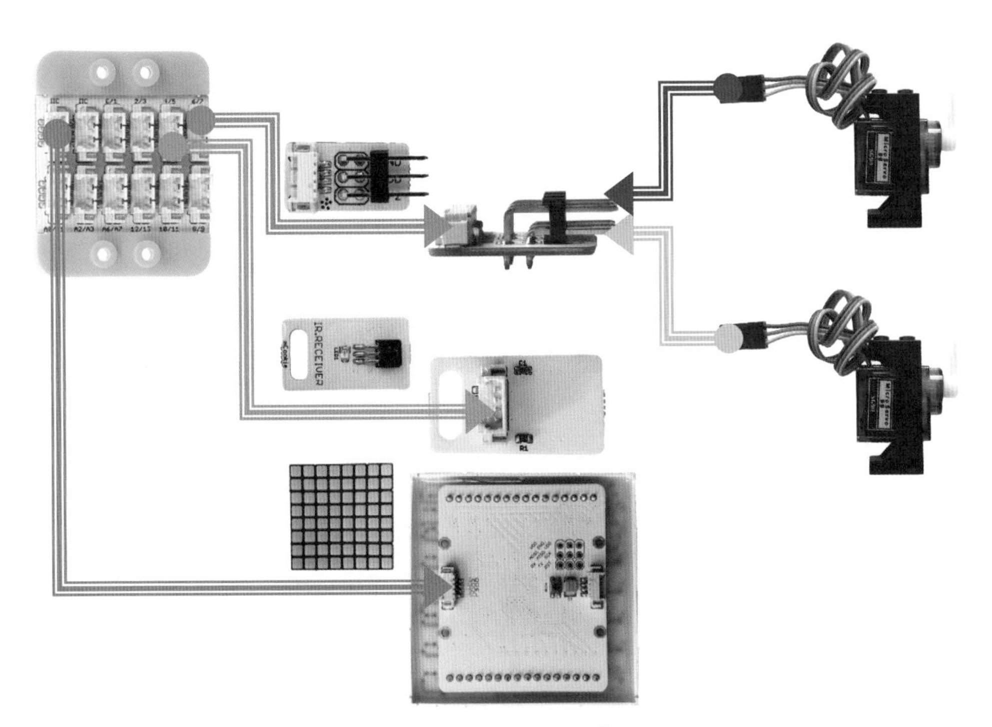

图 6-12　电路连接示意图

知识卡片：红外遥控原理

红外线遥控器成本低、体积小、功耗低，是一种使用非常广泛的通信和遥控方式。在日常生活中，电视、空调等家电都可以被人们利用红外遥控器控制。

红外遥控系统由发射端和接收端两部分组成。负责发射的是红外遥控器，主要由键盘、集成电路板、红外发光二极管和激励器等构成。当我们按下键盘按键，按键信号通过集成电路进行编码调制，并由红外发光二极管发射出相应的红外信号（波长为0.76~1.5 微米）。接收端收到红外信号后，将该信号进行解码，再将解码信号传送到主控制芯片上，由主控芯片执行相应操作，实现远程控制。在使用遥控器的过程中，发射端和接收端之间不能有物体隔挡，因为红外信号不能穿过物体，并且红外信号有一定距离限制，如图 6-13 所示。

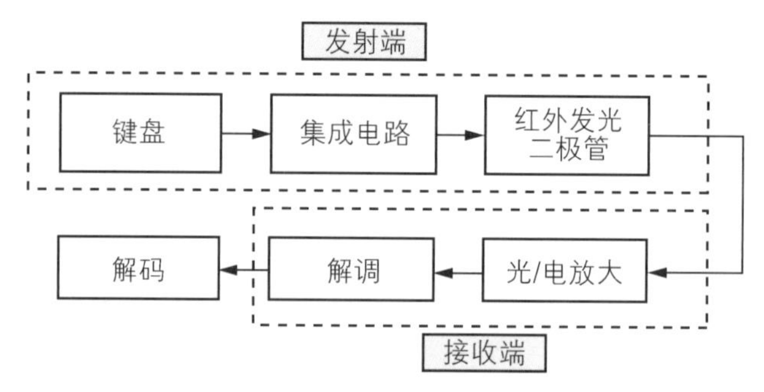

图 6-13　红外遥控系统

四、我的基本功

打开电源后，按下指定遥控器按键，就可以操控小凯蒂的手臂了。下面我们一起来实现这个功能。

1. 认识新积木

实现这个功能需要使用的积木如图 6-14 所示。

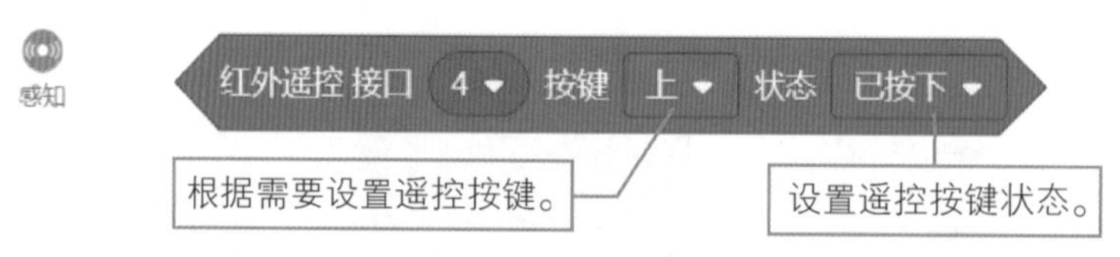

图 6-14　感知分类中的红外遥控器按键设置积木

2. 程序流程

图 6-15 所示为遥控小凯蒂的程序流程。

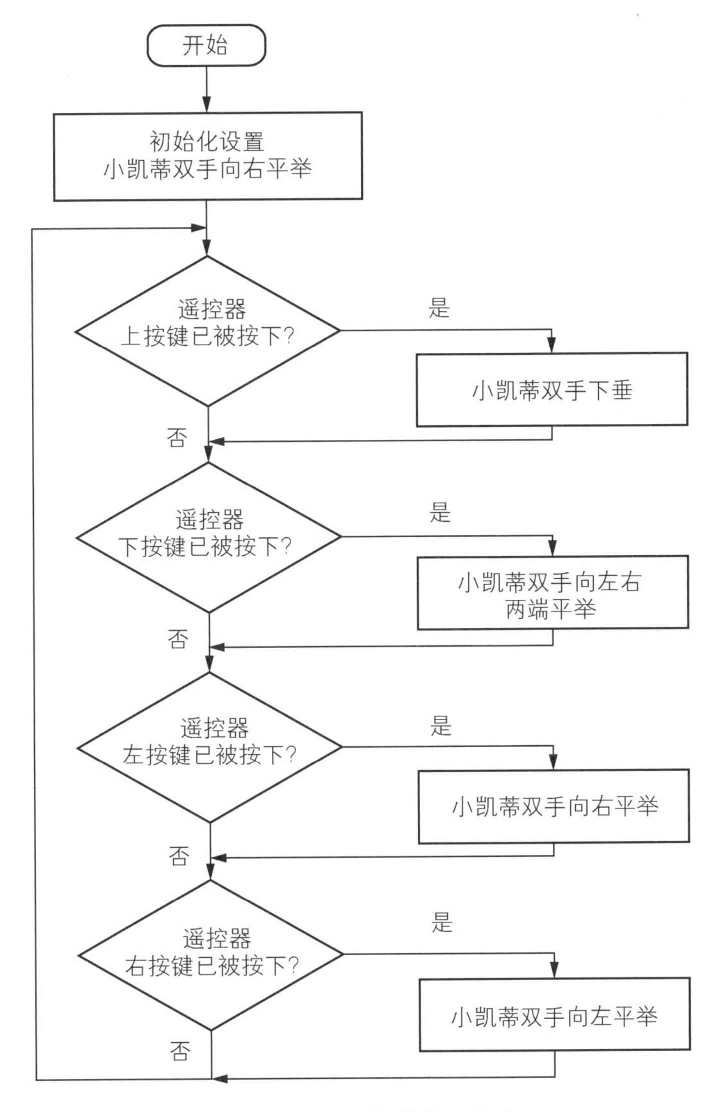

图 6-15　遥控小凯蒂的程序流程

3. 程序编写

打开mDesigner，新建“上传模式”项目并重命名，编写如图 6-16 所示的程序。

4. 程序运行调试

运行程序，小凯蒂两手会旋转到初始位置，接下来就可以使用遥控器的方向按键控制小凯蒂做各种动作了。

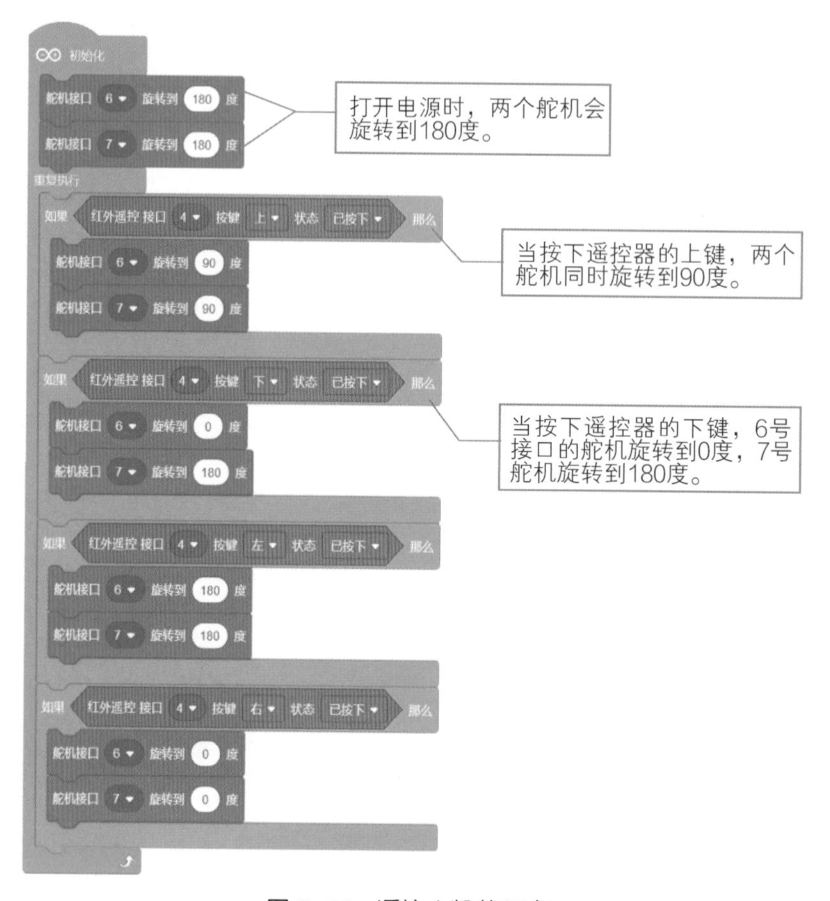

图 6-16　遥控小凯蒂程序

五、我的超能力

当我们按下遥控器按键，小凯蒂会根据遥控指令做运动，同时，全彩点阵屏上也会显示小凯蒂的动作。让我们一起来看看如何实现小凯蒂的这个超能力吧！

1. 认识新积木

实现这个超能力需要使用的积木如图 6-17 所示。

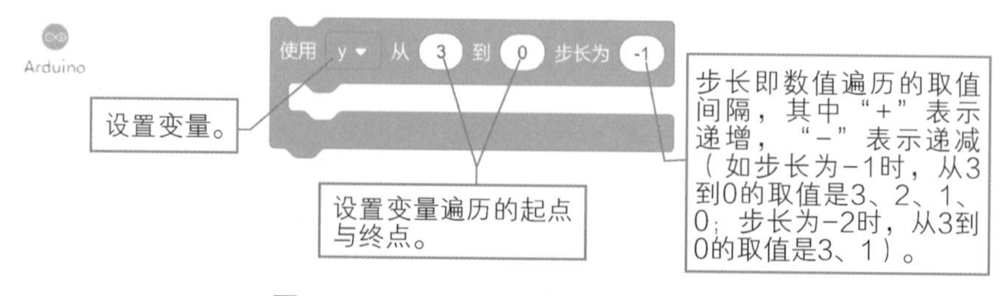

图 6-17　Arduino 分类中的步长积木

2. 程序流程

图 6-18 所示为全彩点阵屏显示动作的程序流程。

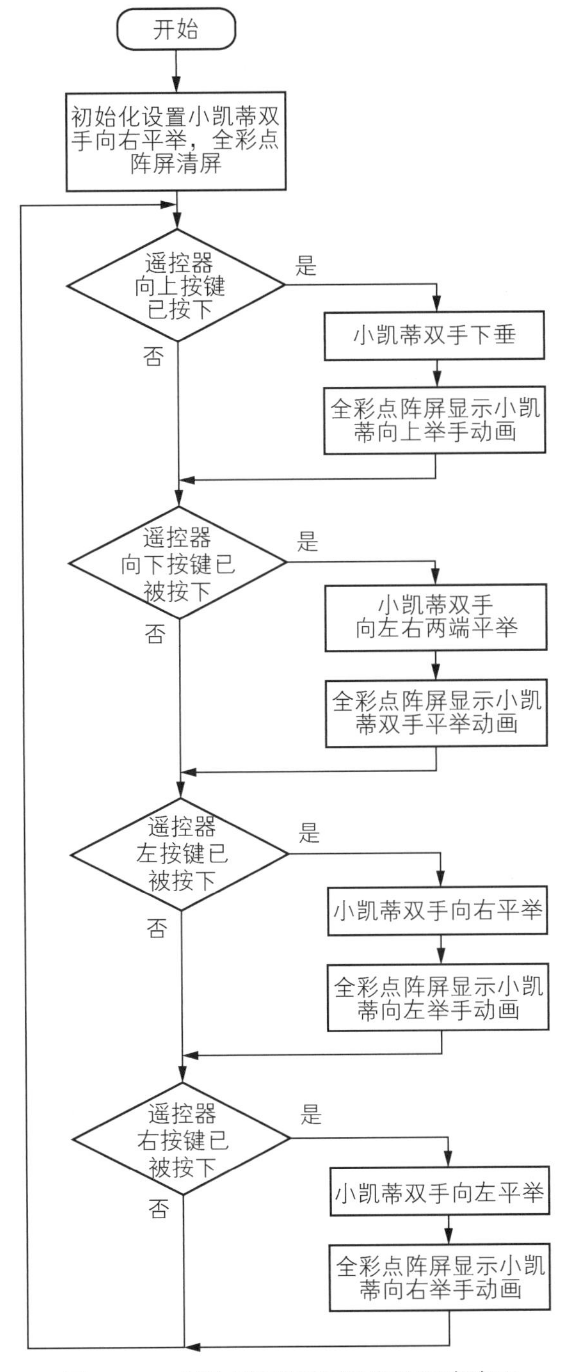

图 6-18　全彩点阵屏显示动作的程序流程

3. 程序编写

打开mDesigner，新建“上传模式”项目并重命名，编写如图6-19所示的程序。

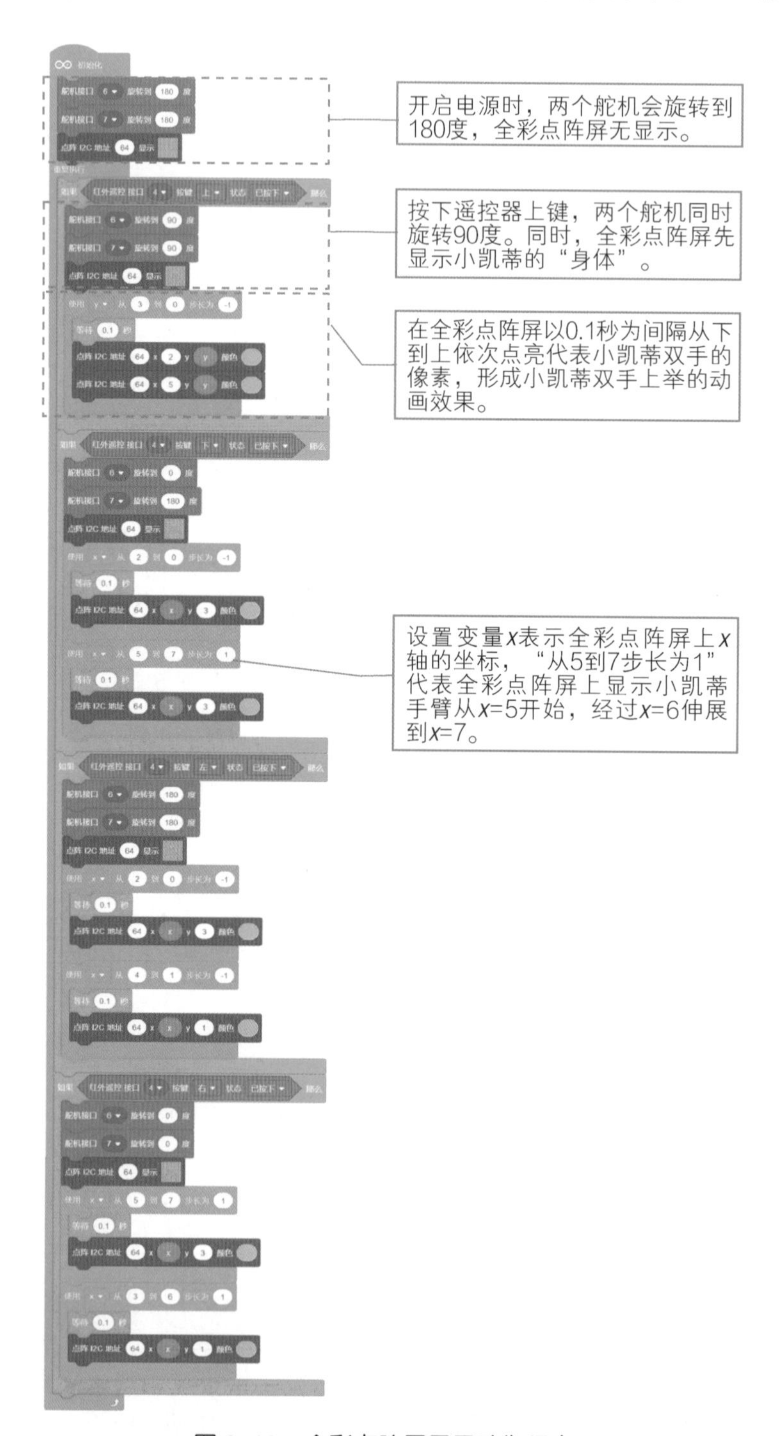

图6-19　全彩点阵屏显示动作程序

4. 程序运行调试

运行程序，我们再用遥控器控制小凯蒂做动作时，可以看到在全彩点阵屏上也会显示相应的动作。

六、小想法

为小凯蒂加入蜂鸣器，发挥你的想象力，尝试创造一个既能唱歌，又能跳舞，还能在点阵屏上显示相应动作的小凯蒂。

七、你做得怎么样

根据自己在本课中的学习表现情况进行自我评价（“√”）。

知识技能	优秀	良好	一般	合格	仍需努力	备注
对元件、传感器的了解						
机器人搭建与接线情况						
程序编写与调试情况						
问题与困惑的解决情况						
创意与创造力表现						

第 7 课　惊喜制造家

一、我能干什么

节日是生活中值得纪念的重要日子。每个国家都有自己的重要节日，并且有着不同的庆祝方式。这时候，我们的小凯蒂就能化身为一位惊喜制造家，为节日制造惊喜，增添欢乐，如图 7-1 所示。

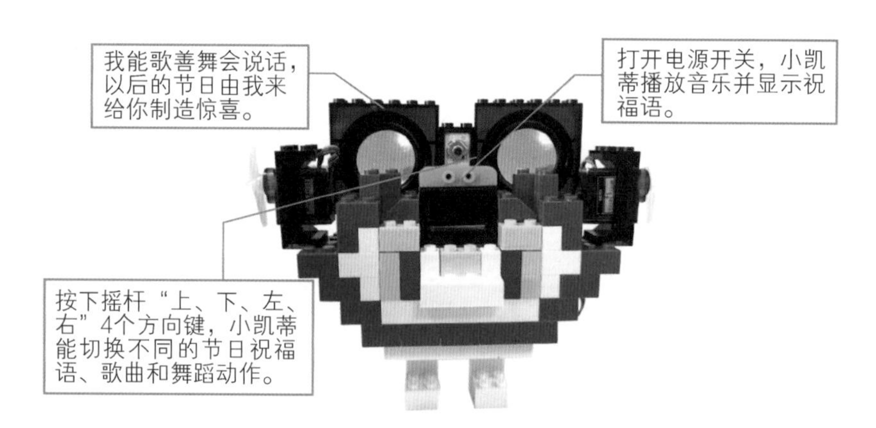

图 7-1　“惊喜制造家”机器人展示图

二、我从哪里来

一起来看看小凯蒂是由哪些部件组成的吧（见图 7-2~图 7-12）!

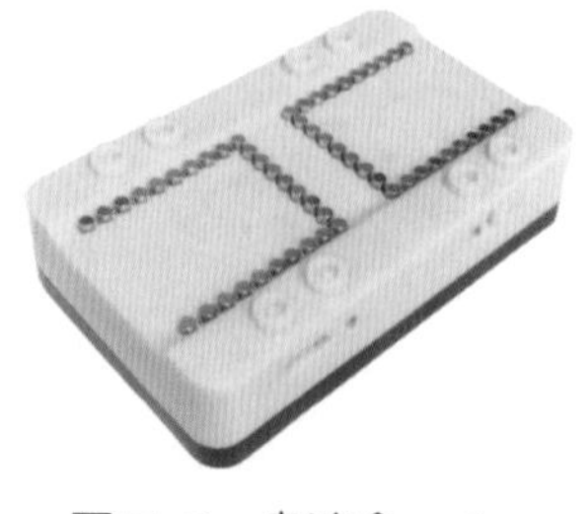

图 7-2　电池盒 ×1

图 7-3　USB 线 ×1

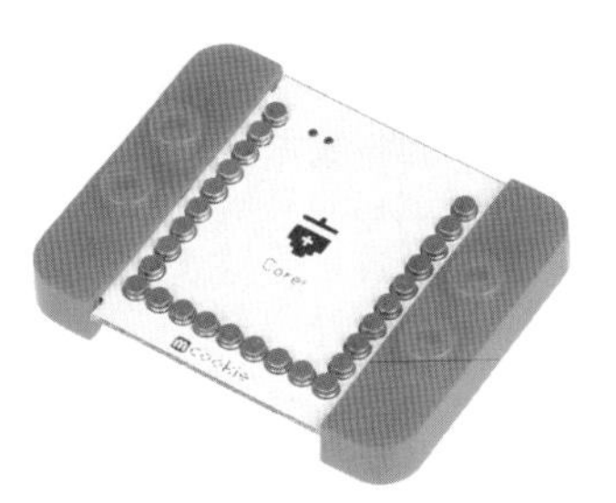

图 7-4　核心模块 ×1

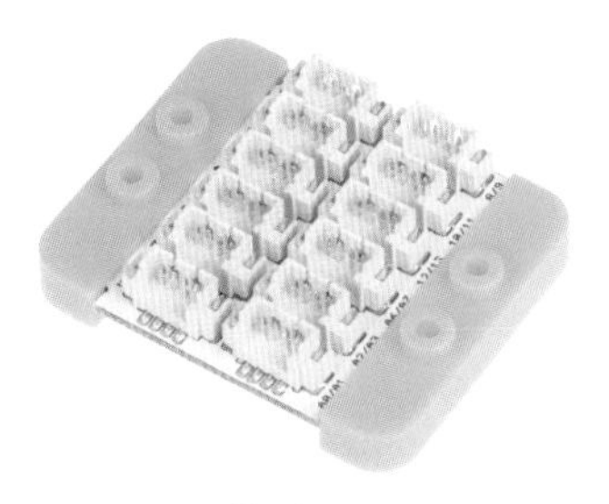

图 7-5　传感器接口板 ×1

图 7-6　4Pin 连接线 ×2

图 7-7　摇杆按键（A）×1

图 7-8　舵机（D）×2

图 7-9　舵机转接板 ×1

扬声器，也叫喇叭，用于声音输出，与音频模块连接使用。

图 7-10　扬声器 ×2

OLED（Organic Light Emitting Diode，有机发光二极管）显示模块，分辨率为128像素×64像素。

图 7-11　OLED 屏幕 ×1

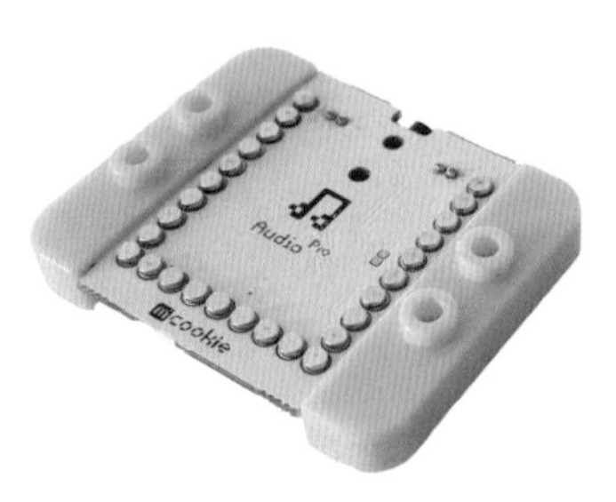

音频模块可以播放各种音乐格式，也可以模拟各种乐器，模块可以直接连接扬声器和耳机。

图 7-12　音频模块 ×1

三、换装大变身

1. 连接扬声器与音频模块

将两个扬声器与音频模块连接，如图 7-13 所示。

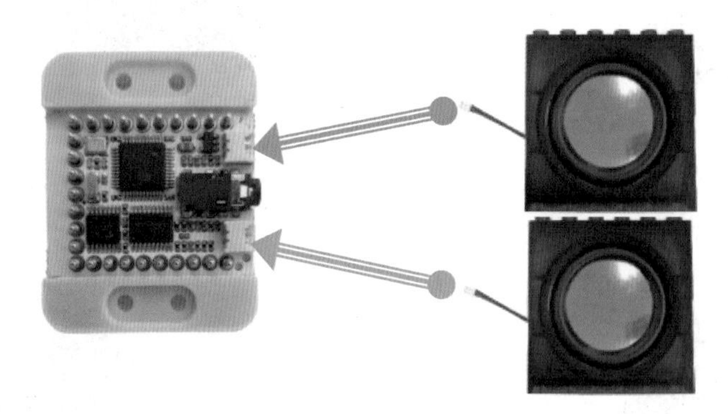

图 7-13　连接扬声器与音频模块

2. 拼合模块板与电池盒

将音频模块、核心模块、传感器接口板通过磁吸方式组装在电池盒上，并用 4Pin 线将 OLED 屏幕与传感器的 IIC 接口连接，如图 7-14 所示。

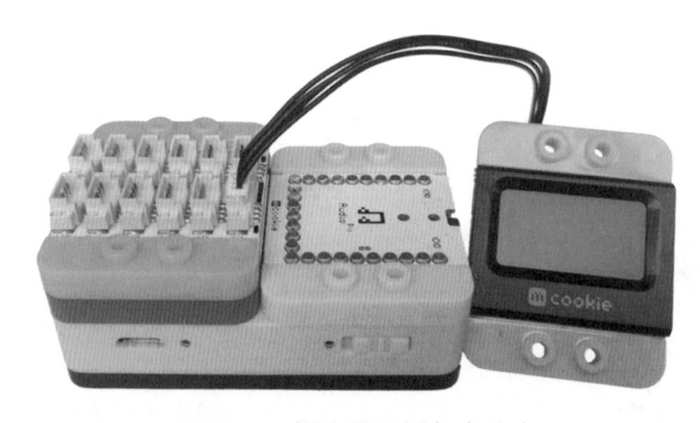

图 7-14　拼合模块板与电池盒

知识卡片 1：OLED 屏幕

OLED屏幕可以与mCookie大多数模块磁吸连接，通过弹针与主控芯片进行IIC通信，也可以通过4Pin线连接到传感器接口板的IIC接口。OLED屏幕分辨率为128像素×64像素，即水平方向有128个像素，垂直方向有64个像素。在图7-15所示屏幕的坐标系中，左上角为原点（0，0），横轴为x轴，纵轴为y轴。

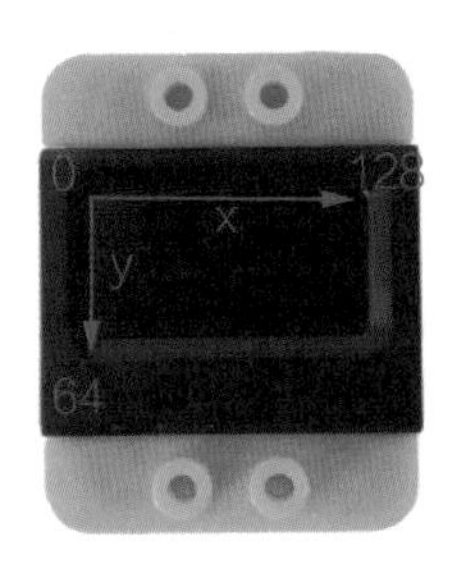

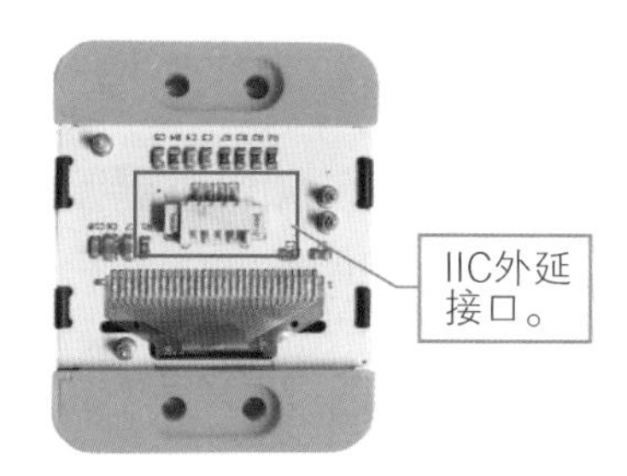

图 7-15　OLED 屏幕

知识卡片 2：音频模块

音频模块（见图7-16）内置有音频解码器，集成了2.2W立体声功放，支持2.5mm立体声耳机接口，并且支持MIDI（Music Instrument Digital Interface，乐器数字接口）。MIDI是编曲界应用非常广泛的音乐标准格式，被称为“计算机能理解的乐谱”，它利用音符的数字控制信号来记录音乐。

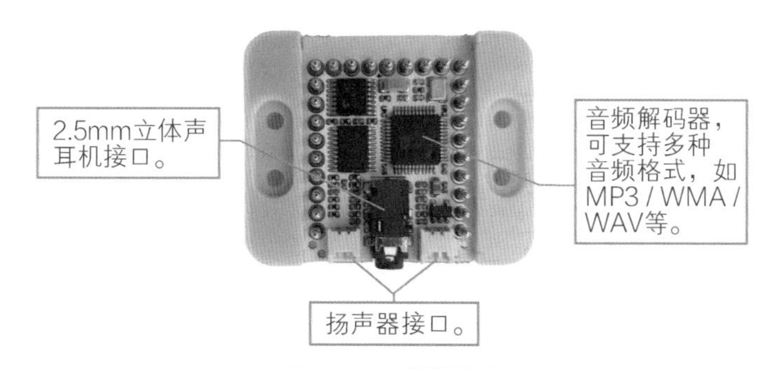

图 7-16　音频模块

音频解码器实际上是一种数字模拟转换器（简称D/A转换器），通过将读取到的数字音频信息转换成模拟音频信号来播放音乐，解码器精度越高，我们听到的音乐就越清晰。

知识卡片 3：数模转换与模数转换

数模转换是将数字量（D）转换为模拟量（A），简称D/A转换；模数转换是将模拟量（A）转换为数字量（D），简称A/D转换。

自然界中如温度、时间、速度、压力等都是连续变化的物理量，当我们要用计算机处理这些物理量时，就需要把这种模拟量转换成计算机能够识别的数字量，这一过程叫作A/D转换。很多情况下，经过计算机分析和处理的数字量还需要再次转换成相应的模拟量，即进行D/A转换。

3. 连接舵机、摇杆按键和传感器接口板

将两个舵机的 3Pin线连接在舵机转接板上，用一根 4Pin线将舵机转接板与传感器接口板的 6/7 接口连接。用一根 4Pin线将摇杆按键与传感器接口板的A0/A1 接口连接，如图 7-17 所示。

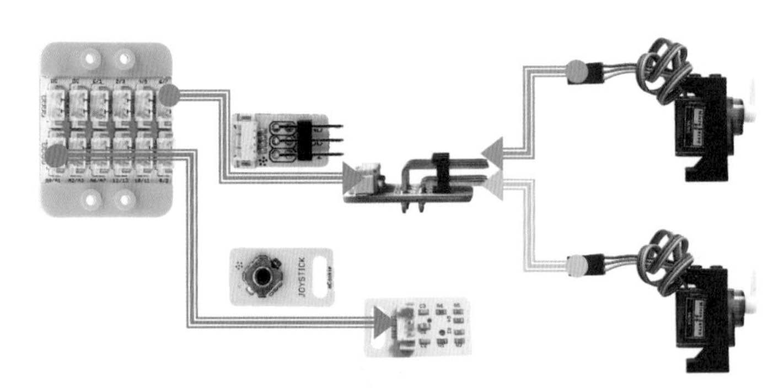

图 7-17　电路连接示意图

四、我的基本功

打开电源后，小凯蒂会播放歌曲《小星星》，同时OLED屏幕上会显示祝福语“Happy Birthday^_^”。接下来，我们就一起来实现这个功能。

1. 认识新积木

实现这个功能需要使用的积木如图 7-18~图 7-20 所示。

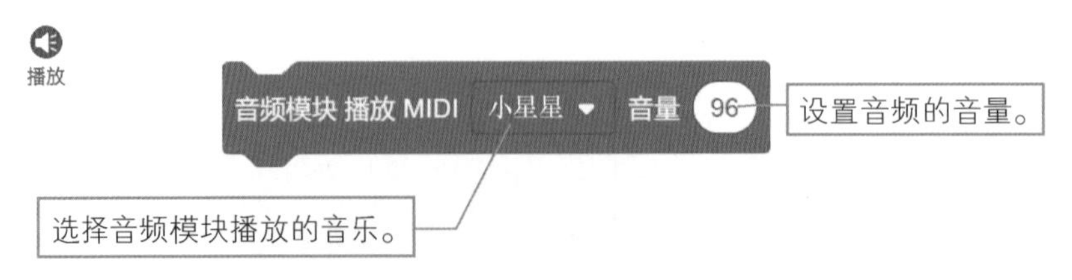

图 7-18　播放分类中的音频模块播放 MIDI 音乐

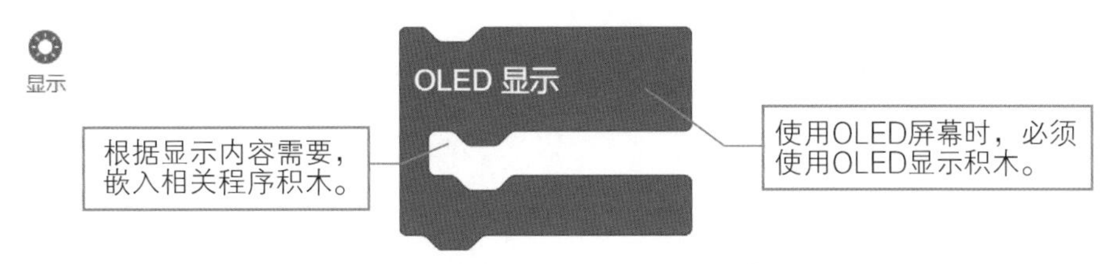

图 7-19　显示分类中的 OLED 显示积木

图 7-20　显示分类中的 OLED 显示信息积木

2. 程序流程

图 7-21 所示为播放音乐和显示祝福语的程序流程。

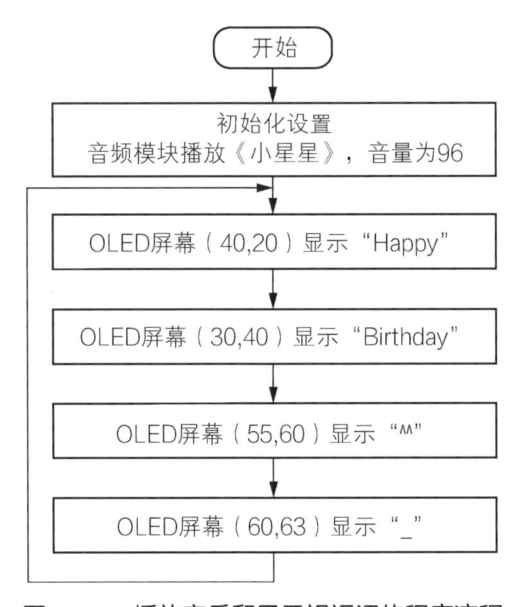

图 7-21　播放音乐和显示祝福语的程序流程

3. 程序编写

打开mDesigner，新建“上传模式”项目并重命名，编写如图 7-22 所示的程序。

4. 程序运行调试

运行程序，我们会发现，当打开电源开关时，小凯蒂会播放《小星星》这首歌，并且OLED屏幕上会显示歌曲信息，快来和小凯蒂一起唱歌吧！

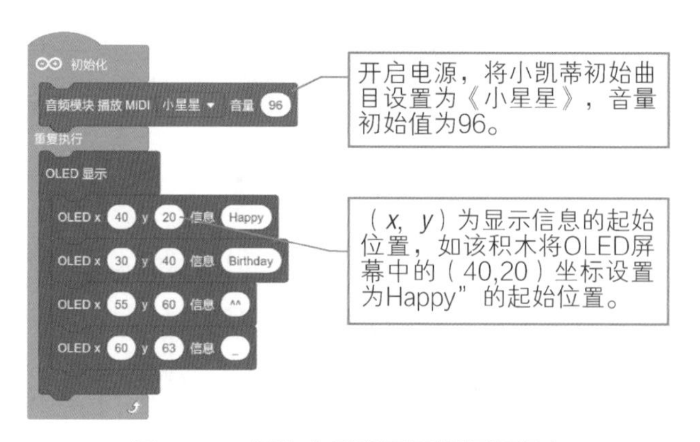

图 7-22　播放音乐和显示祝福语程序

五、我的超能力

通过操控摇杆的 4 个方向按键，可以让小凯蒂根据不同的节日切换不同的庆祝方式。小凯蒂会一边唱歌，一边跳舞，并且OLED屏幕上会显示祝福语，以此来庆祝不同的节日。让我们一起来看看如何实现小凯蒂的这个超能力吧！

1. 程序流程

图 7-23 所示为切换不同庆祝方式的程序流程。

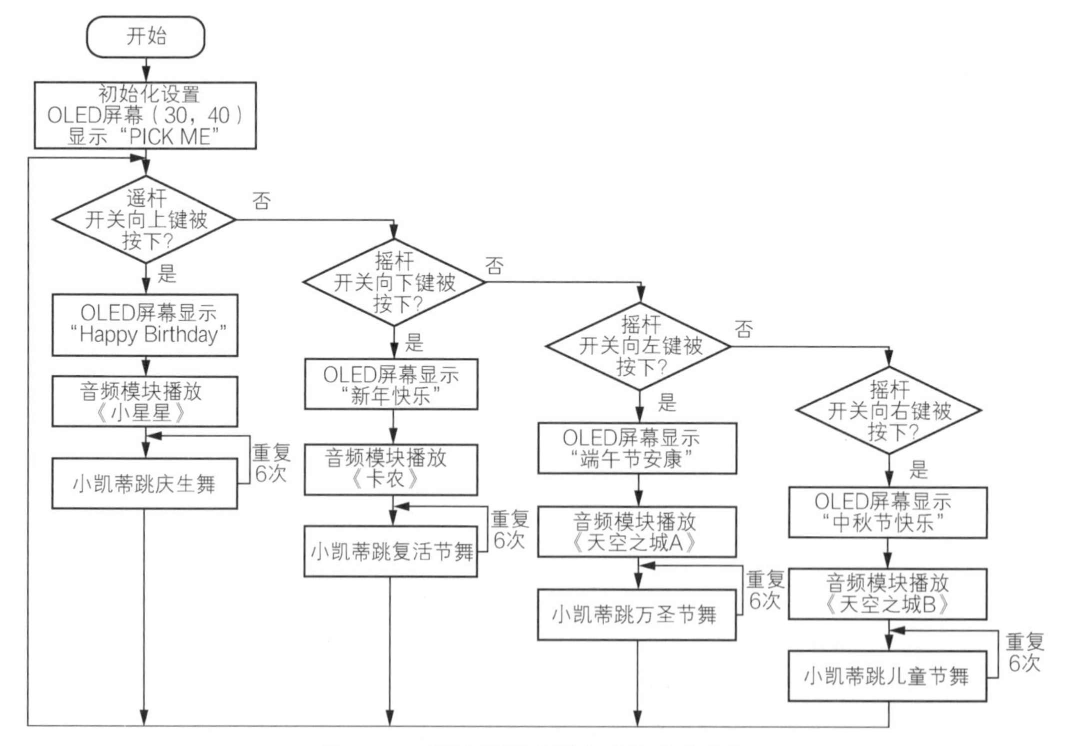

图 7-23　切换不同庆祝方式的程序流程

2. 程序编写

打开mDesigner，新建“上传模式”项目并重命名，编写如图 7-24 所示的程序。

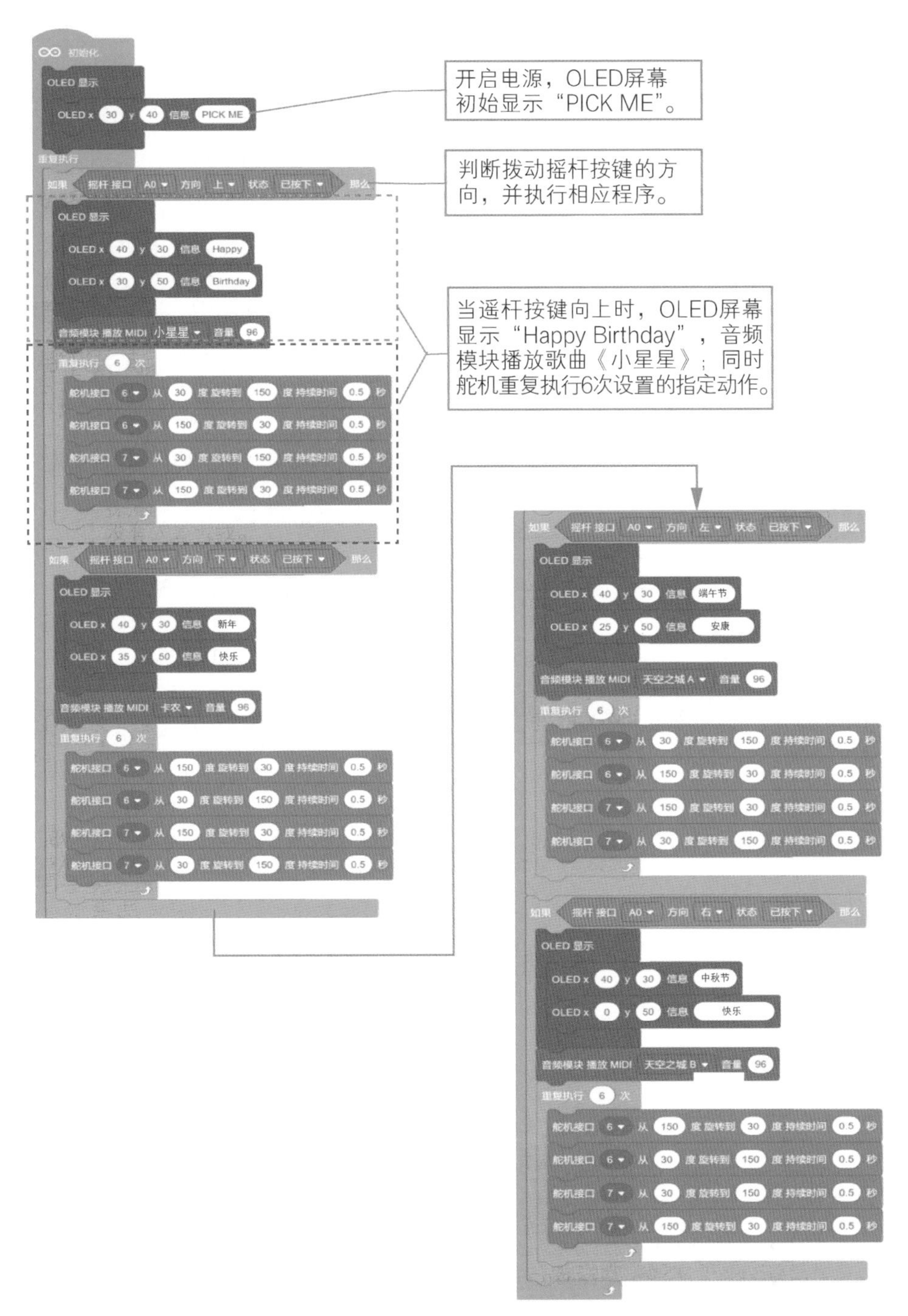

图 7-24　切换不同庆祝方式程序

3. 程序运行调试

运行程序，当我们将摇杆向上拨动时，小凯蒂会在屏幕上显示歌曲信息、播放歌曲“Happy Brithday”，并跳起庆祝生日的舞蹈。请你继续试一试按下其他方向按键的效果吧！

六、小想法

如果OLED屏幕上的祝福文字能够动起来就好了，这样OLED屏幕上就能显示更多的文字，快想想有什么办法能够让祝福文字横向或纵向循环滚动吧！

七、你做得怎么样

根据自己在本课中的学习表现情况进行自我评价（“√”）。

知识技能	优秀	良好	一般	合格	仍需努力	备注
对元件、传感器的了解						
机器人搭建与接线情况						
程序编写与调试情况						
问题与困惑的解决情况						
创意与创造力表现						

第 8 课　悦音小精灵

一、我能干什么

想要放松一下时，听听自己喜欢的音乐是个不错的选择。我们的小凯蒂不仅会演奏动听的旋律，还会根据你的喜好，为你演唱许多不同的歌曲。只需要一个小小遥控器，小凯蒂就会化身为你的悦音小精灵，如图 8-1 所示。

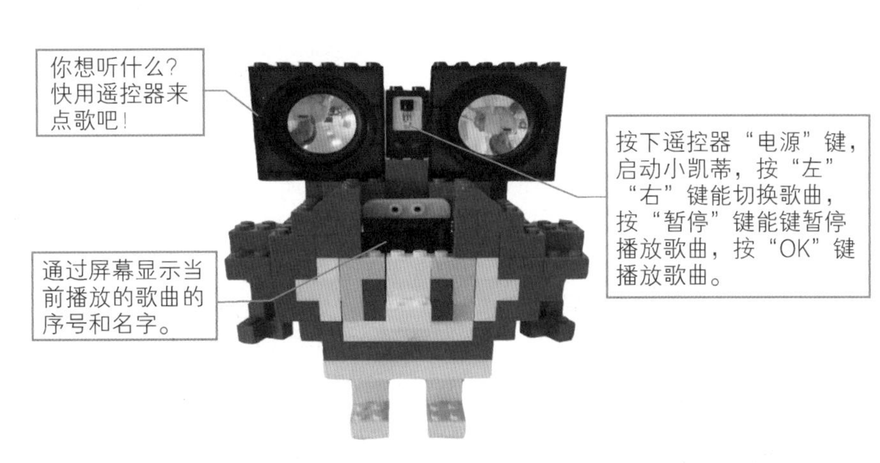

图 8-1　“悦音小精灵”机器人

二、我从哪里来

一起来看看小凯蒂是由哪些部件组成的吧（见图 8-2 ～图 8-14）!

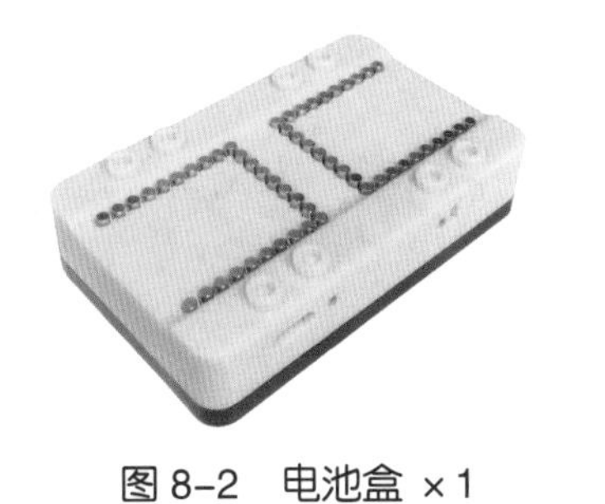

图 8-2　电池盒 ×1

图 8-3　USB 线 ×1

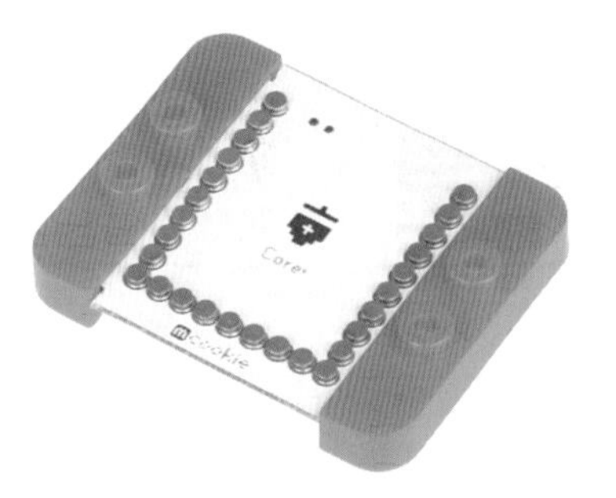

图 8-4　核心模块 ×1

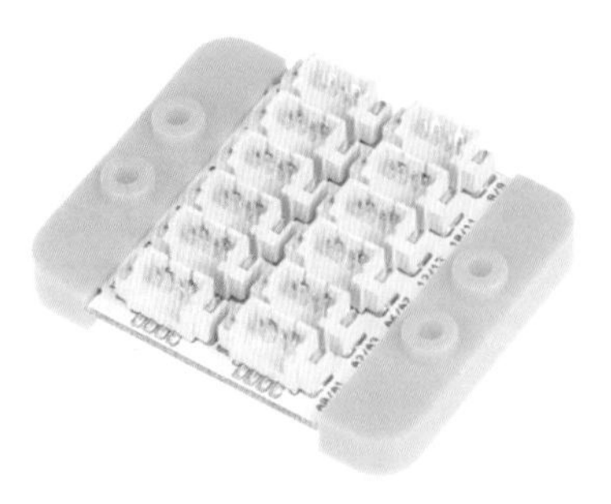

图 8-5　传感器接口板 ×1

图 8-6　4Pin 连接线 ×2

图 8-7　红外接收传感器（D）×1

图 8-8　遥控器 ×1

图 8-9　OLED 屏幕 ×1

图 8-10　扬声器 ×2

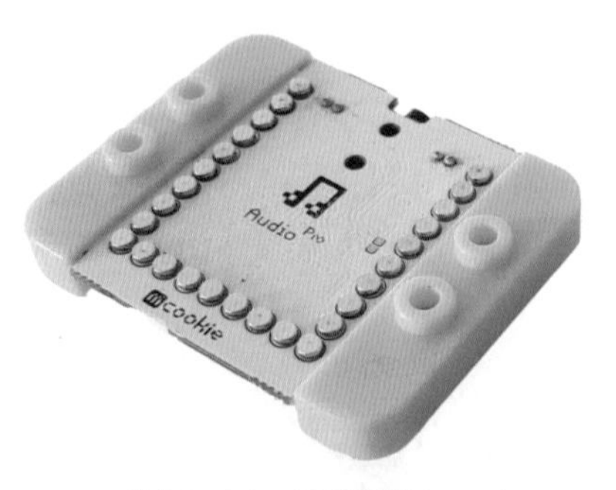

图 8-11　音频模块 ×1

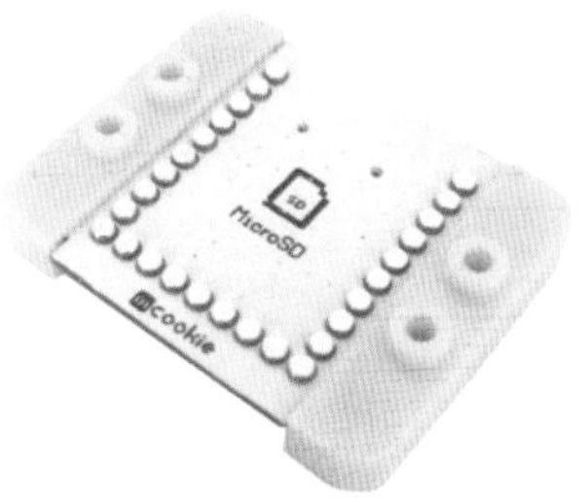

SD卡模块可以对SD卡数据进行读写。

图8-12　SD卡模块 ×1

Micro SD卡是体积最小的存储卡，用于存储信息。

图8-13　SD卡 ×1

SD卡读卡器是一种读卡设备，用于读取SD卡中的数据。将读卡器插入计算机，可以在计算机上更改和读取SD卡中的数据。

图8-14　SD卡读卡器 ×1

三、换装大变身

1. 读取与存入SD卡

将SD卡插入读卡器（见图8-15），再将读卡器插入计算机，存入音乐（本项目中SD卡存储了5首歌曲）。

图8-15　将SD卡插入读卡器

知识卡片1：存储器与SD卡

存储器是用于保存数据信息的设备，可分为内部存储器和外部存储器两种。内部存储器包括RAM（Random Access Memory，随机存取存储器）、ROM（Read-Only Memory，只读存储器）、高速缓冲存储器（Cache）等；外部存储器包括硬盘、光盘、U盘、SD卡等。

SD卡是一种基于半导体快闪记忆器的记忆设备，具有高容量、高安全性、读取速度快、体积小巧的特点。SD卡广泛用于便携式装置上，如数码相机、多媒体播放器等。

2. 插入SD卡，连接扬声器

将SD卡插入SD卡模块，如图 8-16 所示。

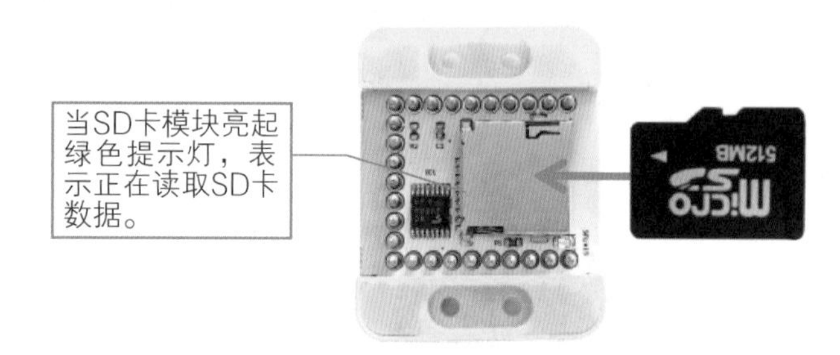

图 8-16　将 SD 卡插入 SD 卡模块

将扬声器上的线连接到音频模块，如图 8-17 所示。

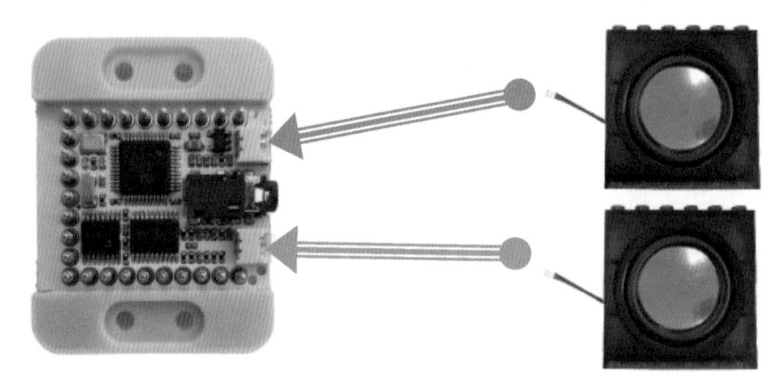

图 8-17　连接扬声器与音频模块

3. 拼合模块板与电池盒

将核心模块、音频模块、SD卡模块、传感器接口板通过磁吸方式组装在电池盒上，并用 4Pin 线将 OLED 屏幕与传感器接口板的 IIC 接口连接，如图 8-18 所示。

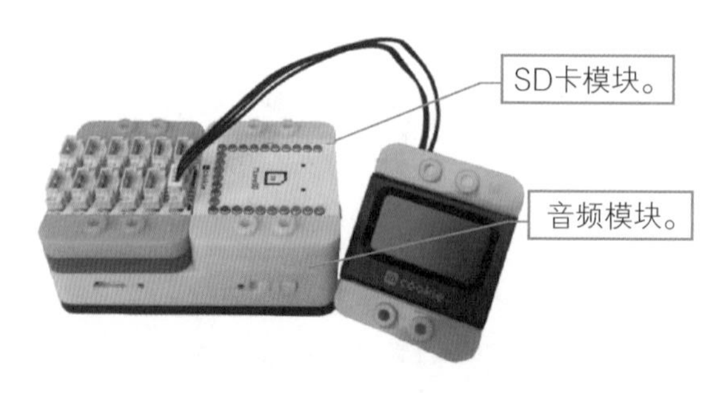

图 8-18　拼合模块板与电池盒

4. 连接OLED屏幕、红外线接收传感器

用一根 4Pin线连接OLED屏幕与传感器接口板的IIC接口，用另一根 4Pin线连接红外线接收传感器与传感器接口板的 6/7 接口，如图 8-19 所示。

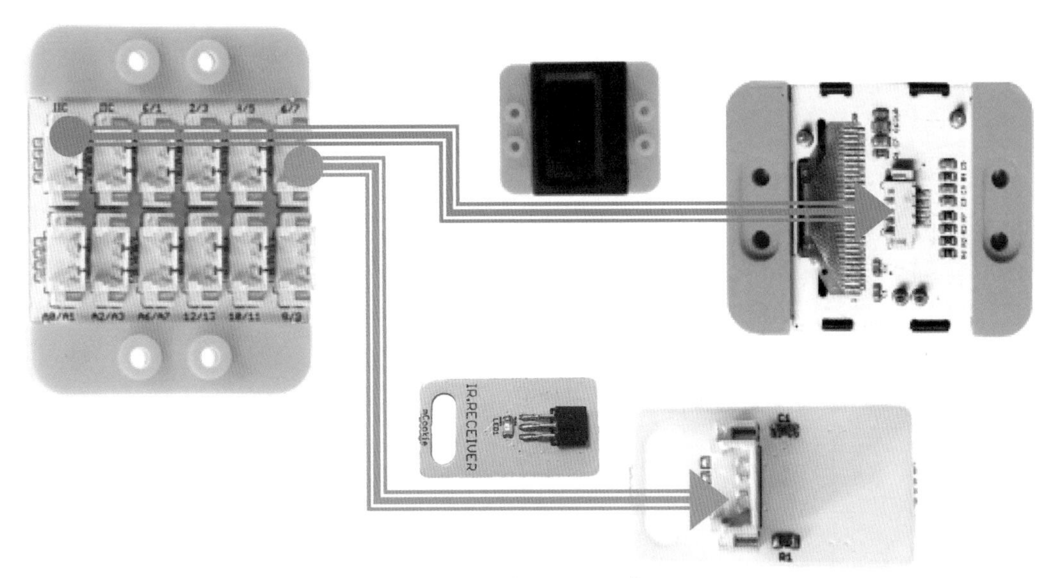

图 8-19　电路连接示意图

四、我的基本功

打开电源后，通过按下遥控器上不同的按键，控制小凯蒂播放、停止和切换曲目。下面，让我们一起来实现这个功能。

1. 认识新积木

实现这个功能需要使用的积木如图 8-20、图 8-21 所示。

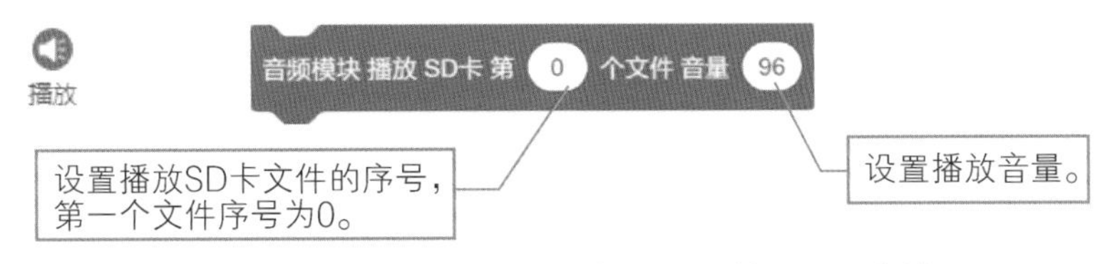

图 8-20　播放分类中的音频模块播放 SD 卡文件

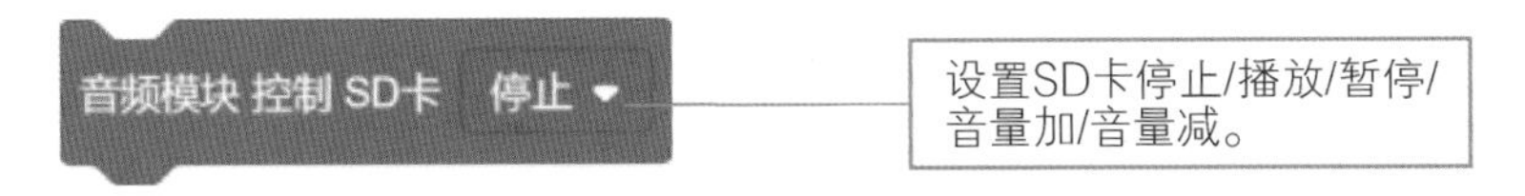

图 8-21　播放分类中的音频模块控制 SD 卡

2. 程序流程

图 8-22 所示为遥控唱歌的程序流程。

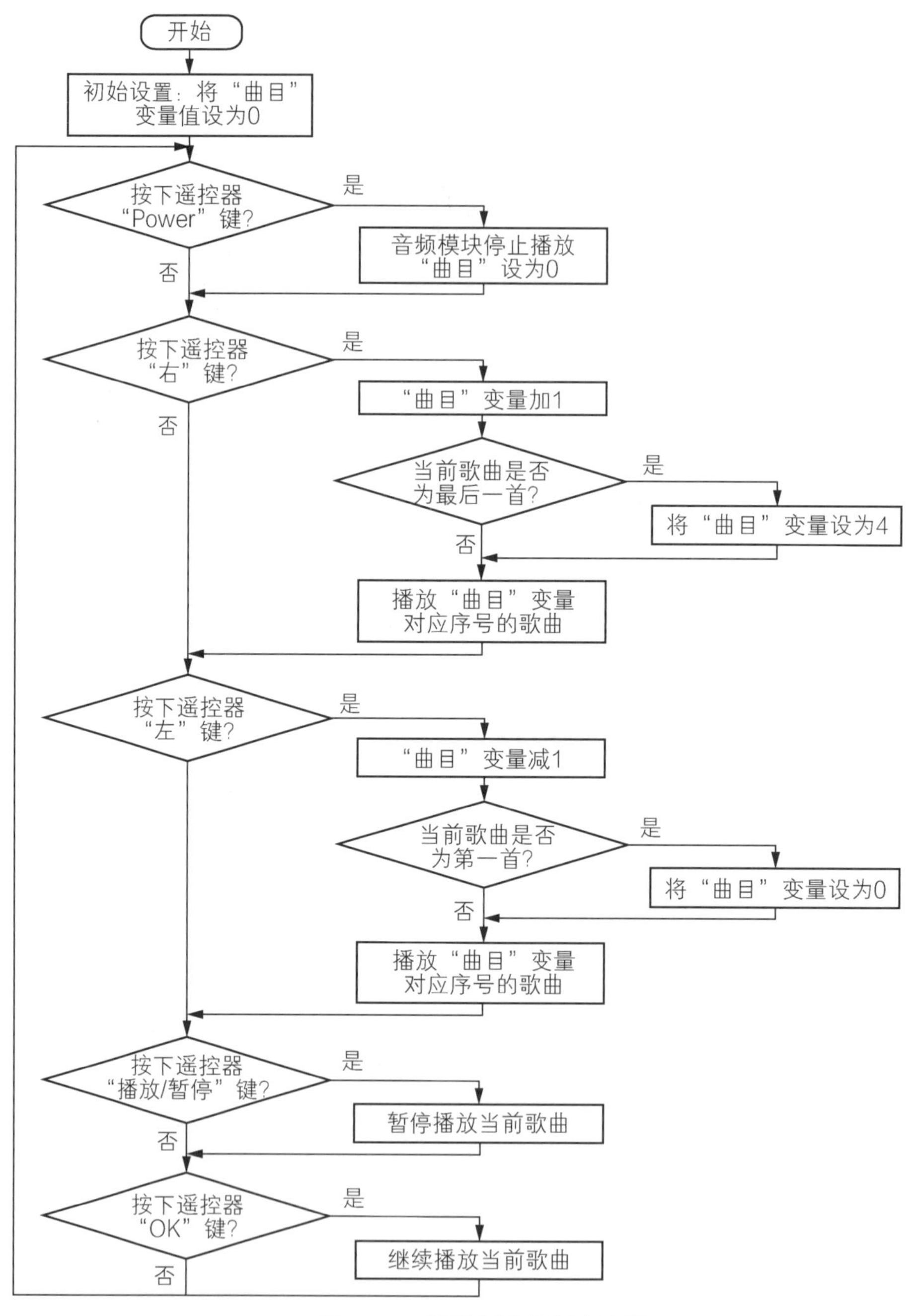

图 8-22　遥控唱歌的程序流程

3. 程序编写

打开mDesigner，新建“上传模式”项目并重命名，编写如图 8-23 所示的程序。

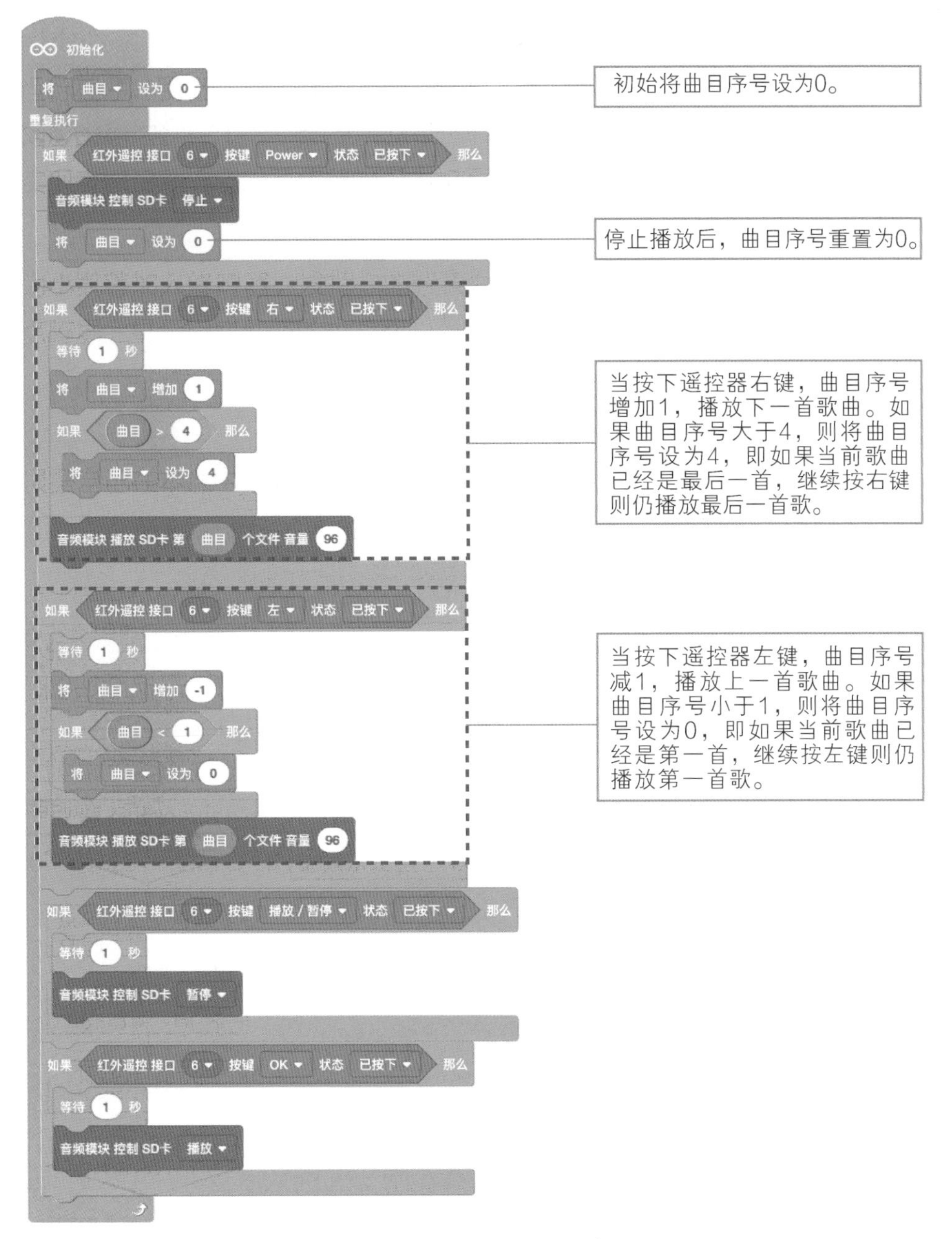

图 8-23 遥控唱歌程序

4. 程序运行调试

运行程序，我们可以通过按遥控器右键播放下一首歌，按其左键播放上一首歌。请你试着修改程序，使得播放最后一首歌时，按右键能够播放第一首歌，播放第一首歌时，按左键能播放最后一首歌。完成后向其他小伙伴展示一下你的作品吧！

五、我的超能力

当我们按下遥控器的“Power”键，OLED 屏幕显示“STOP”并停止播放；当我们用遥控器切换播放歌曲时，OLED 屏幕能够显示当前播放的曲目名称。让我们一起来看看如何实现小凯蒂的这个超能力吧!

1. 认识新积木

实现这个超能力需要使用的积木如图 8-24 所示。

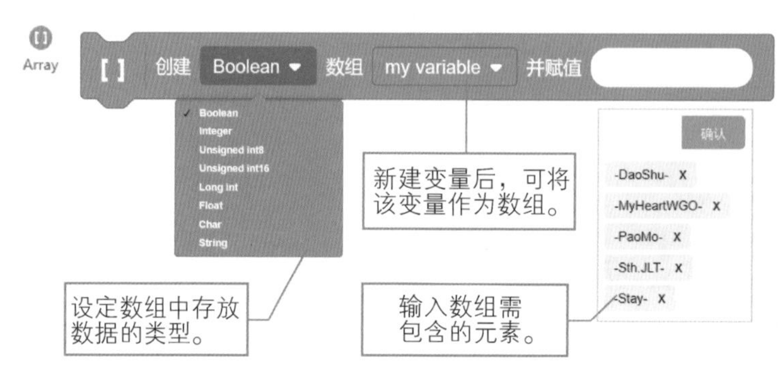

图 8-24　Array 分类中的创建数组并赋值

知识卡片 2：数据类型与数组

数据类型用于定义变量的类型，不同数据类型定义的变量有着不同的规则。数据类型可以分为布尔型数据、整型数据、浮点型数据、字符型数据和字符串型数据等，如表 8-1 所示。

表 8-1　数据类型

数据类型	介绍
布尔型数据	又称逻辑数据类型，由二进制数0和1表示，1代表真（True），0代表假（False）
整型数据	用于存储一个整数值，根据数据类型所占字节不同，还可以表达为int8（占1个字节）、int16（占2个字节）、int64（占8个字节）。int64也可写作Long int
浮点型数据	可以直观表示成有小数点的数。Float数据类型是浮点型数据类型中的一种，用于存储单精度浮点数
字符型数据	用于存储单个字符，字符可以任意设定，可以是汉字，也可以是英文字母等
字符串型数据	用于存储一个字符串

数组是一组类型相同的数据的组合，数组的类型与它所包含的数据的类型有关，例如String数组就是一组字符串数据的集合。原则上，一个数组只能包含一种类型的数据，当我们想要使用这些数据时，只需要引用相应数组即可。

2. 程序流程

图 8-25 所示为点播歌曲并显示歌名的程序流程。

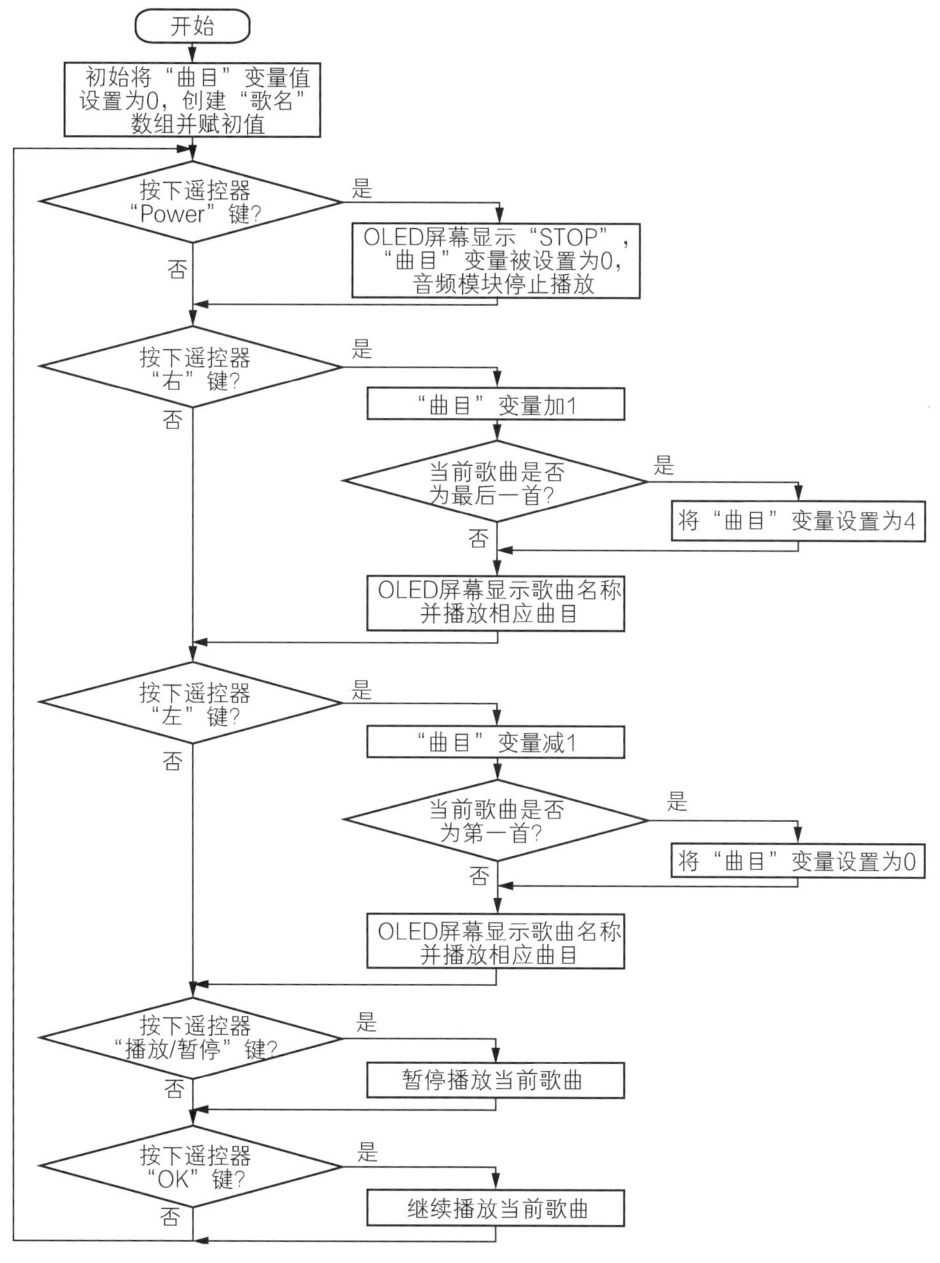

图 8-25　点播歌曲并显示歌名的程序流程

3. 程序编写

打开mDesigner，新建“上传模式”项目并重命名，编写如图 8-26 所示的程序。

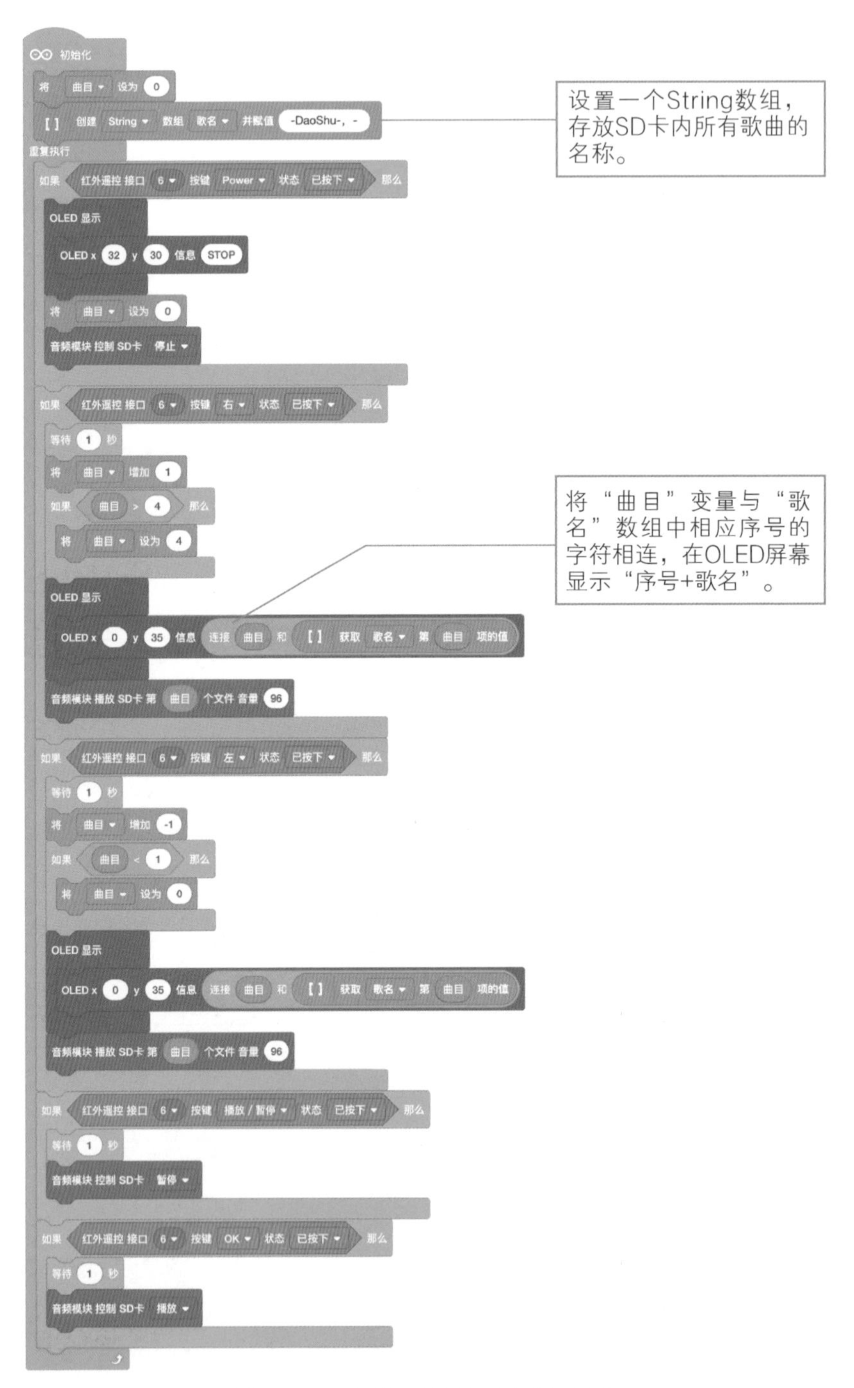

图 8-26　点播歌曲并显示歌名程序

4. 程序运行调试

运行程序，我们会发现，当按下不同的按键时，小凯蒂会播放歌曲并做出相应的动作，同时 OLED 屏幕上会显示歌曲的信息，完成后与其他小伙伴一起讨论一下你的作品吧！

六、小想法

在点播歌曲时，还可以让 OLED 屏幕显示当前播放的音量，并通过“音量+”和“音量-”调节音量大小，当下一次点播歌曲时可以预设音量再播放。

七、你做得怎么样

根据自己在本课中的学习表现情况进行自我评价（“√”）。

知识技能	优秀	良好	一般	合格	仍需努力	备注
对元件、传感器的了解						
机器人搭建与接线情况						
程序编写与调试情况						
问题与困惑的解决情况						
创意与创造力表现						

智能检测篇

- 第 9 课　学习好伙伴
- 第 10 课　停车场管理员
- 第 11 课　环境监测员
- 第 12 课　家庭小管家

第 9 课 学习好伙伴

一、我能干什么

为了更好地陪伴大家学习，机器人瑞格兰变身为一盏智能小台灯（见图 9-1）。它不仅可以根据外部光线强弱自动调节亮度，还会在你坐姿不正确的时候发出声音提醒你，快让我们一起来看看瑞格兰是如何实现这些功能的吧！

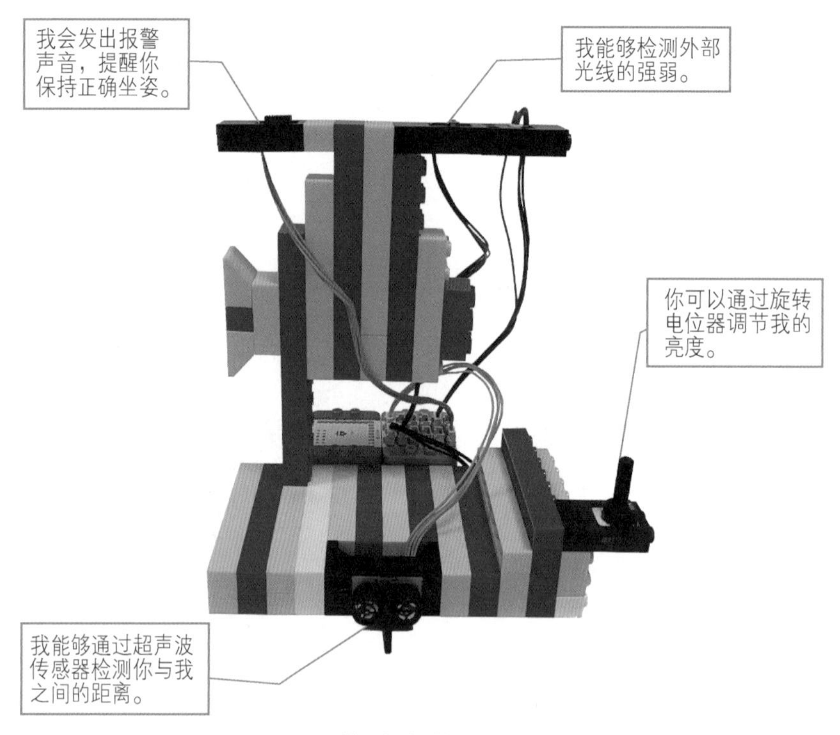

图 9-1 “学习好伙伴”机器人展示图

二、我从哪里来

一起来看看瑞格兰由哪些部件组成吧（见图 9-2~图 9-10）！

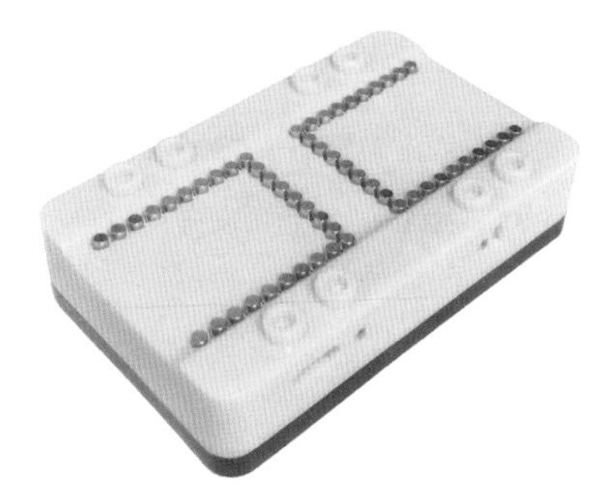

图 9-2　电池盒 ×1

图 9-3　USB 线 ×1

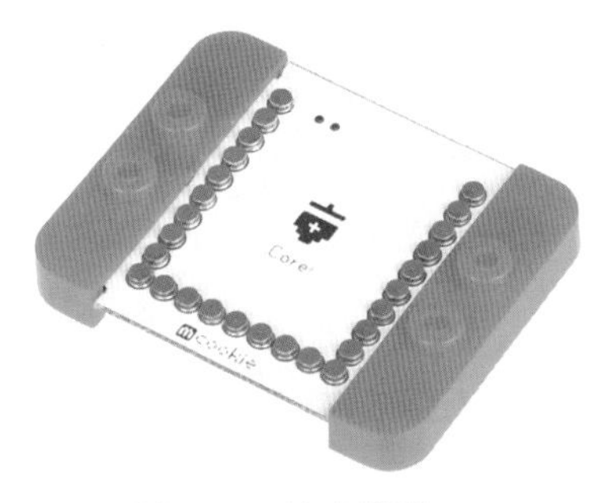

图 9-4　核心模块 ×1

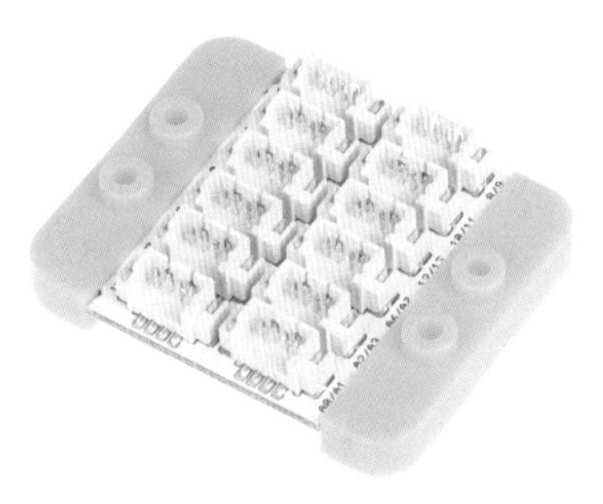

图 9-5　传感器接口板 ×1

图 9-6　4Pin 连接线 ×4

图 9-7　LED 彩灯（D）×1

通过旋转旋钮来调节电阻，输出不同的电压。

图 9-8　旋转电位器（A）×1

利用光敏电阻将光信号转换为电信号，可用于检测可见光范围内环境的亮度。

图 9-9　光敏传感器（A）×1

由超声波发射探头、接收探头和一个STM8微处理器组成，通过发射并接收反射的超声波，检测障碍物与传感器之间的距离，测距范围为10～180厘米。

图 9-10　超声波传感器（IIC）×1

三、换装大变身

（1）拼合模块板与电池盒，如图 9-11 所示。

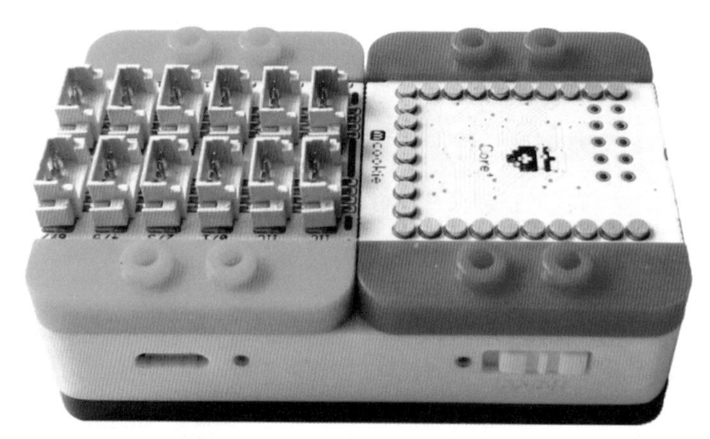

图 9-11　拼合模块板与电池盒

（2）连接LED彩灯与传感器接口板。用一条 4Pin线连接LED彩灯与传感器接口板的 4/5 接口，搭建小台灯的灯泡。

（3）连接蜂鸣器与传感器接口板。用一条 4Pin线连接蜂鸣器与传感器接口板的 8/9 接口。

（4）连接光敏传感器与传感器接口板。用一条 4Pin线连接光敏传感器与传感器接口板的A2/A3 接口。

（5）连接旋转电位器与传感器接口板。用一条 4Pin线连接旋转电位器与传感器接口板的A0/A1 接口，搭建瑞格兰小台灯的旋转开关。

（6）连接超声波传感器与传感器接口板。用一条 4Pin线连接超声波与传感器接口板的IIC 接口。电路连接示意图如图 9-12 所示。

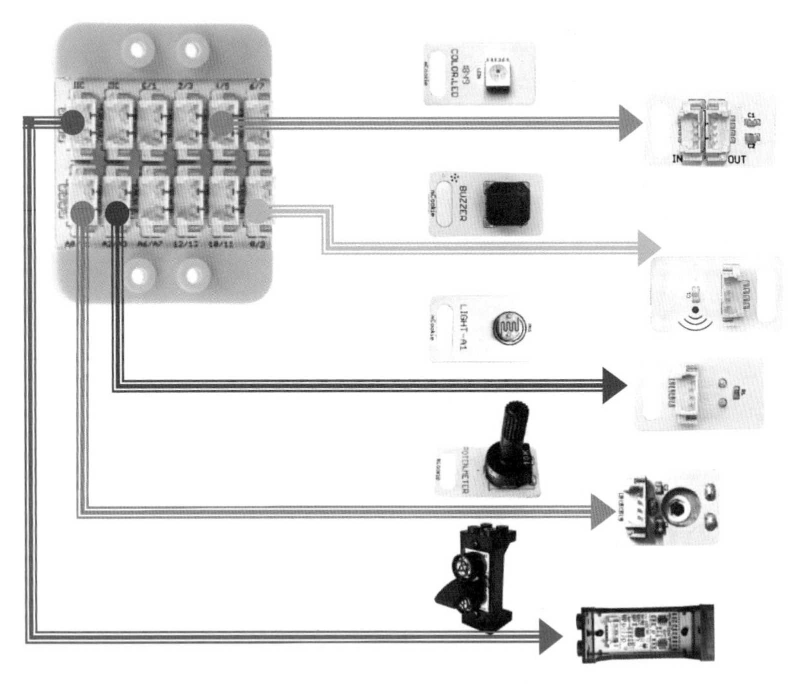

图 9-12　电路连接示意图

知识卡片 1：旋转电位器与可变电阻

旋转电位器一般利用旋转按钮控制电阻片移动，从而改变电路中电阻的大小，通过可变电阻实现分压，进而影响输出电压，其外形通常如图 9-13 所示。在图 9-14 所示的旋转电位器内部电路示意图中，引脚 1 与引脚 3 分别连接电阻元件的两端，引脚 2 通过旋转的接触刷与电阻元件相连。在图 9-15 所示的等效电路中，当引脚 2 向引脚 3 方向移动时，输出电压（V_{out}）增大；当变阻器向引脚 1 方向移动时，输出电压减小。

图 9-13　旋转电位器外形

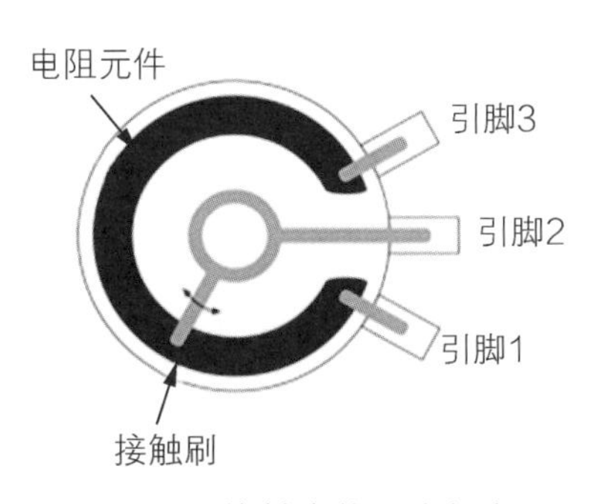

图 9-14　旋转电位器内部电路

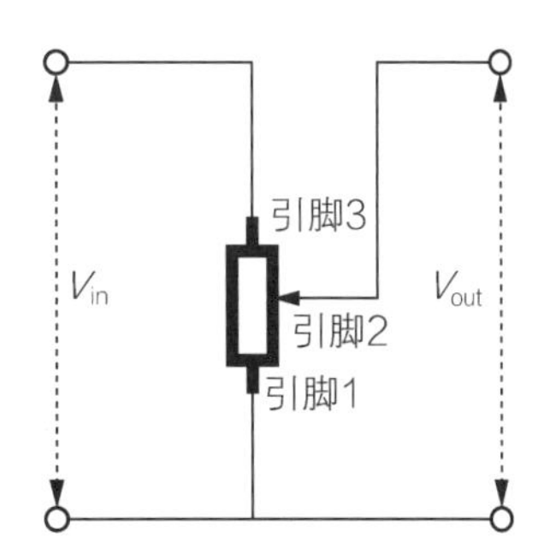

图 9-15　等效电路

知识卡片 2：光敏电阻器

光敏传感器中最重要的电子器件是光敏电阻器，它能感应外部光线强度变化。当光照强度变大时，光敏电阻器的阻值减小；光照强度变小时，阻值增大。通过光敏电阻器，光敏传感器能够将外部光信号转换为相应的电信号，这一点在自动控制电路中得到广泛应用，如手机屏幕自动调节亮度、照相机自动曝光、路灯自动亮灭等。

知识卡片 3：可闻声、次声波与超声波

声波是物体机械振动状态（或能量）的传播形式。声源每秒钟振动的次数被称为声音的频率，它的单位是赫兹（Hz）。人类耳朵能听到的声波频率范围为 20 ～ 20 000Hz，我们把频率小于 20Hz 的声波叫作“次声波”，频率高于 20 000Hz 的声波称为“超声波”，如图 9-16 所示。超声波方向性好，穿透能力强，易于获得较集中的声能，在水中传播距离远，可用于测距、测速、清洗、焊接、碎石、杀菌消毒等。

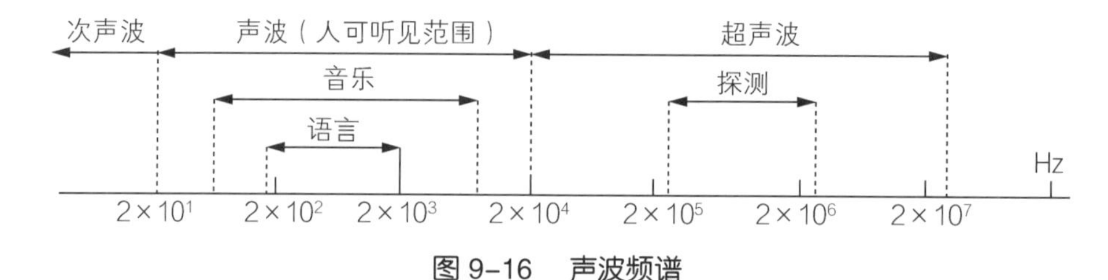

图 9-16　声波频谱

四、我的基本功

瑞格兰智能小台灯有手动与自动两种模式。在手动模式下，旋转电位器上的旋钮即可控制灯的点亮和熄灭，并且可以调节灯的亮度。同时，可通过串口输出实时显示灯的亮度值。

1. 认识新积木

实现这个功能需要使用的积木如图 9-17~图 9-19 所示。

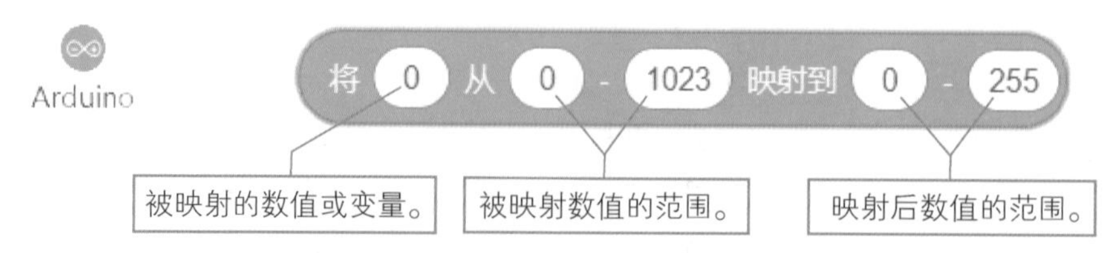

图 9-17　Arduino 分类中的映射积木

图 9-18　Arduino 分类中的设置串口输出积木

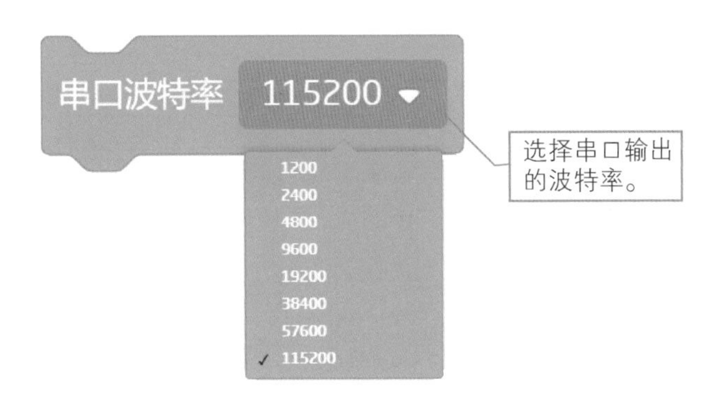

图 9-19　Arduino 分类中的串口波特率积木

知识卡片 4：映射

在数学中，两个非空集合A与B间存在着对应关系，且对于集合A中的每一个元素，集合B中总有一个唯一的元素与它对应，这种对应关系被称为从A到B的映射。图 9-17 中的映射图解如图 9-20 所示。

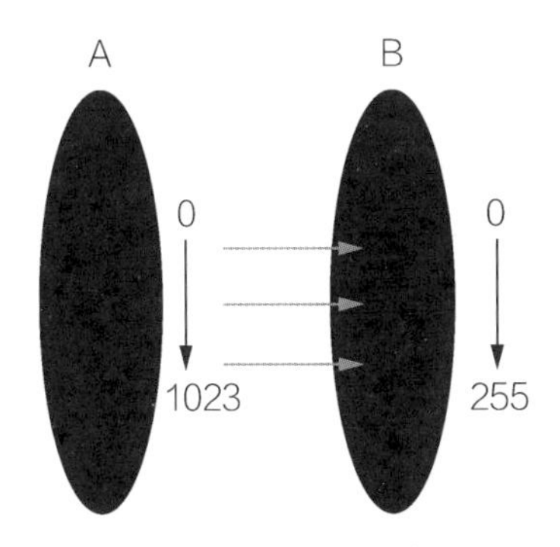

图 9-20　映射图解

2. 程序流程

图 9-21 所示为手动模式的程序流程。

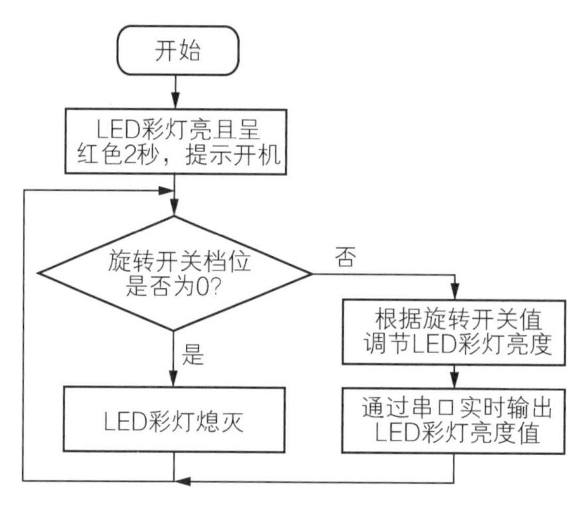

图 9-21　手动模式的程序流程

3. 程序编写

打开mDesigner，新建“上传模式”项目并重命名，编写如图 9-22 所示的程序。

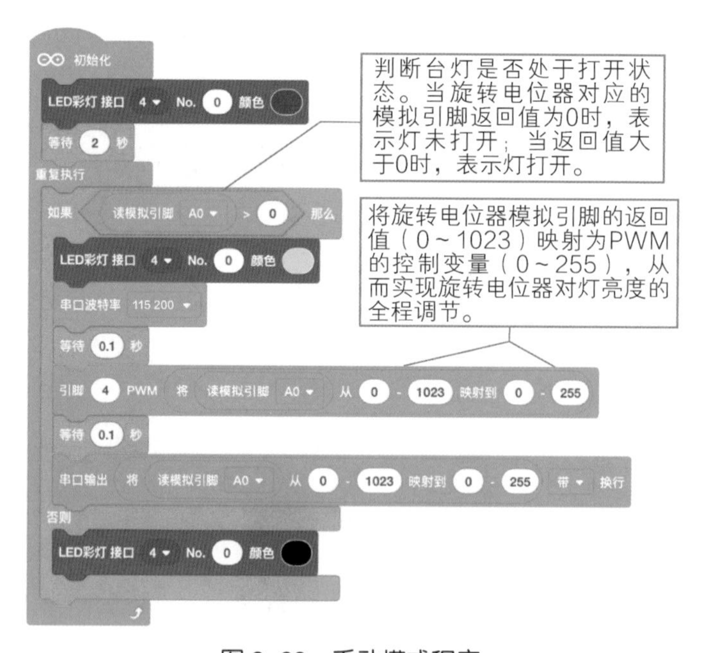

图 9-22　手动模式程序

4. 程序运行调试

运行并上传程序，瑞格兰接通电源后，LED彩灯会亮且呈红色，2 秒后熄灭。此时，旋转电位器旋钮，LED彩灯会亮，继续旋转电位器旋钮，LED彩灯亮度会不断增强直至最大。

五、我的超能力

瑞格兰台灯除手动模式控制外，还有一种自动模式。在自动模式下，瑞格兰会根据外部环境光照强度自动调节合适的亮度，起到节能护眼的作用。此外，当你距离瑞格兰太近时，瑞格兰会发出警报声音，提醒我们调整坐姿。

1. 认识新积木

实现这个超能力需要使用的积木如图 9-23 所示。

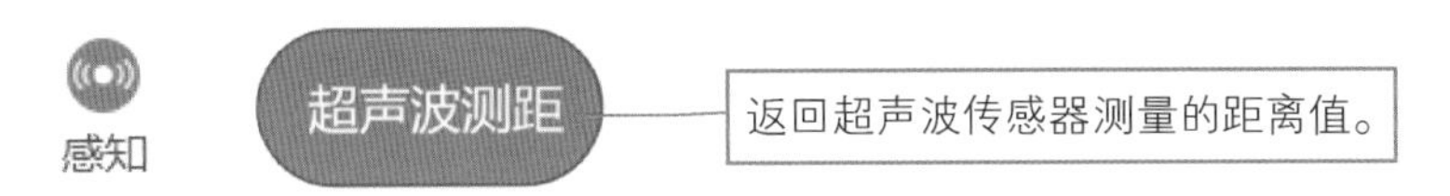

图 9-23　感知分类中的超声波测距积木

2. 程序流程

图 9-24 所示为台灯自动模式的程序流程。

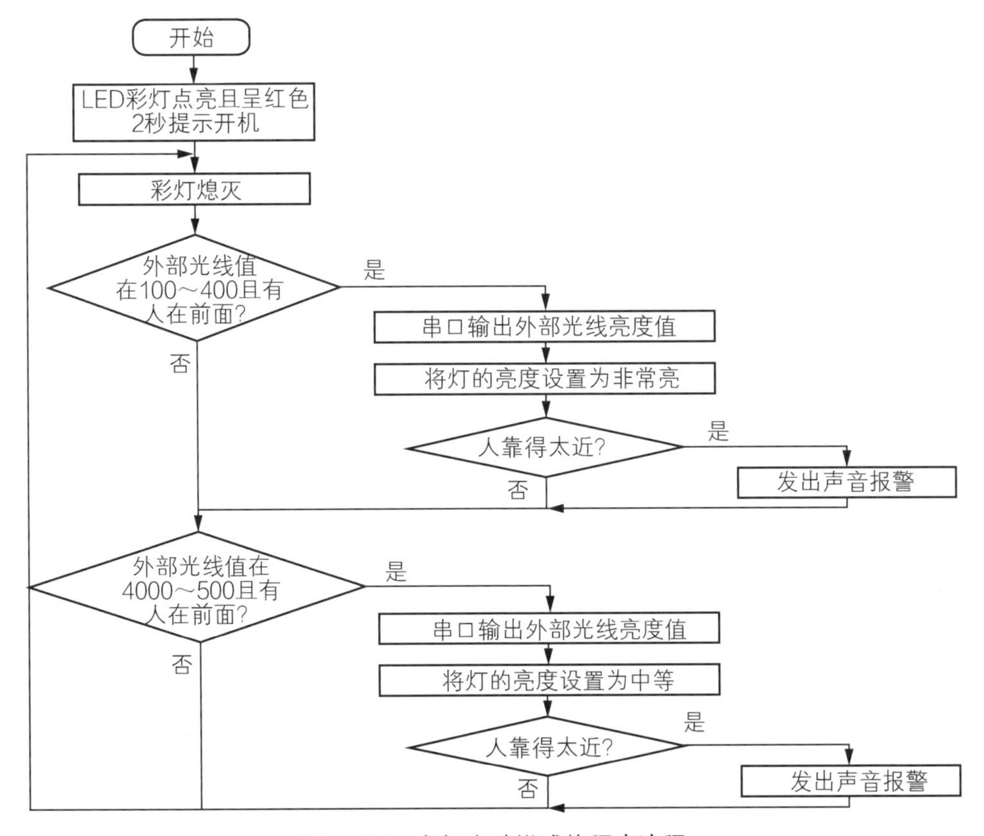

图 9-24　台灯自动模式的程序流程

3. 程序编写

打开mDesigner，新建“上传模式”项目并重命名，编写如图 9-25 所示的程序。

图 9-25　台灯自动模式程序

4. 程序运行调试

运行并上传程序，瑞格兰接通电源后，LED彩灯亮且呈红色，2 秒后熄灭。此时，当有人靠近瑞格兰时，LED 彩灯会自动点亮，并且其亮度会根据外部环境光照强度进行调节。当人与瑞格兰的距离过近时，蜂鸣器会发出报警声音。

六、小想法

番茄工作法是弗朗西斯科 · 西里洛提出的一种时间管理方法。它要求设定一个番茄时间（如 25 分钟），开始工作或学习后不允许做任何无关的事，直到番茄时钟响起，然后短暂休息（如 5 分钟），每 4 个番茄时段后休息时间可延长（如 15 分钟）。请尝试为瑞格兰增加一个番茄时钟功能，让瑞格兰帮助我们进行时间管理。

七、你做得怎么样

根据自己在本课中的学习表现情况进行自我评价（“√”）。

知识技能	优秀	良好	一般	合格	仍需努力	备注
对元件、传感器的了解						
机器人搭建与接线情况						
程序编写与调试情况						
问题与困惑的解决情况						
创意与创造力表现						

第10课 停车场管理员

一、我能干什么

小区的停车场经常会因外来车辆进入而导致车位紧张，并且司机在门口无法判断停车位的空余情况。为了更好地管理小区停车场，缓和小区车位紧张的状况，瑞格兰将变身为停车场管理员（见图 10-1），帮我们管理停车场。

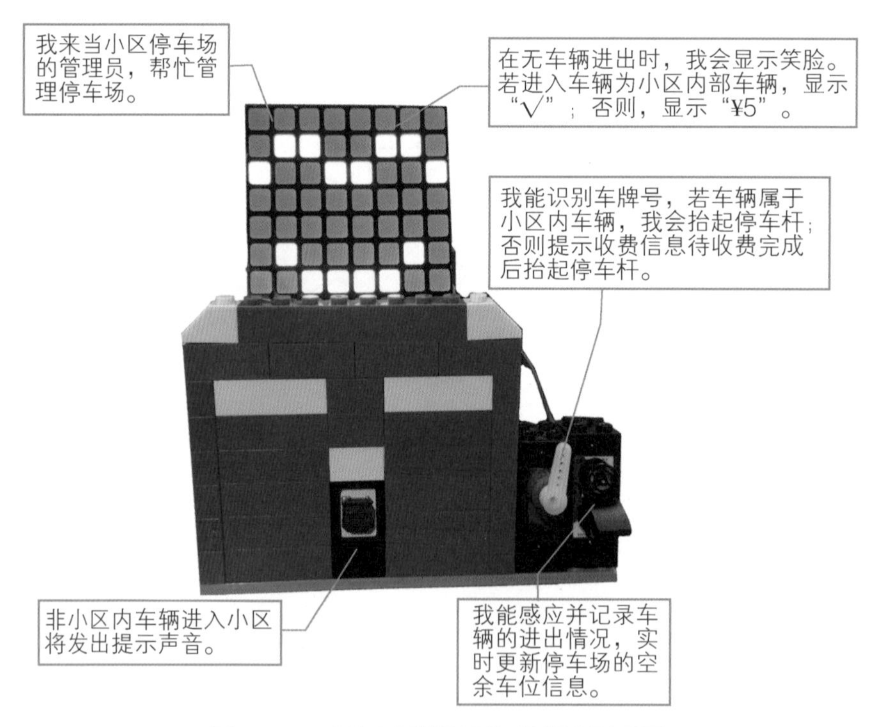

图 10-1 “停车场管理员”机器人展示图

二、我从哪里来

一起来看看瑞格兰由哪些部件组成吧（见图 10-2~图 10-10）!

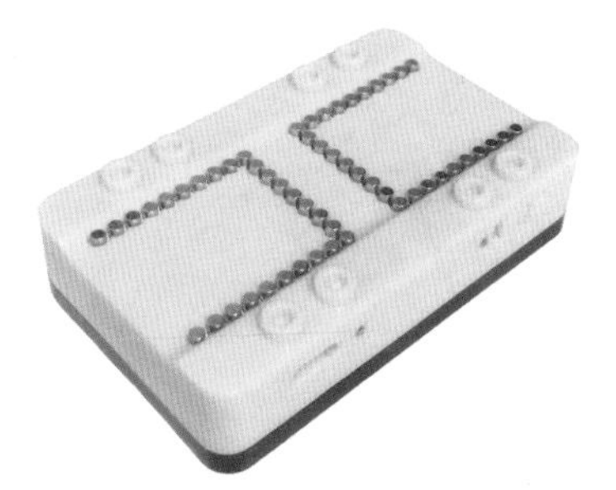

图 10-2　电池盒 ×1

图 10-3　USB 线 ×1

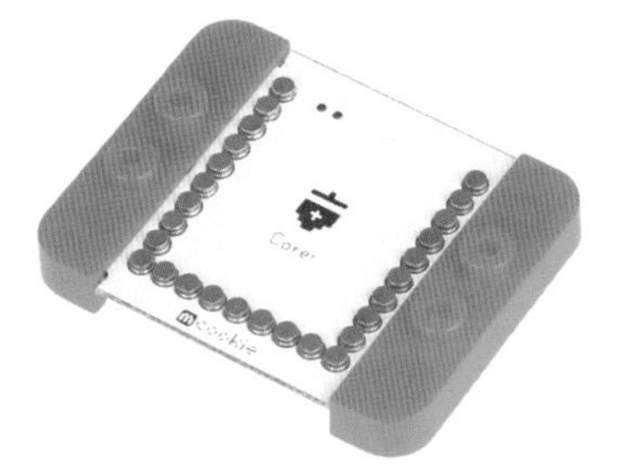

图 10-4　核心模块 ×1

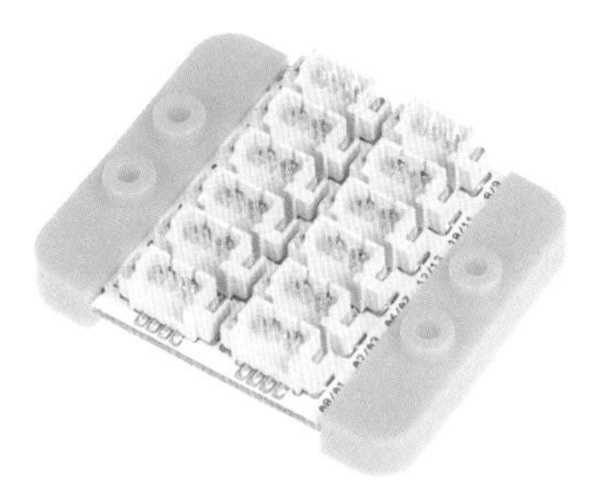

图 10-5　传感器接口板 ×1

图 10-6　4Pin 连接线 ×3

图 10-7　蜂鸣器（D）×1

图 10-8　超声波传感器（IIC）×1

图 10-9　舵机（D）×1

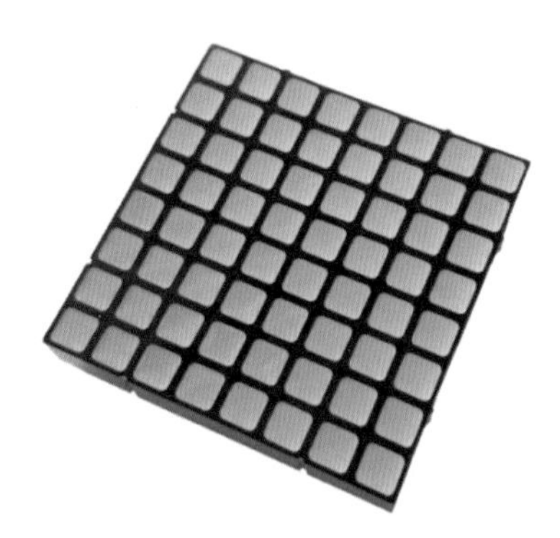

图 10-10　全彩点阵屏（IIC）×1

三、换装大变身

（1）拼合模块板与电池盒。

（2）连接全彩点阵屏与传感器接口板。用一条 4Pin 线连接全彩点阵屏与传感器接口板的 IIC 接口。

（3）连接蜂鸣器与传感器接口板。用一条 4Pin 线连接蜂鸣器与传感器接口板的 2/3 接口。

（4）连接舵机。将舵机插在舵机转接板上，再用一根 4Pin 线连接舵机转接板与传感器接口板的 4/5 接口。

（5）连接超声波传感器与传感器接口板。用一条 4Pin 线连接超声波与传感器接口板的 IIC 接口。电路连接示意图如图 10-11 所示。

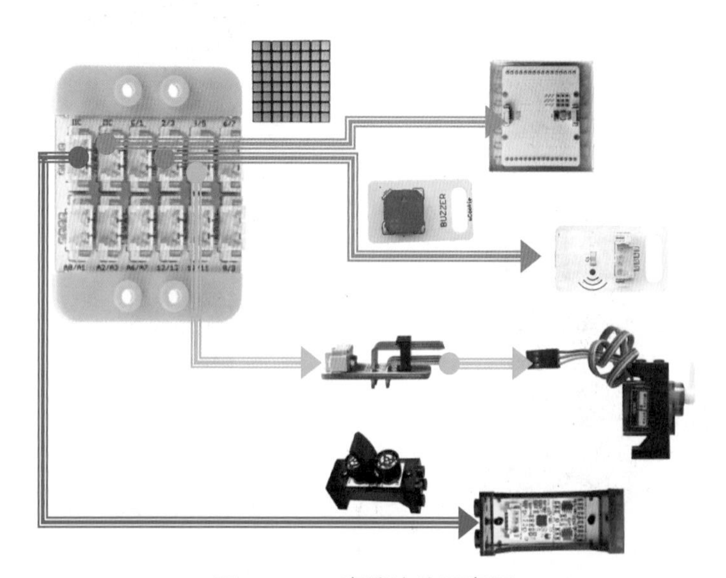

图 10-11　电路连接示意图

四、我的基本功

瑞格兰可以智能识别进入小区车辆的车牌号，若车牌号与小区车辆登记系统中的车牌号相匹配，则语音播报车牌号并且在全彩点阵屏上显示“√”，然后转动舵机模拟停车杆的抬起与复位动作；否则，在全彩点阵屏上显示“¥5”，提示外来车辆进入小区需收费 5 元，并且通过蜂鸣器发出提示声音，然后转动舵机模拟停车杆的抬起与复位动作。

1. 认识新积木

实现这个功能需要使用的积木如图 10-12、图 10-13 所示。

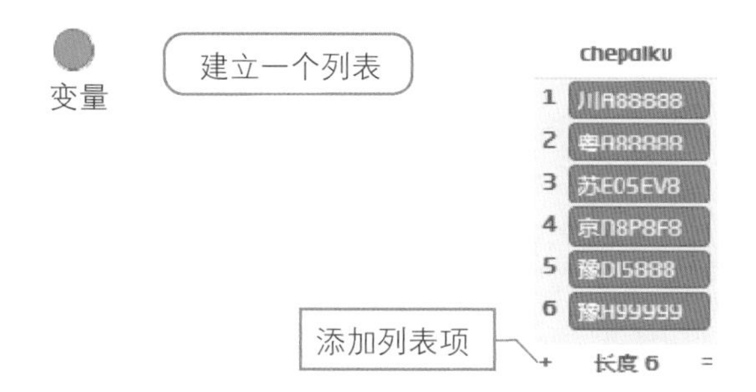

图 10-12　变量分类中的建立一个列表

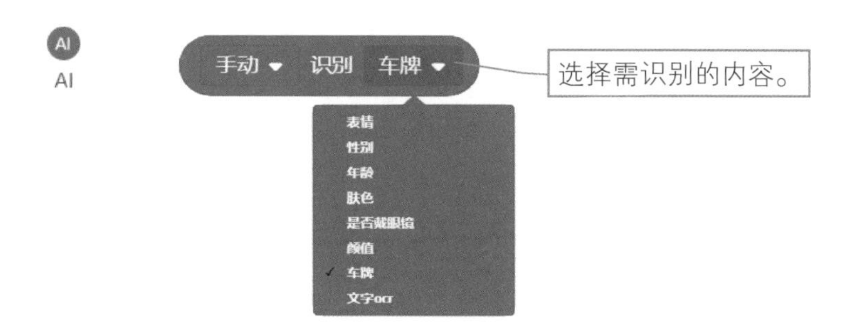

图 10-13　车牌识别的主要实现模块

知识卡片：车版识别技术

车牌识别（Vehicle License Plate Recognition，VLPR）技术是计算机视频图像识别技术在车辆牌照识别中的一种应用。车牌识别技术要求能够将移动的汽车牌照从复杂背景中识别并提取出来，通过车牌提取、图像预处理、特征提取、车牌字符识别等技术，识别车辆牌号、颜色等信息。

2. 程序流程

图 10-14 所示为停车场管理员功能 1 的程序流程。

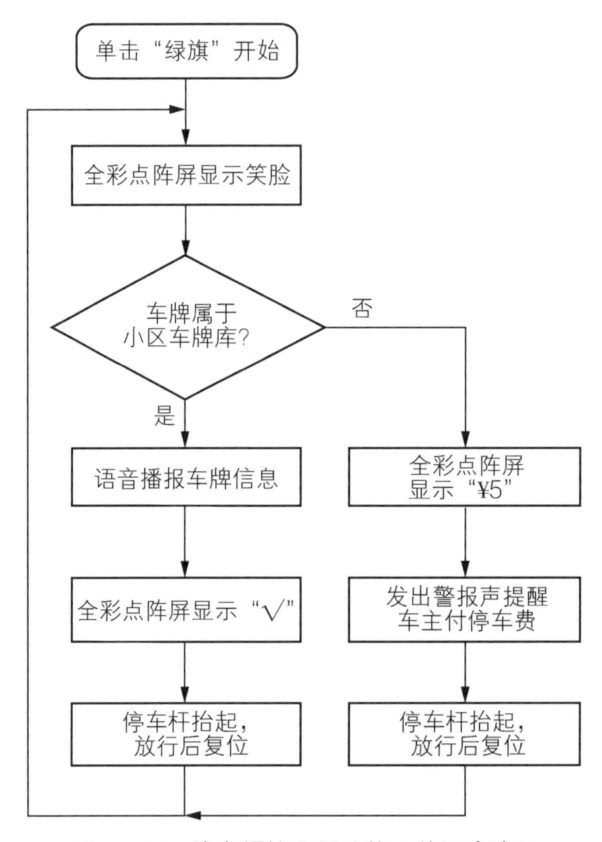

图 10-14　停车场管理员功能 1 的程序流程

3. 程序编写

打开mDesigner，新建“实时模式”项目并重命名，编写如图 10-15 所示的程序。

4. 程序运行调试

运行程序，我们会发现，当没有车辆进出时，全彩点阵屏显示笑脸。如果有车辆驶入，且是小区内车辆时，瑞格兰女声朗读车牌，全彩点阵屏上显示对号，舵机旋转 90 度抬起。若不是小区内车辆，点阵屏上显示“¥5”，同时发出蜂鸣声，提醒缴费，然后舵机旋转 90 度抬起。

五、我的超能力

瑞格兰可以通过超声波传感器判断车辆的进出状态，从而记录小区车位剩余数

量。当判断有车辆驶入时，识别该车是否为小区内部车辆并做出相应操作，然后将剩余车位数减 1；当判断有车辆驶出时，播报语音“一路平安”并抬起保险杆，然后将剩余车位数加 1。

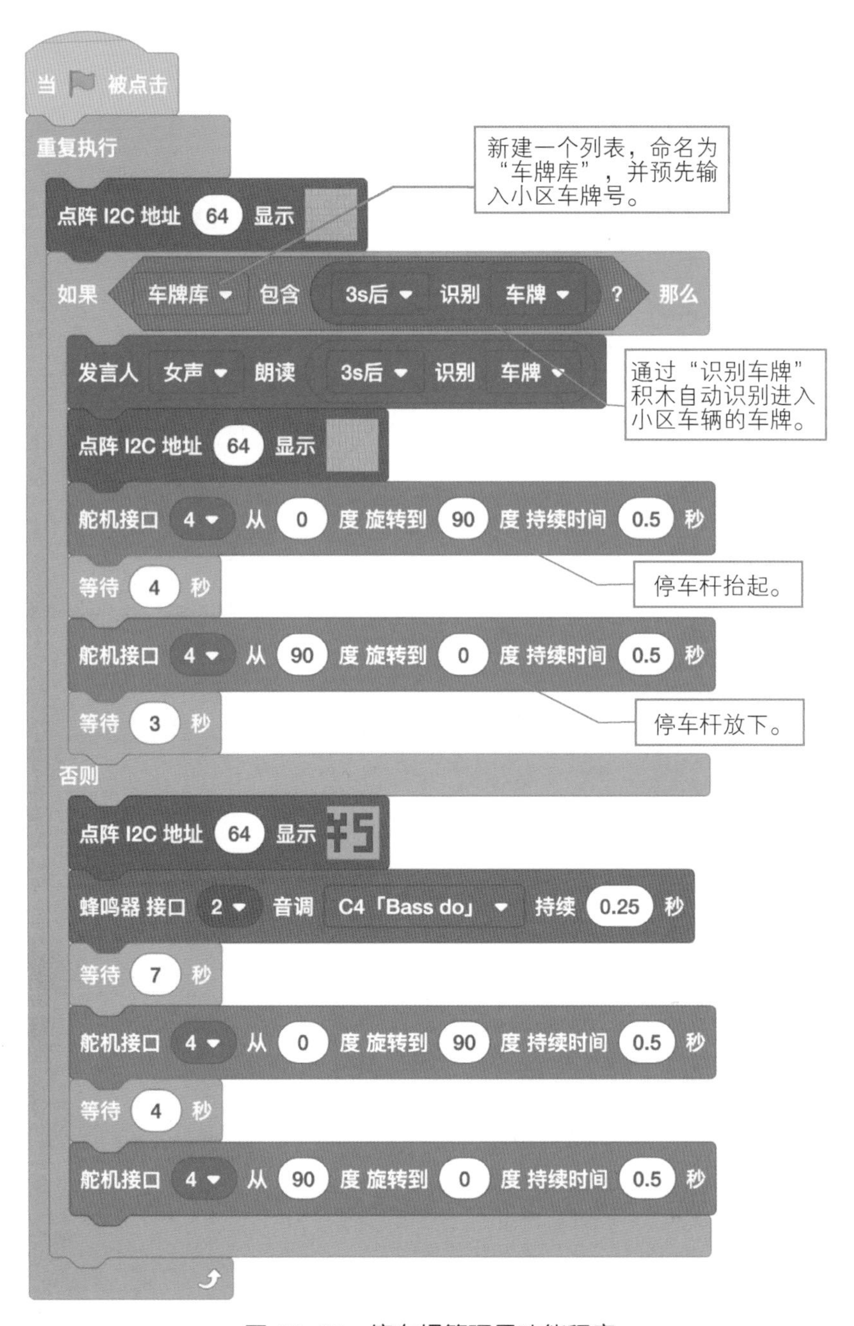

图 10-15　停车场管理员功能程序

1. 程序流程

图 10-16 所示为停车场管理员功能 2 的程序流程。

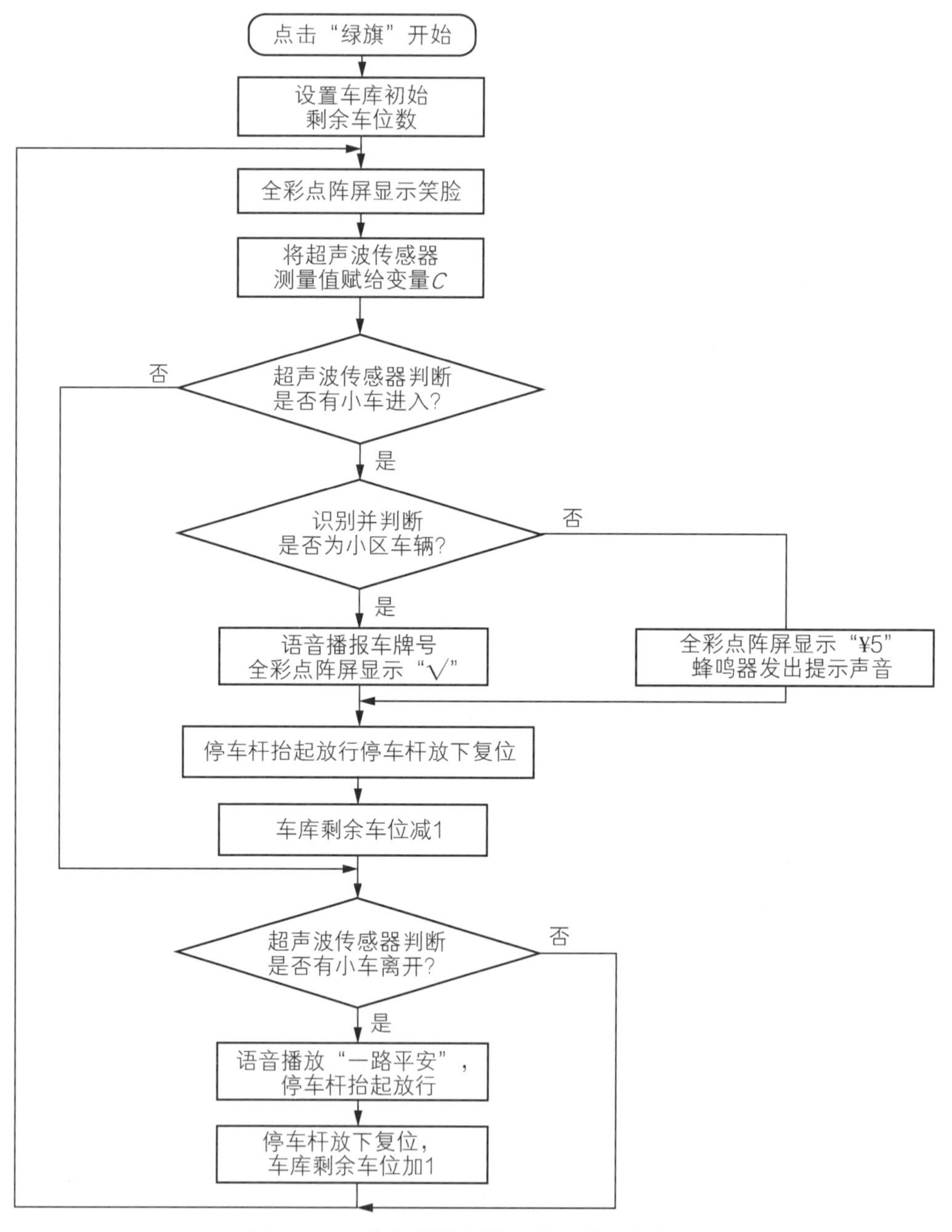

图 10-16　停车场管理员功能 2 的程序流程

2. 程序编写

打开mDesigner，新建“实时模式”项目并重命名，编写如图 10-17 所示的程序。

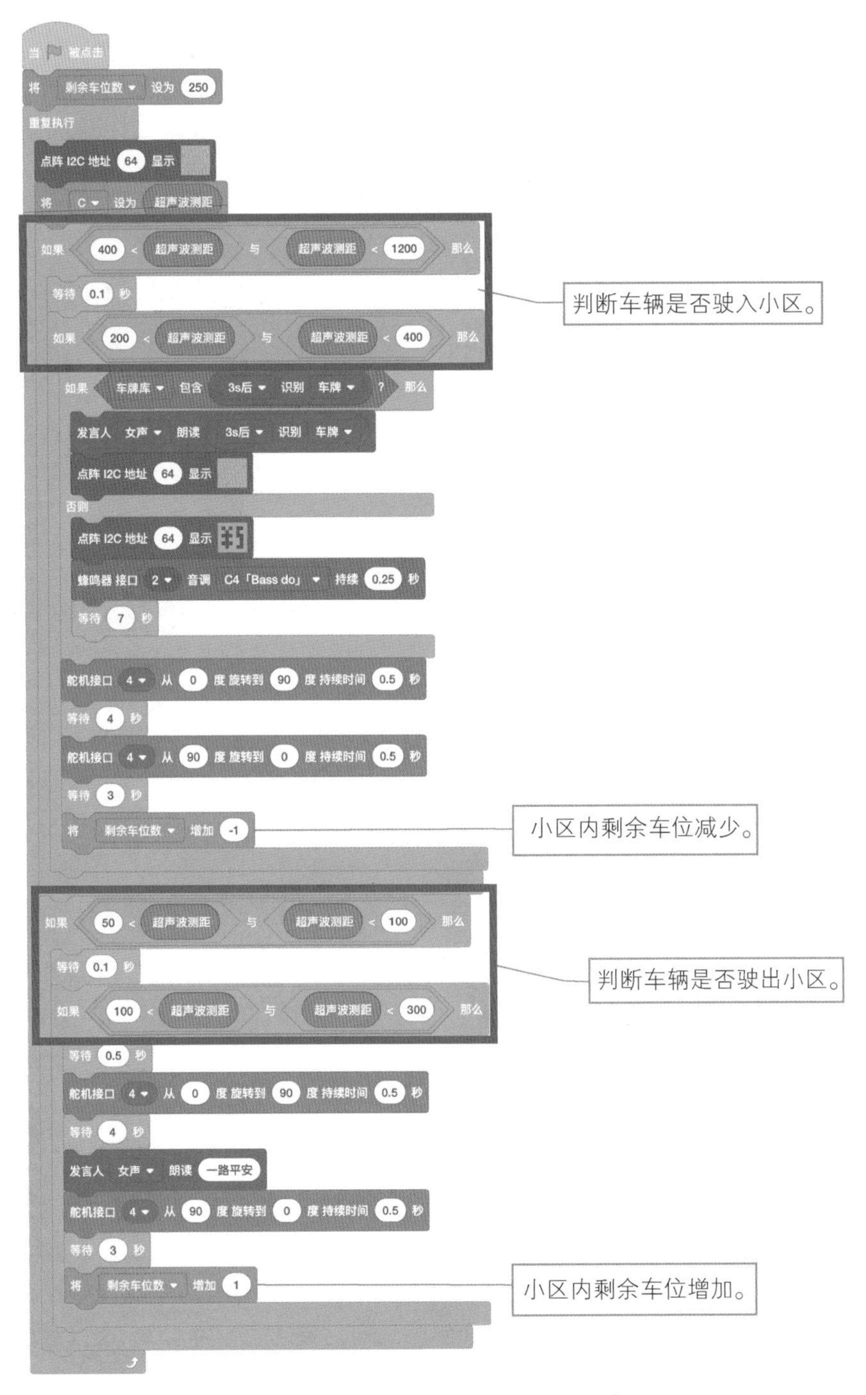

图 10-17　停车管理员功能 2 程序

3. 程序运行调试

运行程序，我们会发现，无车辆进出时，瑞格兰的全彩点阵屏上始终显示笑脸。

当车辆靠近时，瑞格兰会判断车辆是驶入还是驶出的。若车辆是驶入小区的，且是小区内车辆，则女声朗读车牌号，全彩点阵屏显示对号，若不是小区内车辆，则全彩点阵屏上显示“¥5”且蜂鸣器发声提示，停车位减 1；如果车辆是驶出小区的，则舵机抬起，女声朗读“一路平安”，停车位加 1。

六、小想法

请尝试结合本节课的内容以及OLED屏幕，将剩余车位实时显示在OLED屏幕上，并且增加计时收费功能。

七、你做得怎么样

根据自己在本课中的学习表现情况进行自我评价（“√”）。

知识技能	优秀	良好	一般	合格	仍需努力	备注
对元件、传感器的了解						
机器人搭建与接线情况						
程序编写与调试情况						
问题与困惑的解决情况						
创意与创造力表现						

第 11 课 环境监测员

一、我能干什么

家居环境的温/湿度、声音、光线等因素都会对人们的身体与心理造成影响，但是人们很难敏锐地感受周围环境的变化。如果长期在不适宜的环境中生活，我们的身心健康会受损害。现在就让瑞格兰变成一名环境监测员（见图 11-1），帮助我们实时检测家居环境变化，提醒我们及时改善室内环境吧！

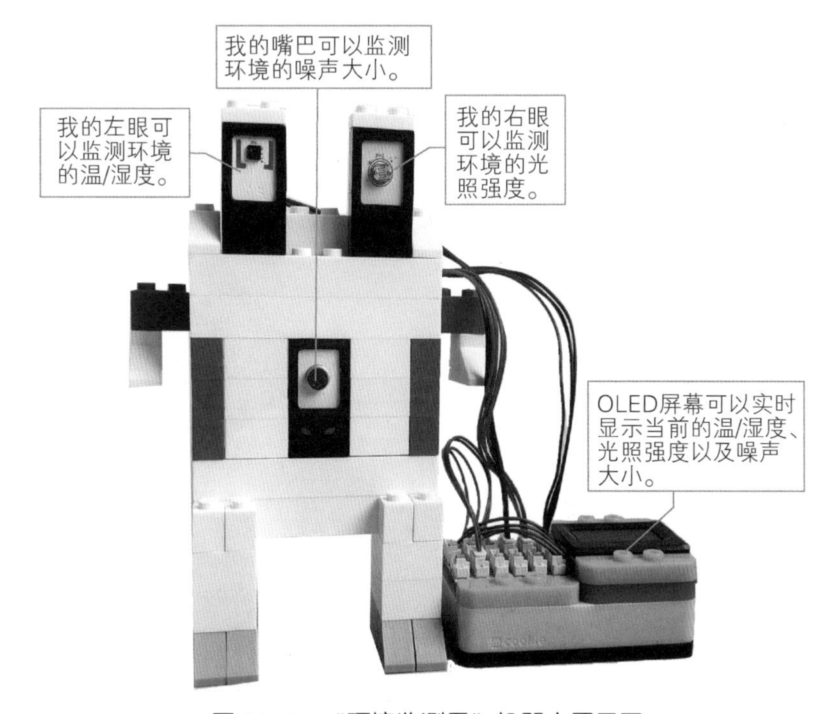

图 11-1　“环境监测员”机器人展示图

二、我从哪里来

一起来看看瑞格兰由哪些部件组成吧（见图 11-2 ～图 11-10）！

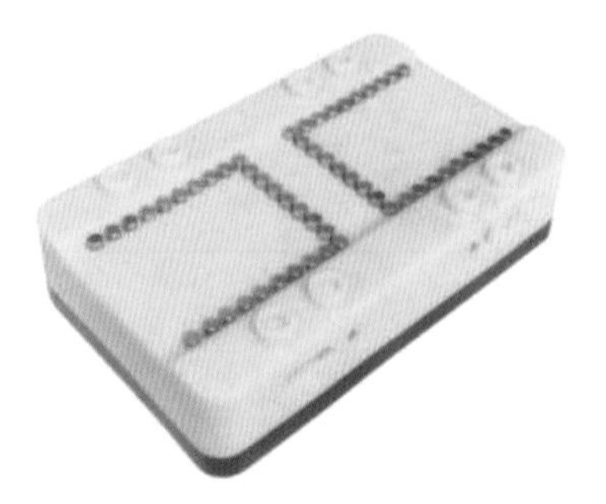

图 11-2　电池盒 ×1

图 11-3　USB 线 ×1

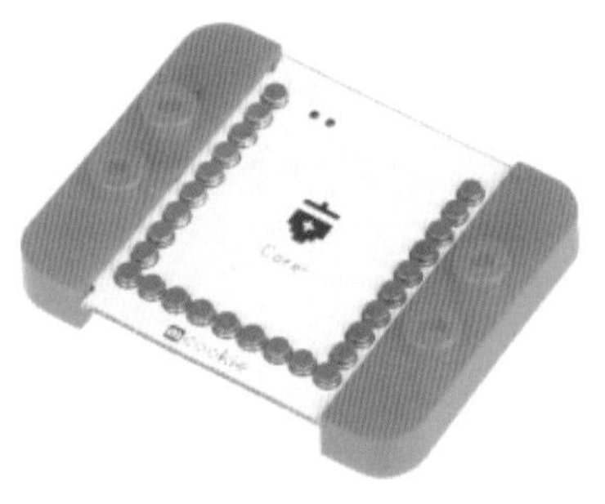

图 11-4　核心模块 ×1

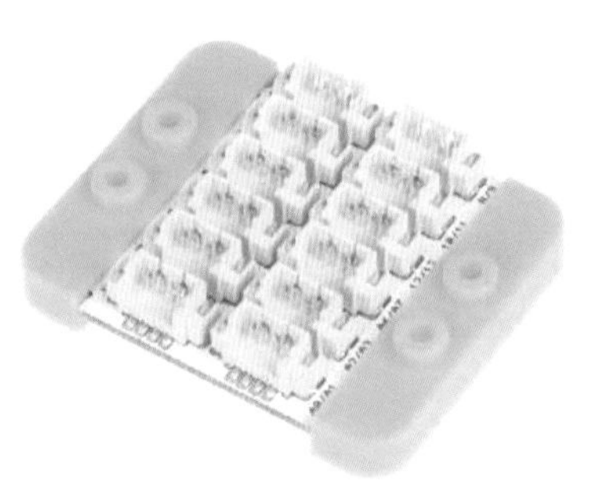

图 11-5　传感器接口板 ×1

图 11-6　OLED 屏幕 ×1

图 11-7　光敏传感器（A）×1

图 11-8　声音传感器（A）×1

数字温/湿度传感器模块，能同时检测环境温/湿度，亦可作为温控、湿控开关等设备。

图 11-9　温 / 湿度传感器（IIC）×1

图 11-10　LED 彩灯（D）×4

三、换装大变身

（1）拼合模块板与电池盒，如图 11-11 所示。

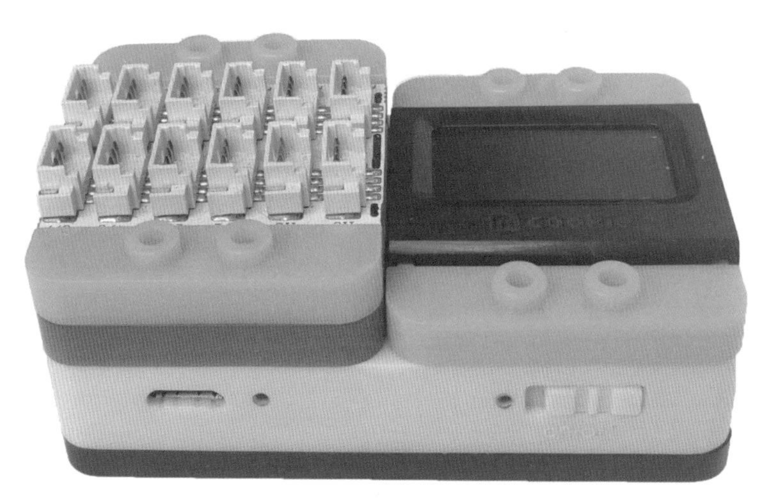

图 11-11　拼合模块板与电池盒

（2）连接温/湿度传感器与传感器接口板。用一条 4Pin 线连接温/湿度传感器与传感器接口板的 IIC 接口，搭建瑞格兰的左眼。

（3）连接光敏传感器与传感器接口板。用一条 4Pin 线连接光敏传感器与传感器接口板的 A0/A1 接口，搭建瑞格兰的右眼。

（4）连接声音传感器与传感器接口板。用一条 4Pin 线连接声音传感器与传感器接口板的 A2/A3 接口，搭建瑞格兰的嘴巴。

（5）连接LED彩灯与传感器接口板。用 4Pin线将 4 个LED彩灯两两串联，并连接第一个LED彩灯与传感器接口板的 2/3 接口，用 4 个LED彩灯模拟家电控制。电路连接示意图如图 11-12 所示。

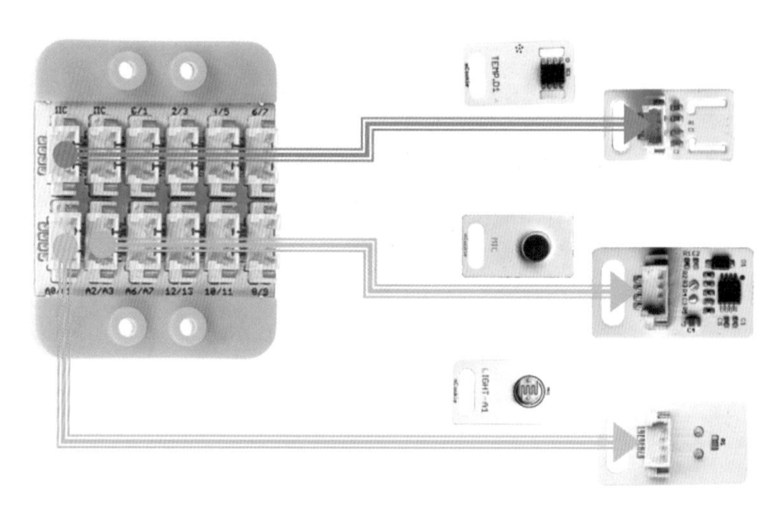

图 11-12　电路连接示意图

四、我的基本功

打开电源后，瑞格兰的左、右眼以及嘴巴能够分别监测室内温/湿度、光照强度及噪声大小，并将相应的数值实时显示在OLED屏幕上。

1. 认识新积木

实现这个功能需要使用的积木如图 11-13、图 11-14 所示。

图 11-13　感知分类中的温 / 湿度传感器积木

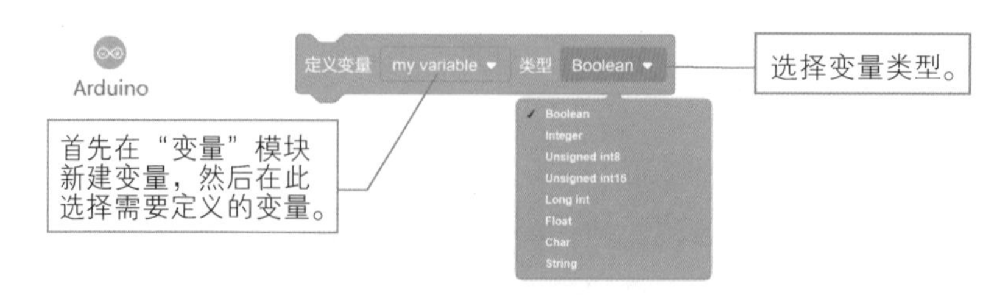

图 11-14　Arduino 分类中的定义变量类型积木

2. 程序流程

图 11-15 所示为OLED屏幕显示环境参数的程序流程。

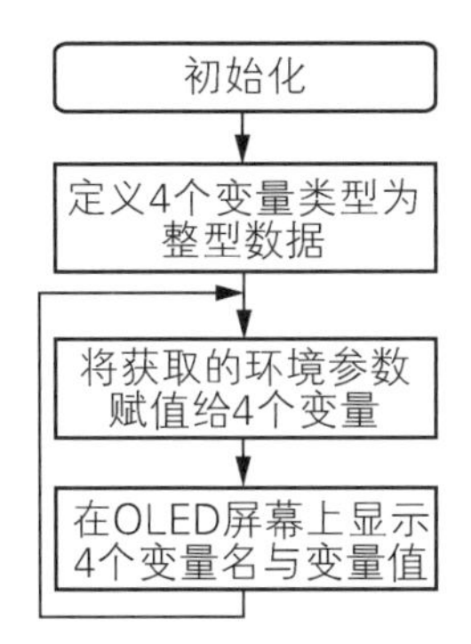

图 11-15　OLED 屏幕显示环境参数的程序流程

3. 程序编写

打开mDesigner，新建“上传模式”项目并重命名，编写如图 11-16 所示的程序。

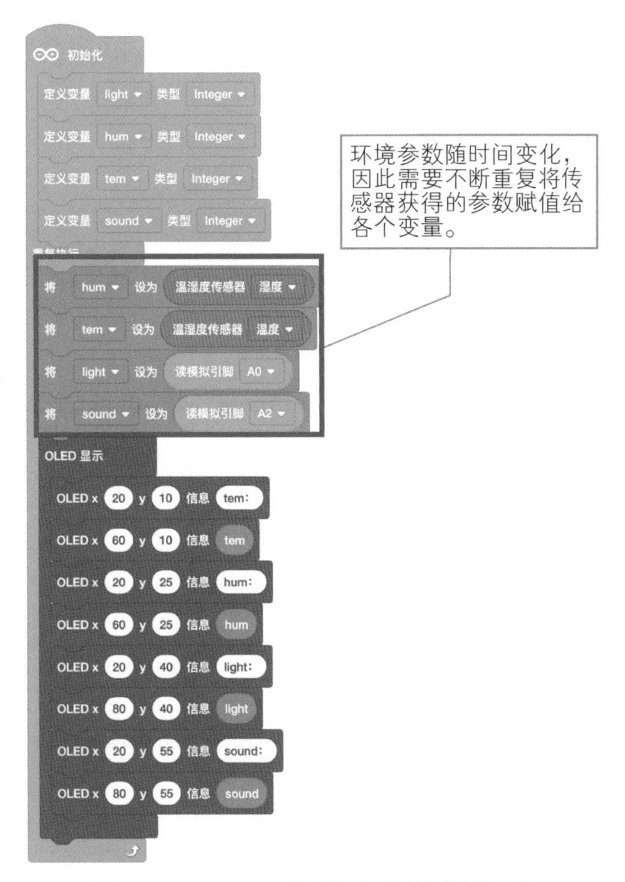

图 11-16　OLED 屏幕显示环境参数程序

4. 程序运行调试

运行程序，我们会发现，OLED 屏幕上会实时显示周围环境的温/湿度、光照强度和噪声大小。请你试一试，如果将图 11-16 中红色框中的 4 个程序积木移动到“初始化”模块中，程序运行结果会怎样，并想一想为什么会出现这样的结果？

五、我的超能力

瑞格兰除了能够监测家居环境，还能根据环境参数智能控制家电。当监测到室内温度过高时，瑞格兰会点亮 0 号LED彩灯，模拟自动打开空调；当监测到室内空气过于干燥时，则点亮 1 号LED彩灯，模拟自动打开加湿器；当监测到室内光线较为昏暗时，则点亮 2 号LED彩灯，模拟打开室内灯光；当监测到室内噪声超过一定阈值时，则点亮 3 号LED彩灯，模拟关闭窗户以降低噪声。接下来，让我们一起来实现瑞格兰这个神奇的超能力吧！

1. 程序流程

图 11-17 所示为环境监测员智能控制家电的程序流程。

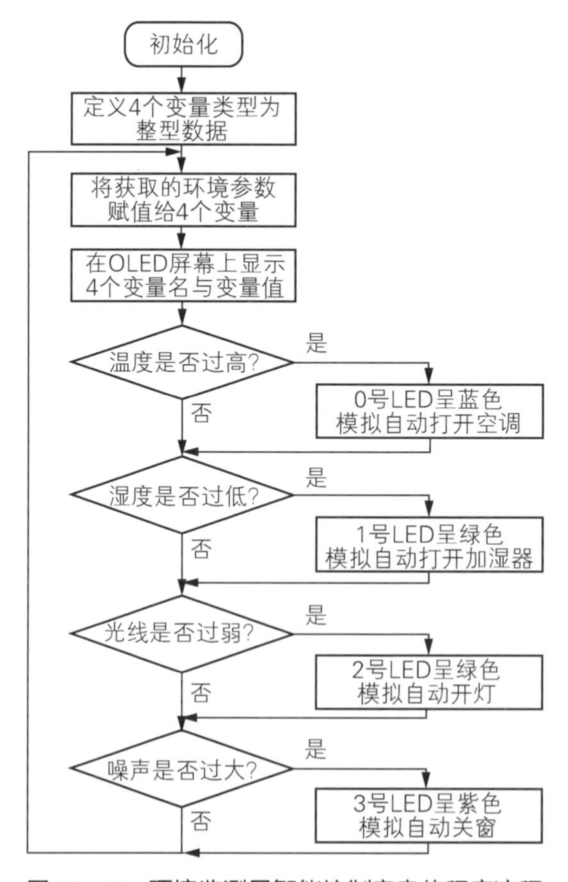

图 11-17　环境监测员智能控制家电的程序流程

2. 程序编写

打开mDesigner，新建“上传模式”项目并重命名，编写如图 11-18 所示的程序。

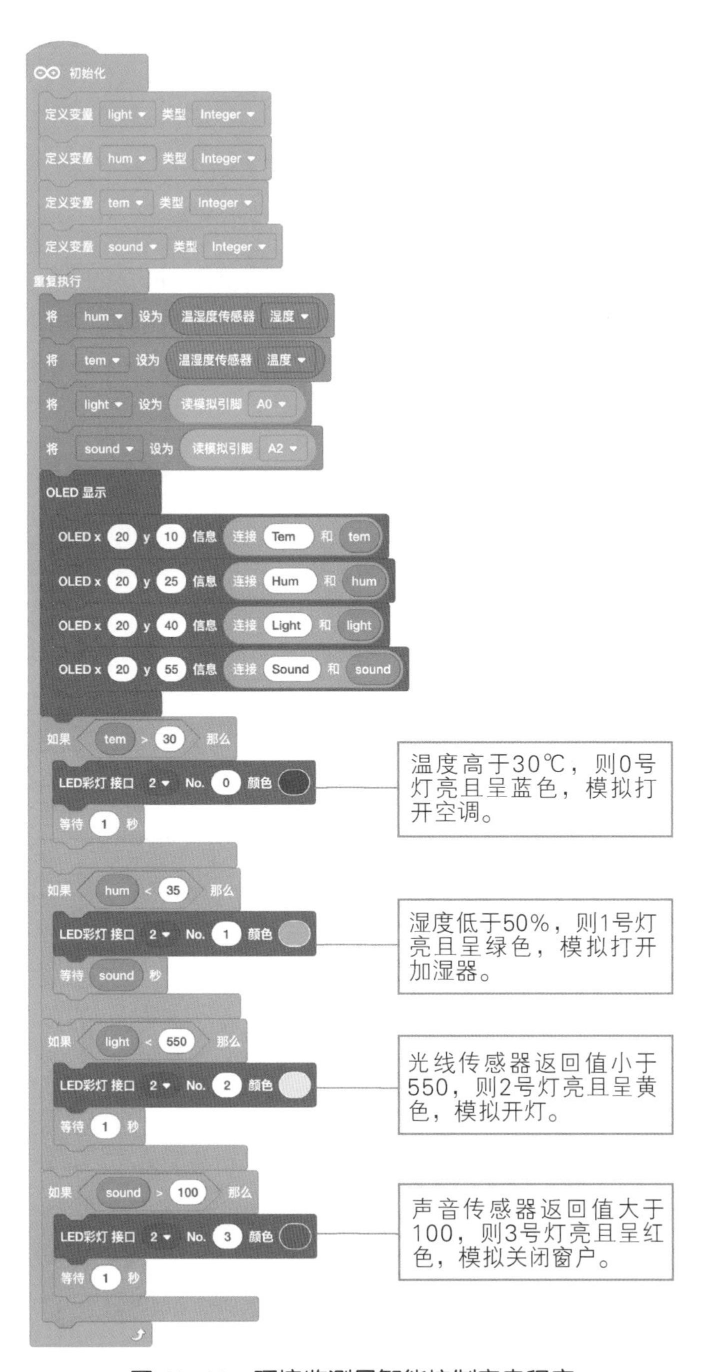

图 11-18　环境监测员智能控制家电程序

3. 程序运行调试

运行程序，我们会发现，当温度大于 30℃时，0 号LED彩灯亮且呈蓝色；当湿度低于 50%时，1 号LED彩灯亮且呈绿色；当光线值小于 550 时，2 号LED彩灯亮且呈黄色；当噪声值大于 100 时，3 号LED彩灯亮且呈红色。

六、小想法

在“我的超能力”中，瑞格兰可以根据环境参数的变化自动打开家电设备，那么，请你想想如何让瑞格兰也能根据环境参数变化自动关闭家电设备。例如，当室内湿度大于 65%时，如果加湿器仍然处于打开状态，则关闭加湿器。注意，在这里我们需要定义一个变量专门记录加湿器的开关状态，快想想如何实现这个小想法吧！

七、你做得怎么样

根据自己在本课中的学习表现情况进行自我评价（“√”）。

知识技能	优秀	良好	一般	合格	仍需努力	备注
对元件、传感器的了解						
机器人搭建与接线情况						
程序编写与调试情况						
问题与困惑的解决情况						
创意与创造力表现						

第12课 家庭小管家

一、我能干什么

我们知道瑞格兰能够检测家居环境的温/湿度、光照强度和噪声，并将所测数值显示在OLED屏幕上。当我们在外出差旅行时，希望也能够实时地观察家庭环境情况并做出相应的预防措施。接下来，就让我们来看看瑞格兰是如何变身家庭小管家（见图 12-1），远程向我们报告家庭环境参数的吧！

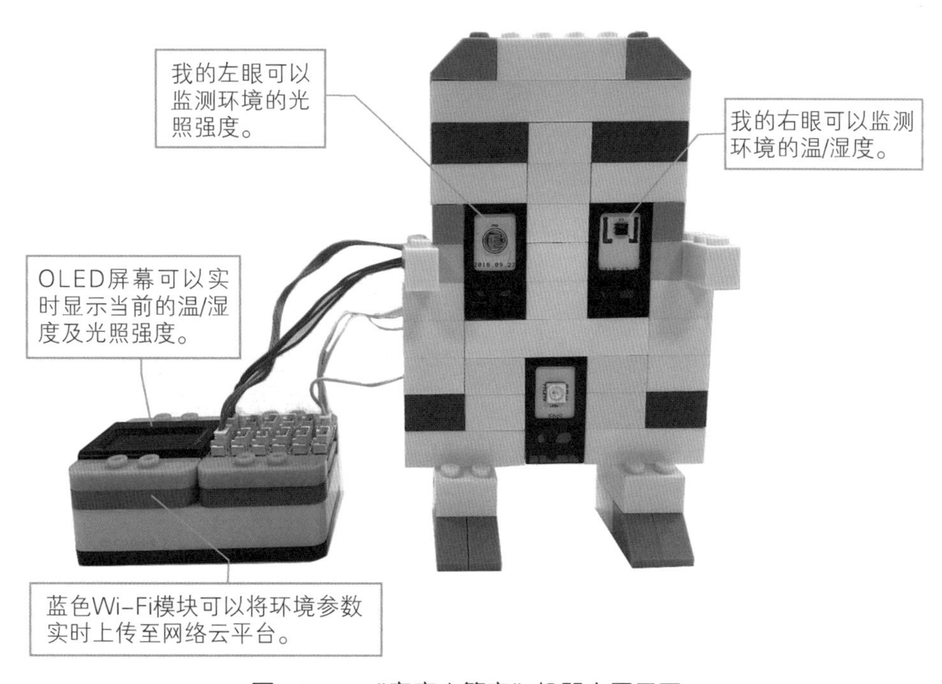

图 12-1 “家庭小管家”机器人展示图

二、我从哪里来

一起来看看瑞格兰由哪些部件组成吧（见图 12-2~图 12-11）!

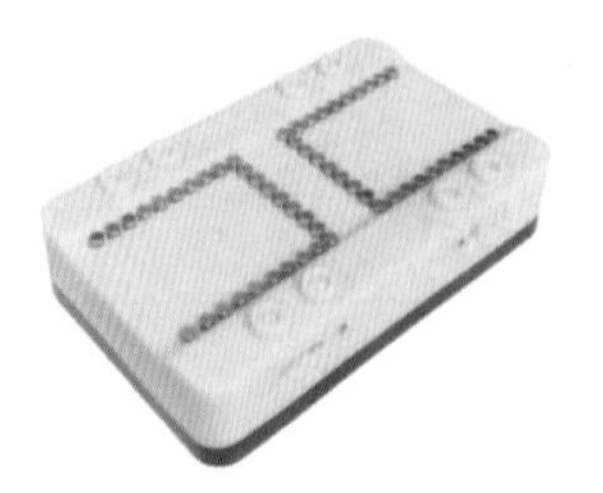

图 12-2　电池盒 ×1

图 12-3　USB 线 ×1

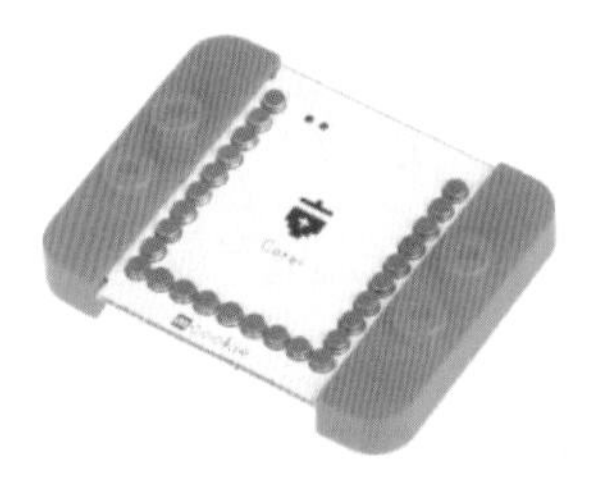

图 12-4　核心模块 ×1

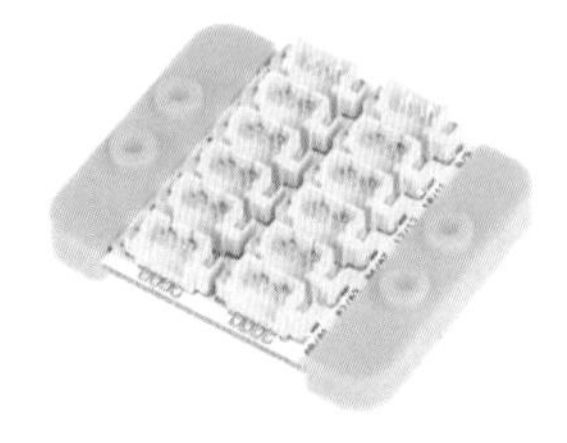

图 12-5　传感器接口板 ×1

图 12-6　4Pin 连接线 ×3

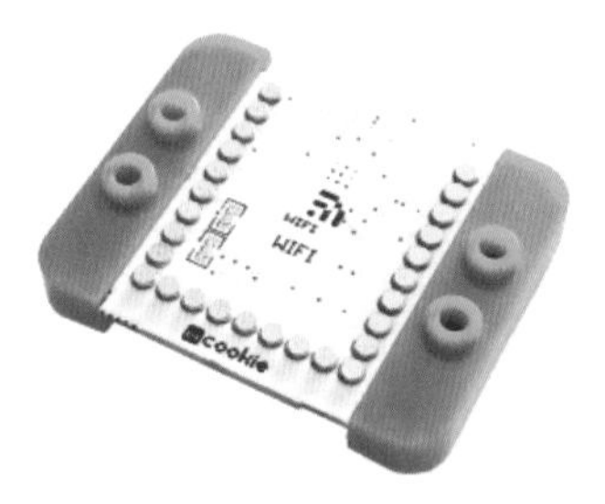

图 12-7　Wi-Fi 模块 ×1

图 12-8　OLED 屏幕 ×1

图 12-9　温 / 湿度传感器（IIC）×1

图 12-10　LED 彩灯（D）×1

图 12-11　光敏传感器（A）×1

三、换装大变身

（1）拼合模块板与电池盒，如图 12-12 所示。

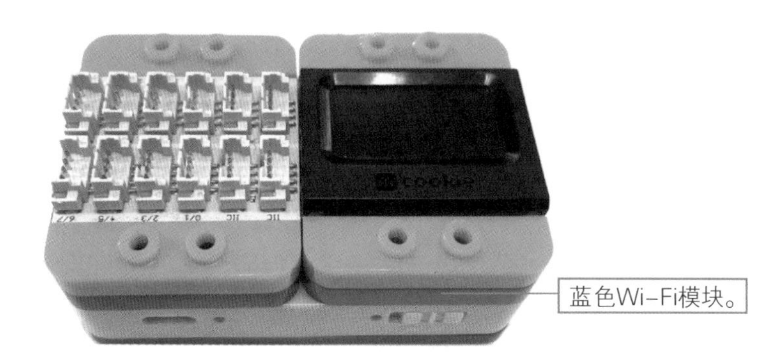

图 12-12　拼合模块板与电池盒

（2）连接光敏传感器与传感器接口板。用一条 4Pin 线连接光敏传感器与传感器接口板的 A0/A1 接口，搭建瑞格兰的左眼。

（3）连接温/湿度传感器与传感器接口板。用一条 4Pin 线连接温/湿度传感器与传感器接口板的 IIC 接口，搭建瑞格兰的右眼。

（4）连接 LED 彩灯与传感器接口板。用一条 4Pin 线连接 LED 彩灯与传感器接口板的 6/7 接口。电路连接示意图如图 12-13 所示。

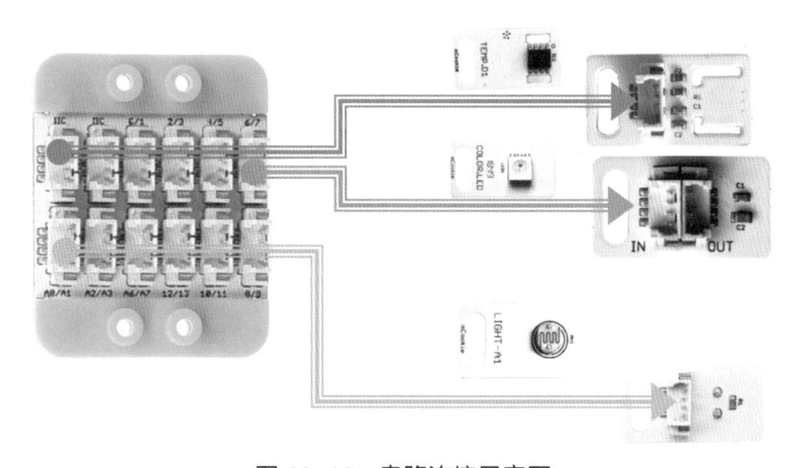

图 12-13　电路连接示意图

四、我的基本功

瑞格兰可以实时监测家庭环境的温/湿度及光线强弱等，并在 OLED 屏幕上显示相应的环境参数数值，还可通过Wi-Fi模块将相关参数上传到特定物联网云平台，便于人们通过手机或计算机远程查看。

1. 配置物联网云平台

（1）登陆mCotton云平台

如图 12-14 所示，打开mCotton物联平台，单击左方导航栏的“登录”，登录个人用户账号（若浏览器不能正常打开该网页，可尝试使用火狐浏览器）。

图 12-14　mCotton 云平台登录界面

（2）如图 12-15 所示，新建并命名“我的设备”。

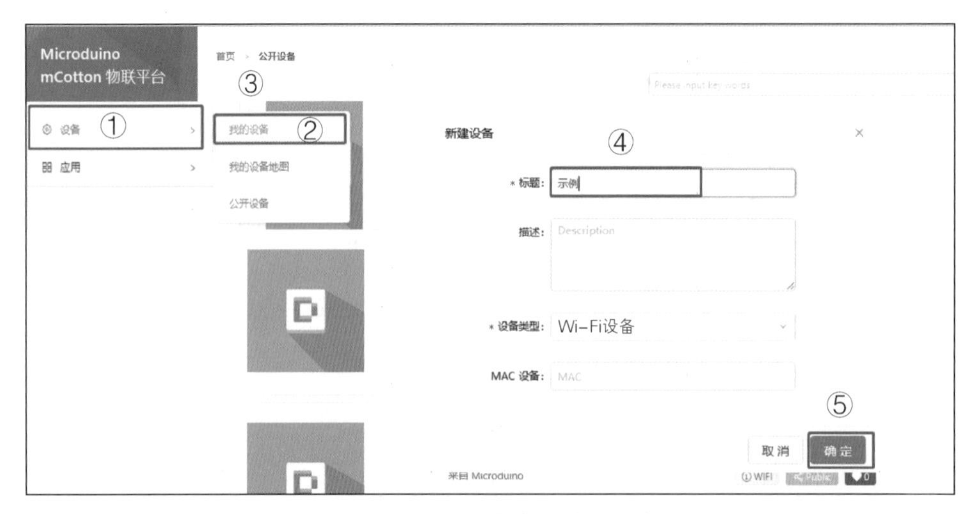

图 12-15　新建并命名“我的设备”

（3）设置监测项目内容的数据通道，如图 12-16 所示。

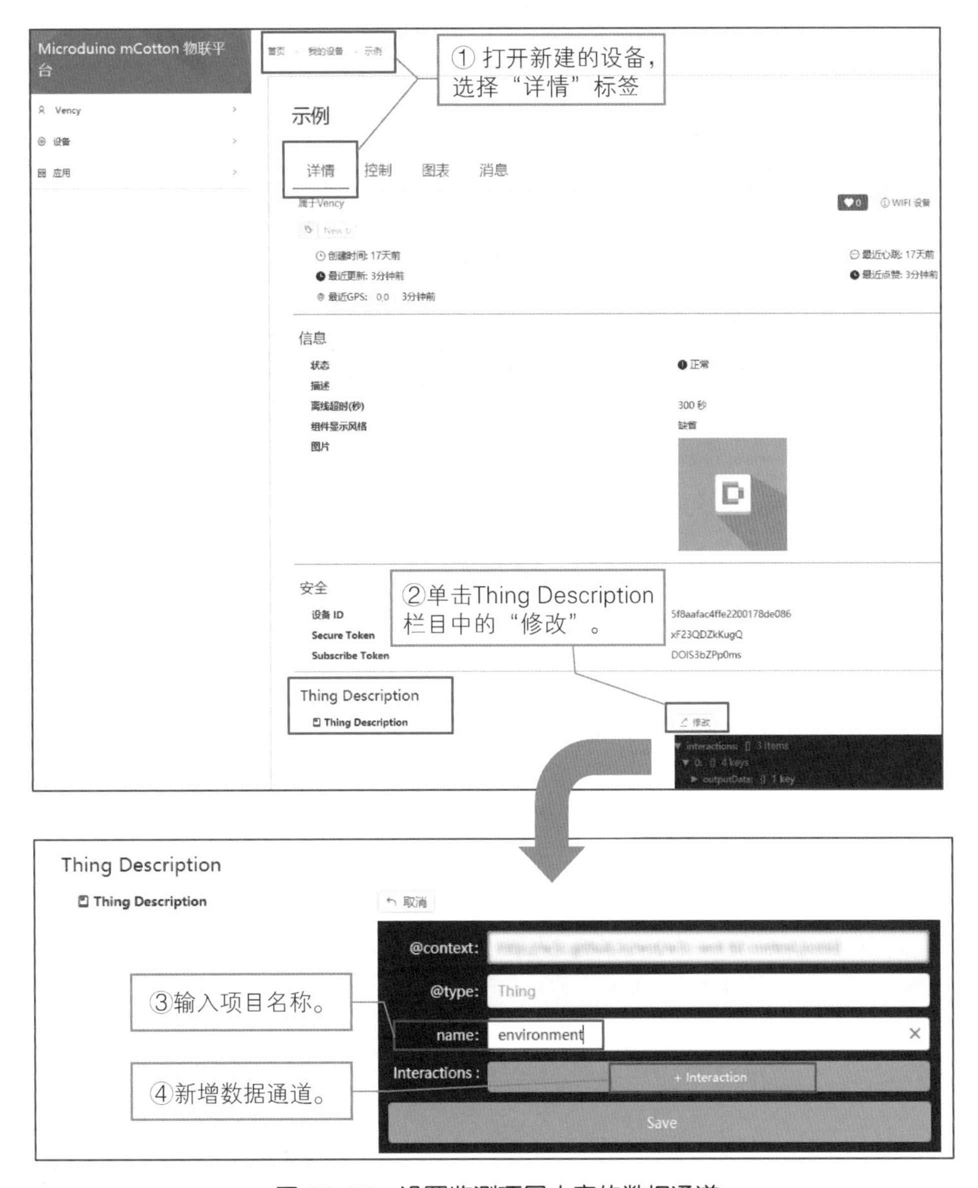

图 12-16　设置监测项目内容的数据通道

（4）如图 12-17 所示，新增 4 个数据通道，分别命名为control_C1、control_C2、control_C3、control_C4，接收由Wi-Fi模块发送的数据。

（5）设置数据标签，显示实时同步数据。如图 12-18 所示，新增 3 个数据标签，分别命名为Tem、Hum、Light，数据源分别对应control_C1、control_C2、control_C3。

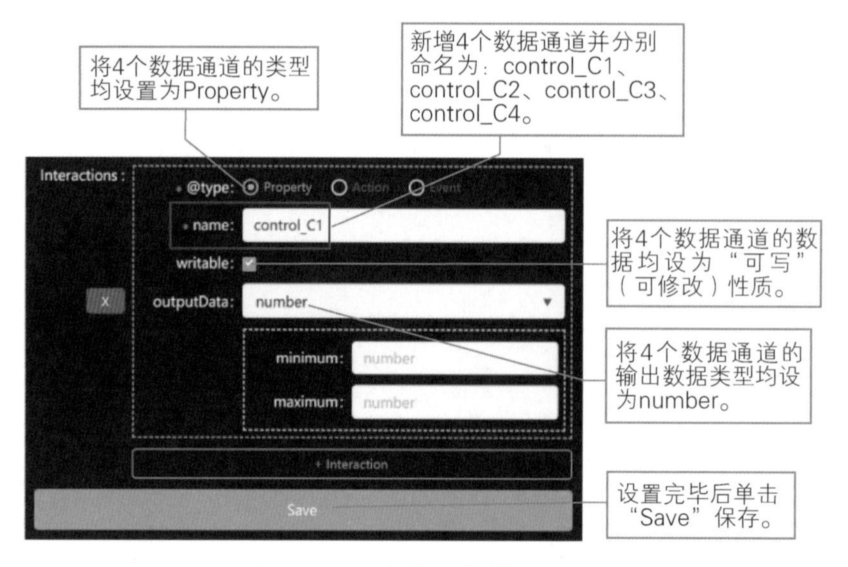

图 12-17　新增 4 个数据通道

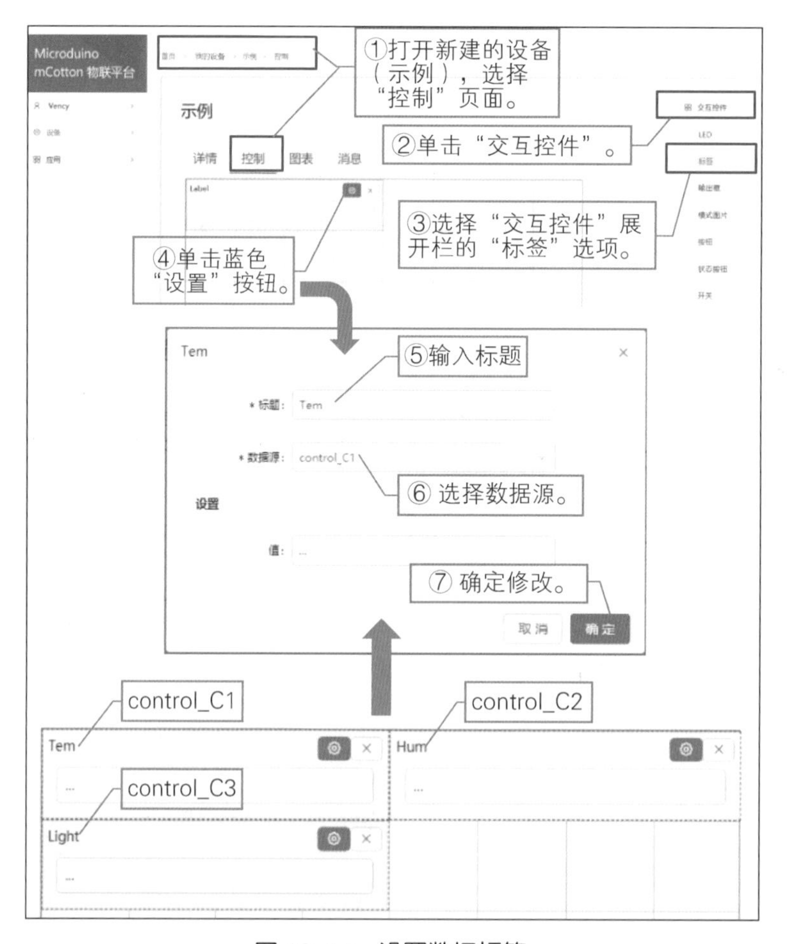

图 12-18　设置数据标签

2. 认识新积木

实现这个功能需要使用的积木如图 12-19~图 12-21 所示。

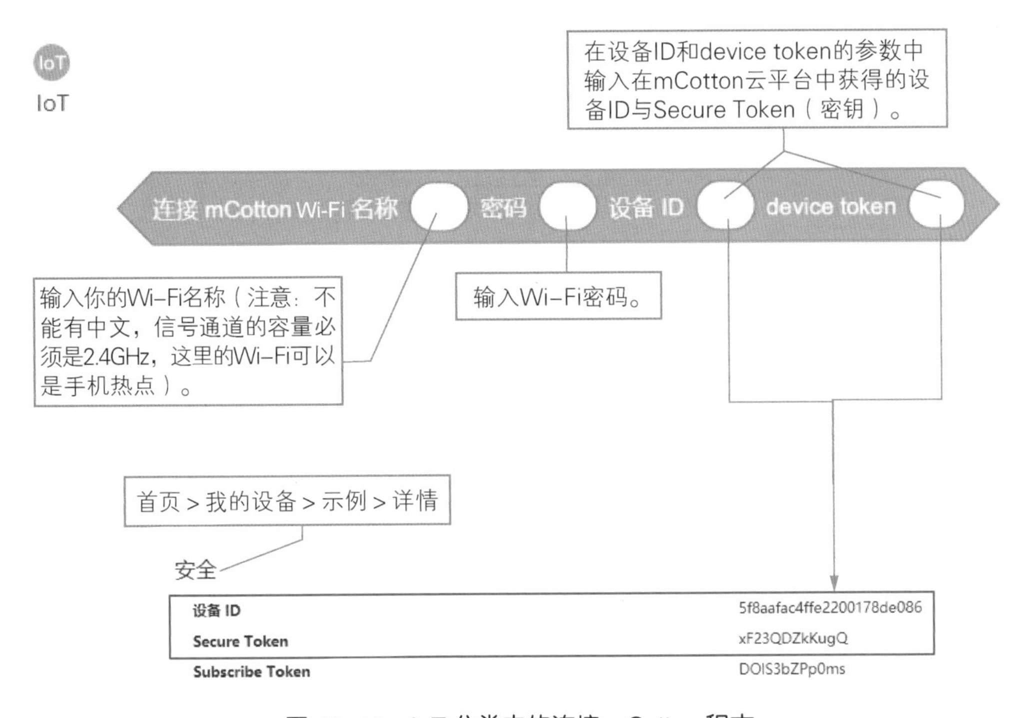

图 12-19　IoT 分类中的连接 mCotton 积木

图 12-20　IoT 分类中的 Wi-Fi 与 mCotton 通信积木

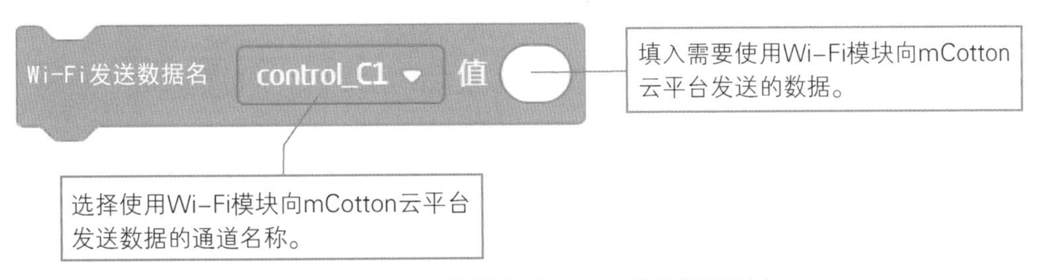

图 12-21　IoT 分类中的 Wi-Fi 发送数据积木

3. 程序流程

图 12-22 所示为云平台显示环境参数的程序流程。

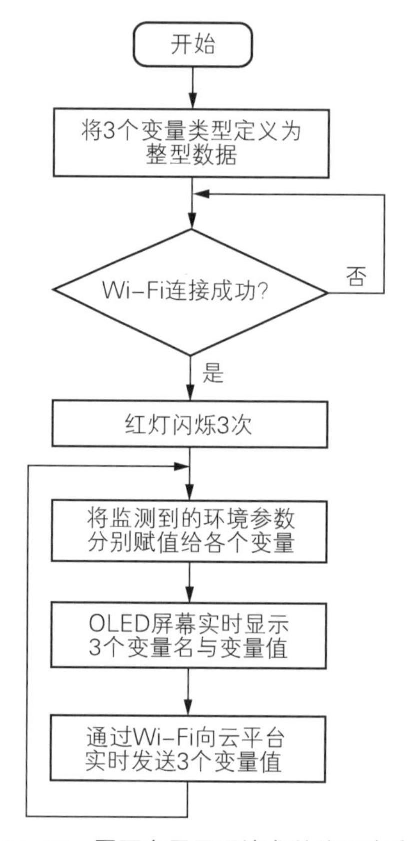

图 12-22　云平台显示环境参数的程序流程

4. 程序编写

打开mDesigner，新建“上传模式”项目并重命名，编写如图 12-23 所示的程序。

5. 程序运行调试

运行程序，当瑞格兰与mCotton云平台成功连接，我们就可以在OLED屏幕和mCotton云平台上同时看到环境参数啦！

五、我的超能力

瑞格兰将家居环境参数上传到物联网云平台上后，家居环境参数会通过云平台在远程终端上被语音播报，以提醒人们采取相应的干预措施，让我们一起来实现这一神奇的功能吧！

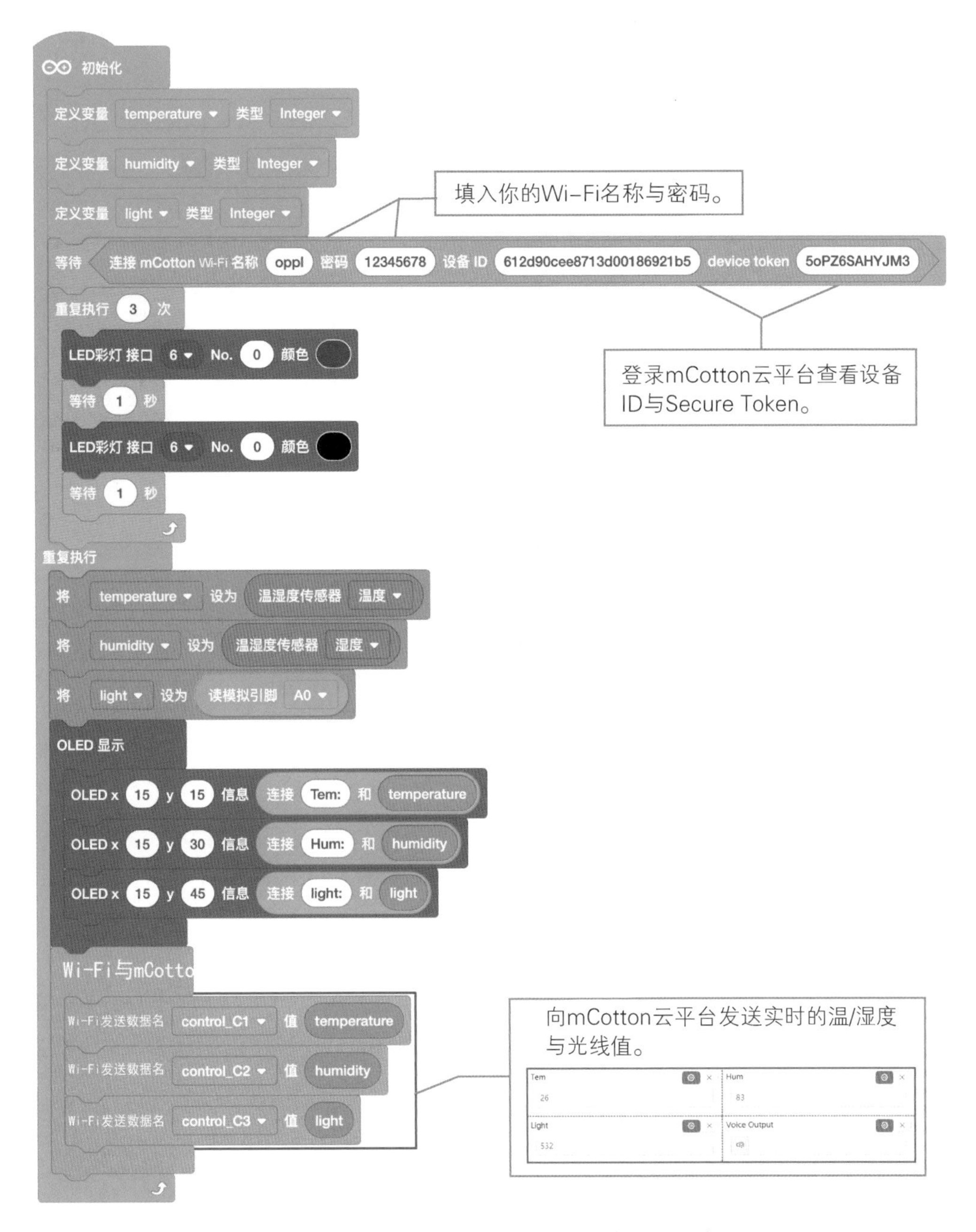

图 12-23　云平台显示环境参数程序

1. 设置云平台语音输出

在前面对mCotton云平台进行配置的基础上，新增一个语音输出通道，命名为Voice Output，选择control_C4数据源，根据温/湿度、光照强度的监测情况，设立4个语音提醒选项，并选择语音合成服务平台，操作步骤如图12-24所示。

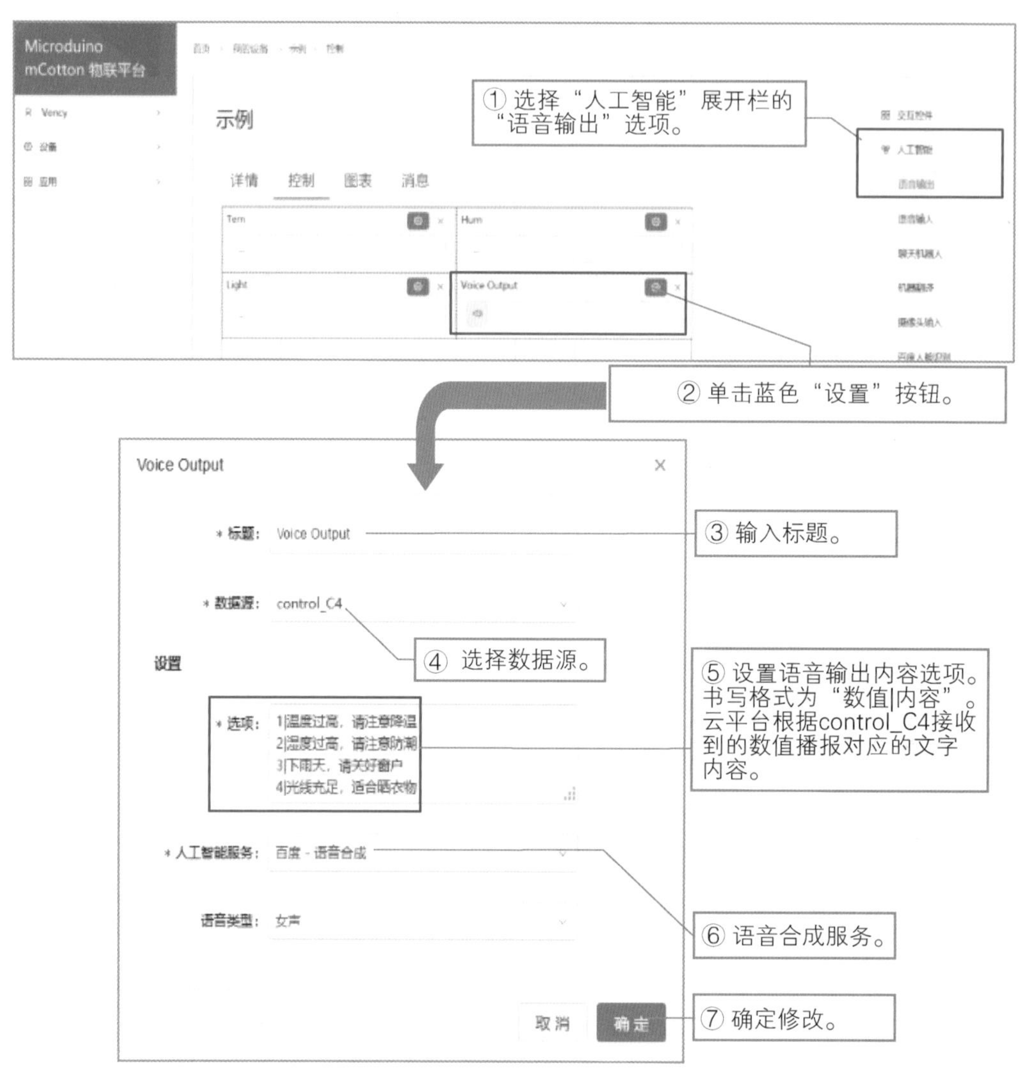

图 12-24　设置云平台语音输出

2. 程序流程

图 12-25 所示为通过 mCotton 云平台播放语音提示的程序流程。

3. 程序编写

打开mDesigner，新建“上传模式”项目并重命名，编写如图 12-26 所示的程序。

4. 程序运行调试

运行程序，当瑞格兰成功连接Wi-Fi后，会将监测到的环境参数上传到云平台，并通过云平台在远程终端上进行语音播报，提醒人们根据当前环境状况采取相应的干预措施，如提醒人们注意降温、注意防潮、晾晒衣物等。

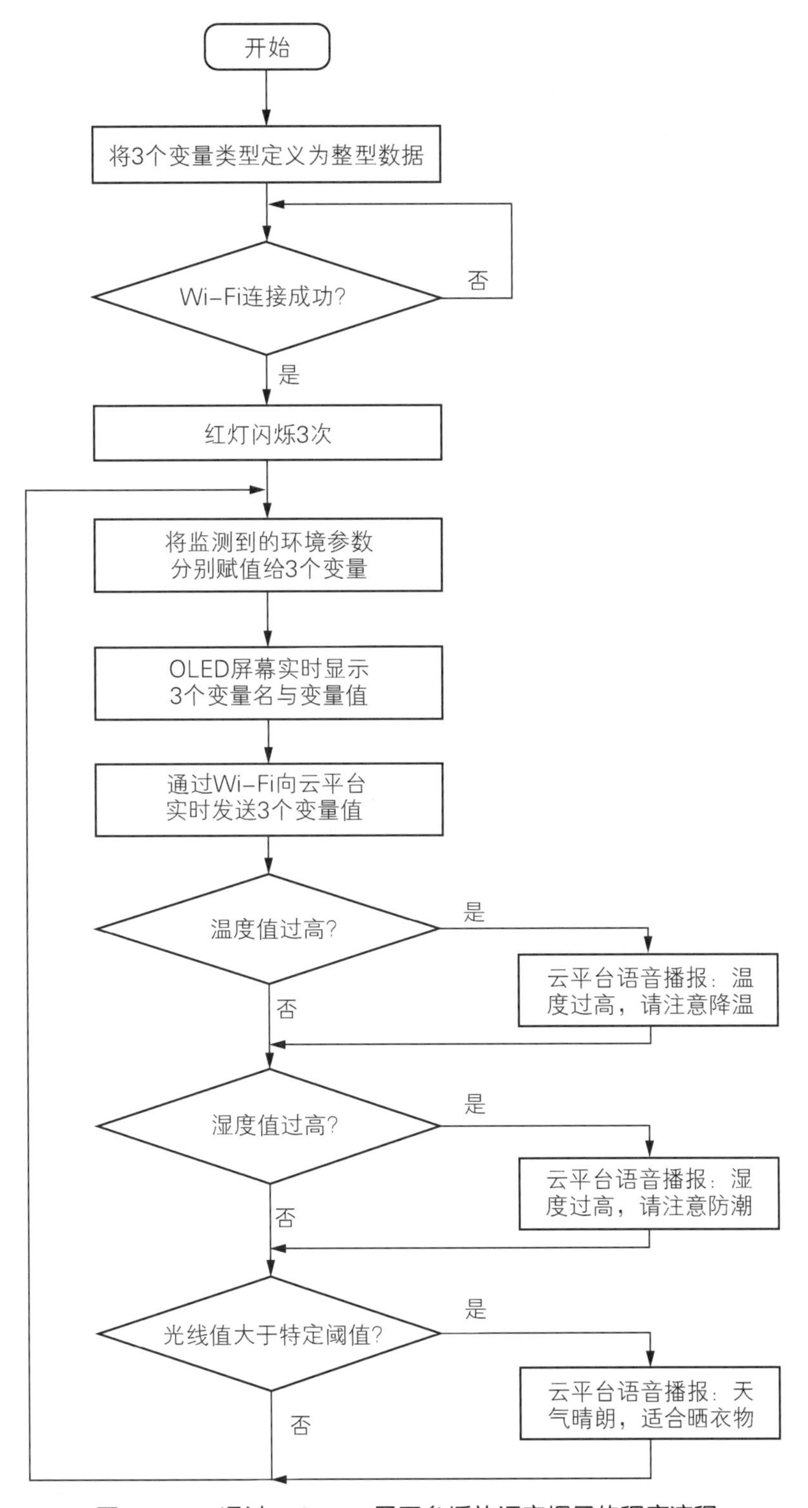

图 12-25　通过 mCotton 云平台播放语音提示的程序流程

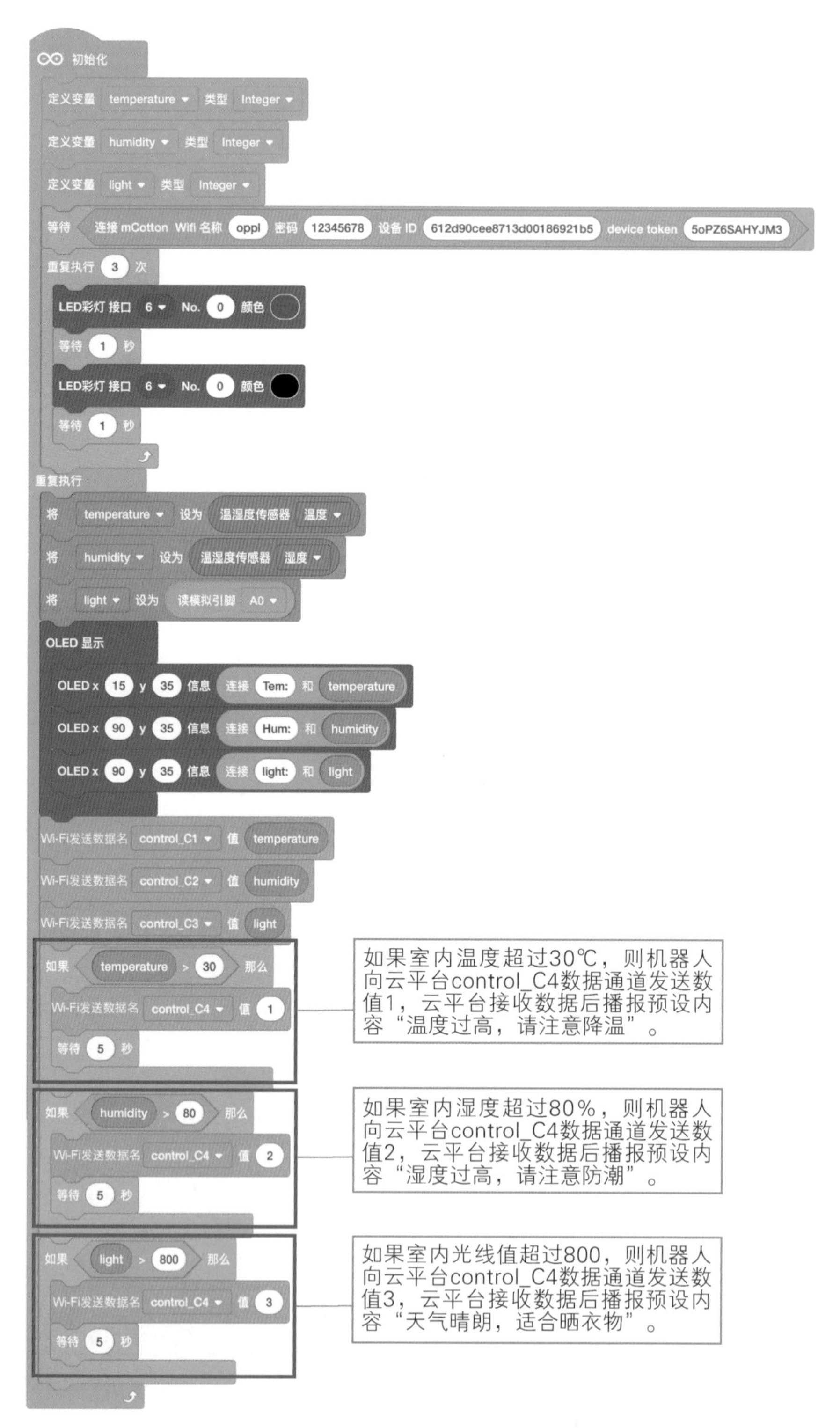

图 12-26　通过 mCotton 云平台播放语音提示程序

六、小想法

在收到瑞格兰发送的家庭环境信息后，请尝试基于物联网云平台的“语音输出”控件进行语音识别，并将识别后的语音转换为控制命令，然后发送给瑞格兰，控制瑞格兰进行相应操作，并在OLED屏幕上显示相应的命令。

七、你做得怎么样

根据自己在本课中的学习表现情况进行自我评价（“√”）。

知识技能	优秀	良好	一般	合格	仍需努力	备注
对元件、传感器的了解						
机器人搭建与接线情况						
程序编写与调试情况						
问题与困惑的解决情况						
创意与创造力表现						

小车运动篇

第13课 清洁小卫士

一、我能干什么

小罗亚是一位环境清洁小卫士（见图 13-1），能够为我们创造干净的室内环境。当它在地面进行移动清扫时，会自动避开前方障碍物，如果遇到前方悬空或有台阶的情况，它也会自动后退。接下来，让我们一起来看看神奇的小罗亚是如何做到这些的吧！

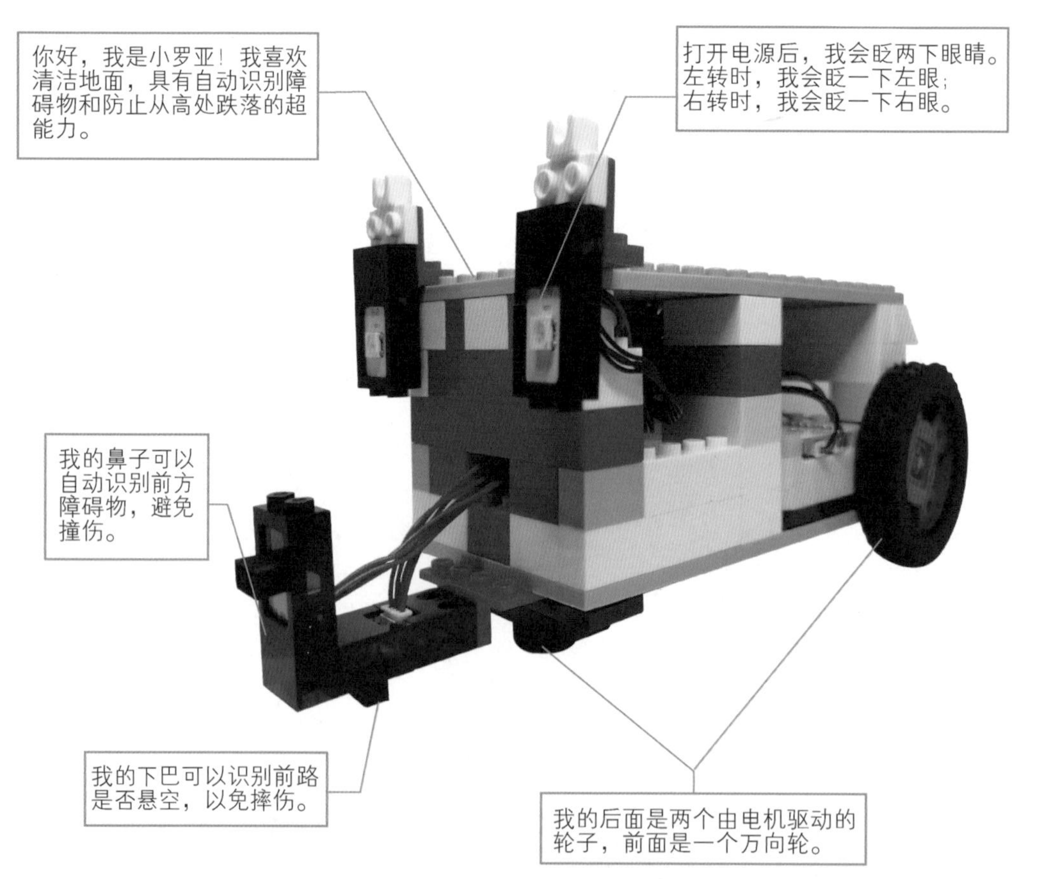

图 13-1　“清洁小卫士”机器人展示图

二、我从哪里来

一起来看看小罗亚由哪些部件组成吧（见图 13-2~图 13-13）!

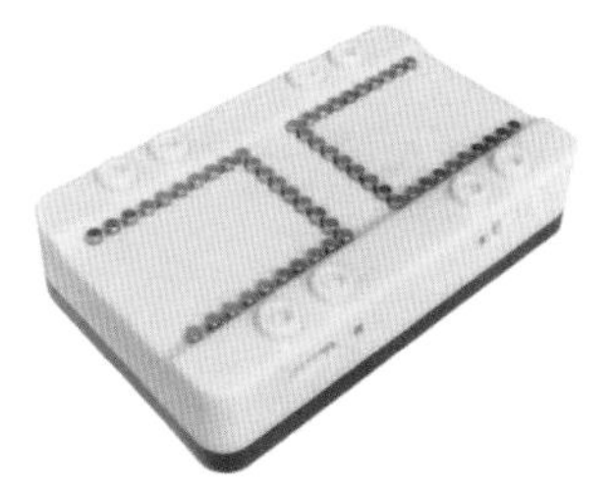

图 13-2　电池盒 ×1

图 13-3　USB 线 ×1

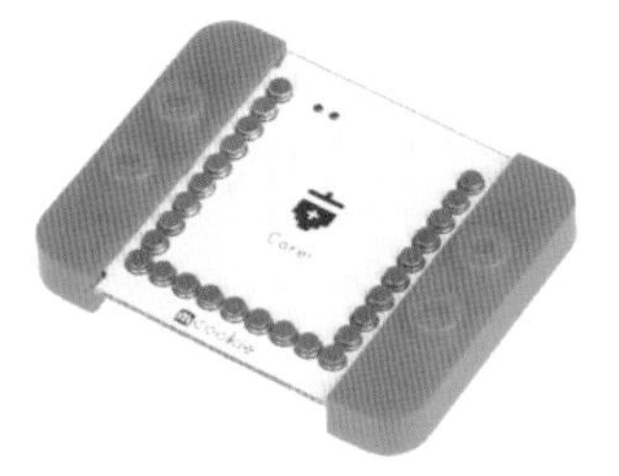

图 13-4　核心模块 ×1

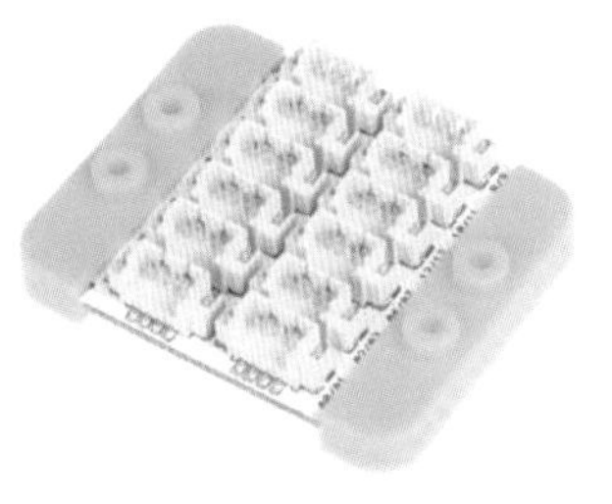

图 13-5　传感器接口板 ×1

图 13-6　4Pin 连接线 ×2

图 13-7　LED 彩灯（D）×2

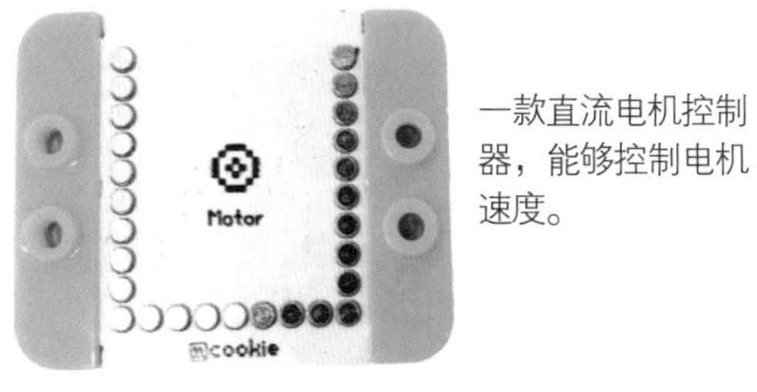

一款直流电机控制器，能够控制电机速度。

图 13-8　Motor 模块 ×1

一款直流电机，常和Motor模块组合使用。

图 13-9　N20 电机 ×2

图 13-10　2Pin 连接线 ×2

图 13-11　灰度传感器（D/A）×2

图 13-12　车轮 ×2

图 13-13　万向轮 ×1

三、换装大变身

（1）拼合模块板与电池盒，如图 13-14 所示。

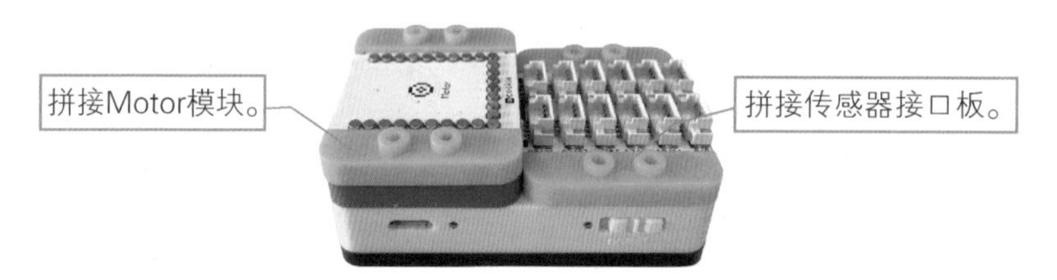

图 13-14　拼合模块板与电池盒

（2）连接两个电机与Motor模块。分别将两个车轮安装在两个N20 电机的轴上，再用两条 2Pin线分别连接N20 电机与Motor模块的 1A/1B和 2A/2B接口，搭建小罗亚的腿部，如图 13-15 所示。

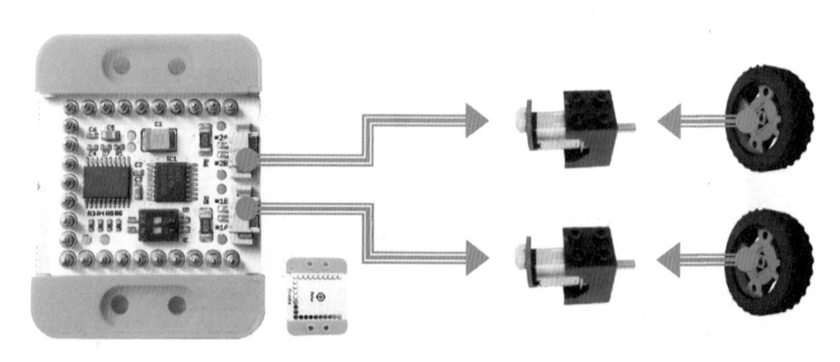

图 13-15　Motor 模块、电机连接示意图

知识卡片 1：Motor 模块

Motor模块与电机连接，通过PWM来控制两个直流电机转速与方向。由于Motor模块引脚 1A/1B 和 2A/2B 分别占用传感器接口板引脚D6、D8、D5、D7，因此，在使用 Motor 模块驱动电机时，D5、D6、D7、D8 这 4 个引脚不能连接其他电子元件和传感器，否则会因为信号相互干扰而出现错误，如图 13-16 所示。

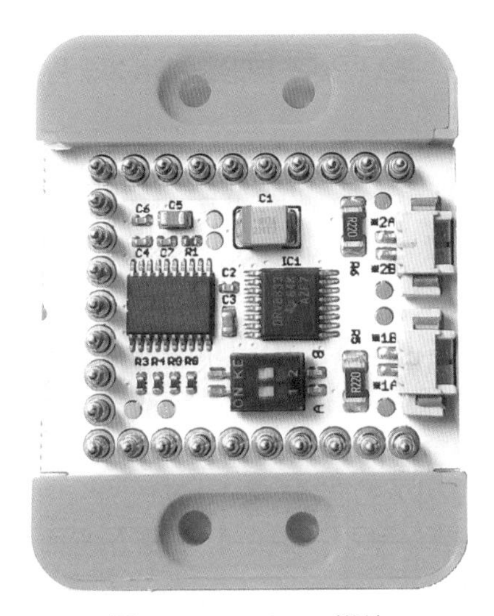

图 13-16　Motor 模块

知识卡片 2：N20 电机

N20 电机是一种减速电机，速度的绝对值越大，电机转得越快。判断电机转动方向时可将电机按照如图 13-17 所示放置，此时，电机顺时针转为正转，逆时针转为反转。

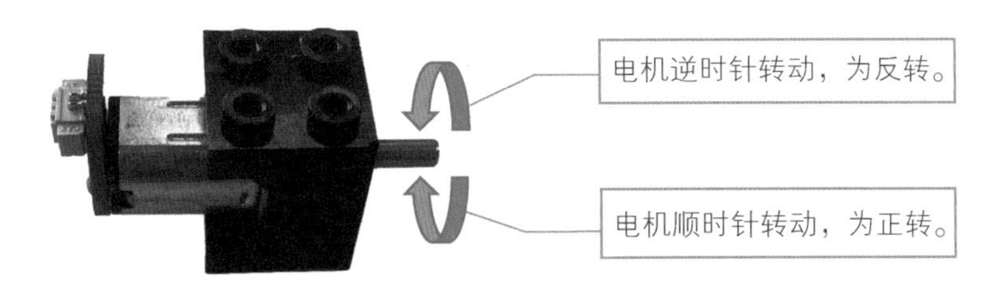

图 13-17　N20 电机

（3）连接两个LED彩灯与传感器接口板。用一条 4Pin线连接LED彩灯 1 的IN接口与传感器接口板的 2/3 接口，搭建小罗亚的左眼；用另一条 4Pin线连接LED彩灯 1OUT接口与LED彩灯 2 的IN接口，搭建小罗亚的右眼，如图 13-18 所示。

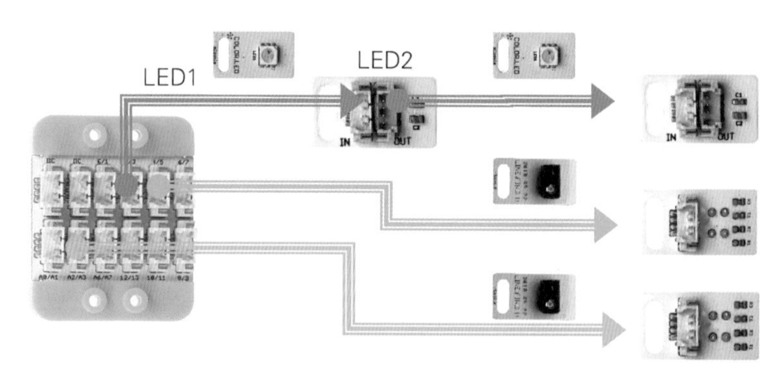

图 13-18　电路连接示意图

（4）连接两个灰度传感器与传感器接口板。用一条 4Pin 线连接灰度传感器 1 与传感器接口板的 4/5 接口，搭建小罗亚的鼻子，用另一条 4Pin 线连接灰度传感器 2 与传感器接口板的 A2/A3 接口，搭建小罗亚的下巴，如图 13-18 所示。

知识卡片 3：灰度传感器

灰度传感器包含一个红外信号发射管（白管）和一个光敏电阻器（黑管），如图 13-19 所示，两者安装在同一平面上。发射管发射的红外线经过前方物体反射，被光敏电阻器接收后转换为强弱不同的信号，机器人通过检测该信号能够判断前方障碍物的距离或物体的灰度。通常，障碍物离机器人越近，反射信号越强，反之则越弱。相同距离情况下，物体颜色越浅，反射信号越强，反之则越弱。

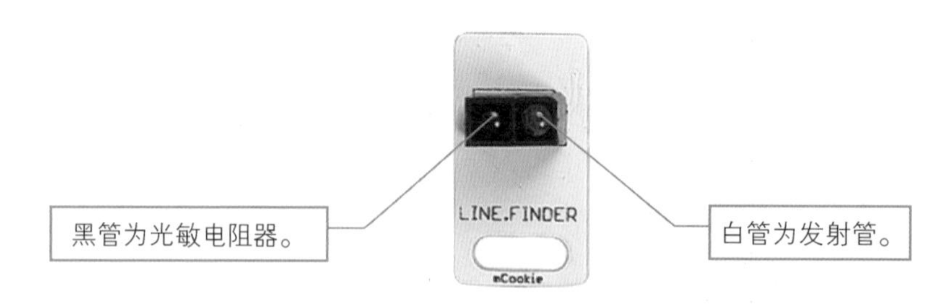

图 13-19　灰度传感器示意图

灰度传感器既可以连接数字端口，也可以连接模拟端口。连接数字端口时，灰度传感器的返回值只能是 0 或 1，返回值为 1 时，表示前方没有障碍物或前方物体颜色深；返回值为 0 时，表示前方有障碍物或前方物体颜色浅。连接模拟端口时，灰度传感器返回值的范围为 0 ～ 1023，返回值越小，表示障碍物越近或物体颜色越浅；返回值越大，表示障碍物越远或物体颜色越深。

四、我的基本功

打开电源后，小罗亚会眨两下眼睛。左转时，眨一下左眼；右转时，眨一下右眼。小罗亚鼻子的灰度传感器可以自动识别前方障碍物，以免撞伤。

1. 认识新积木

实现这个功能需要使用的积木如图 13-20、图 13-21 所示。

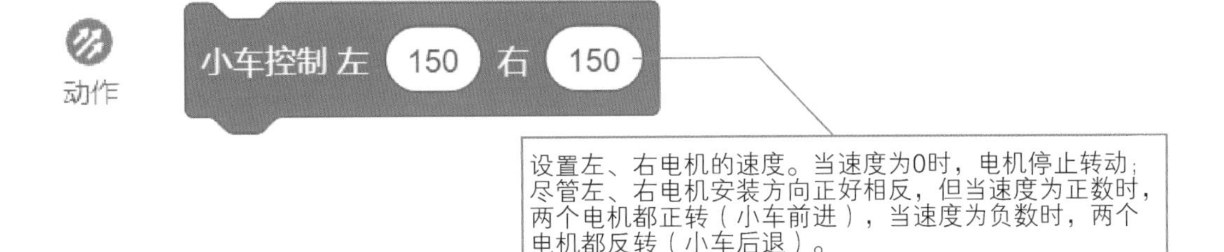

图 13-20　动作分类中的小车控制积木

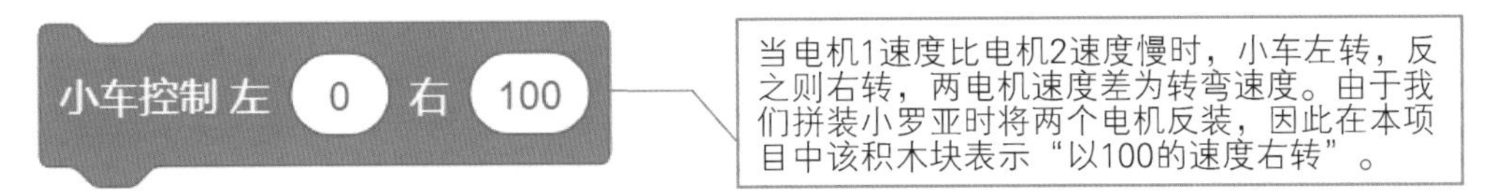

图 13-21　动作分类中的小车控制积木转弯

2. 程序流程

图 13-22 所示为避障的程序流程。

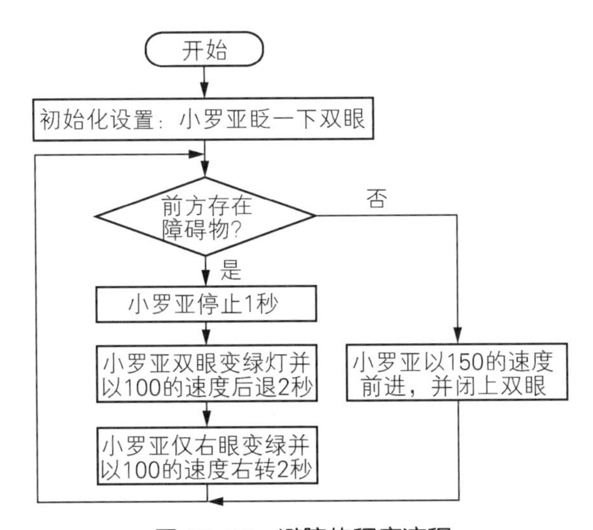

图 13-22　避障的程序流程

3. 程序编写

打开mDesigner，新建“上传模式”项目并重命名，编写如图 13-23 所示的程序。

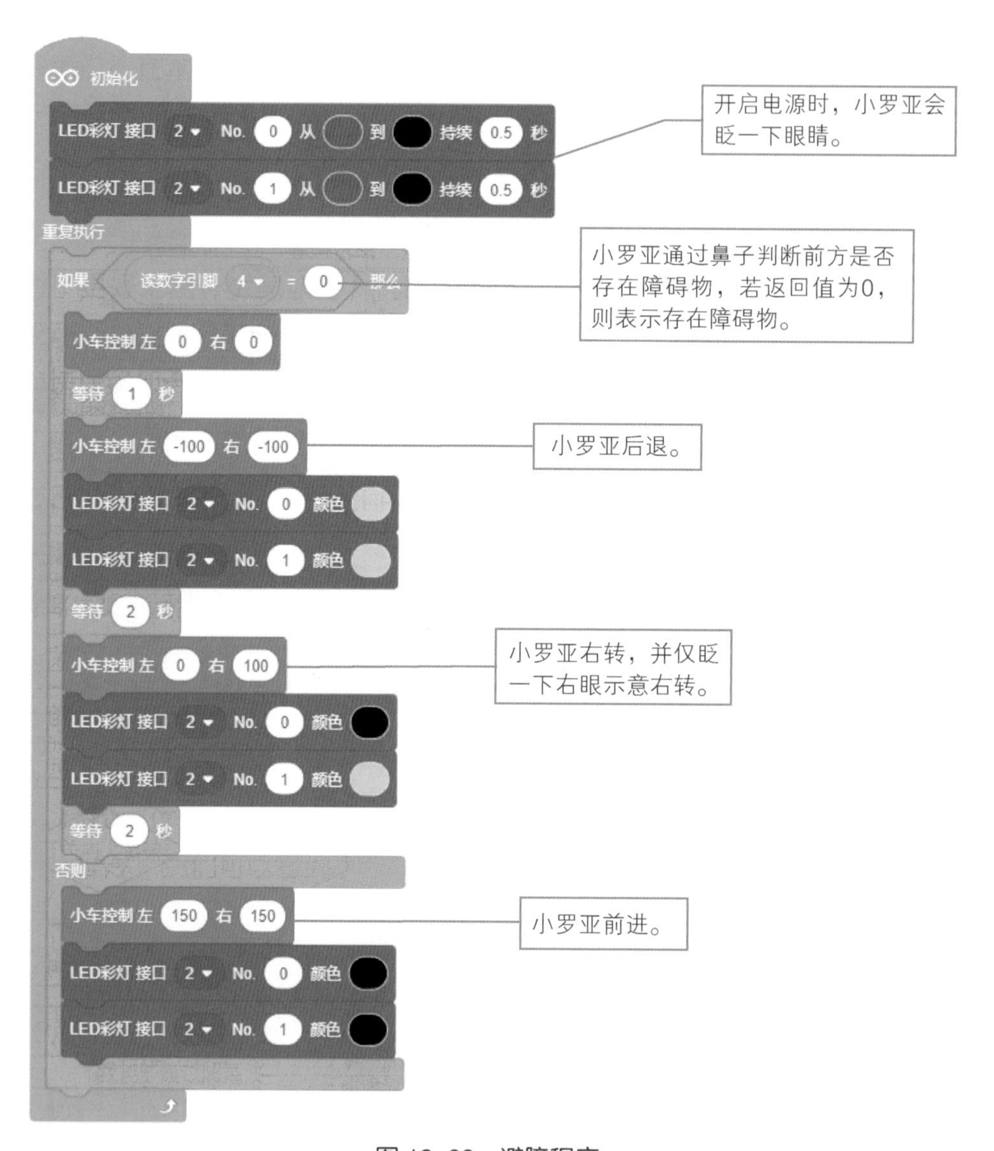

图 13-23　避障程序

4. 程序运行调试

运行程序，小罗亚会眨两下眼睛然后开始前进，当检测到前方有障碍物时，小罗亚会后退再右转，右转后如果前方没有了障碍物，小罗亚会继续前进，如此循环。

五、我的超能力

小罗亚下巴的灰度传感器可以识别前方路面是否悬空，以免摔伤。

1. 程序流程

图 13-24 所示为防摔的程序流程。

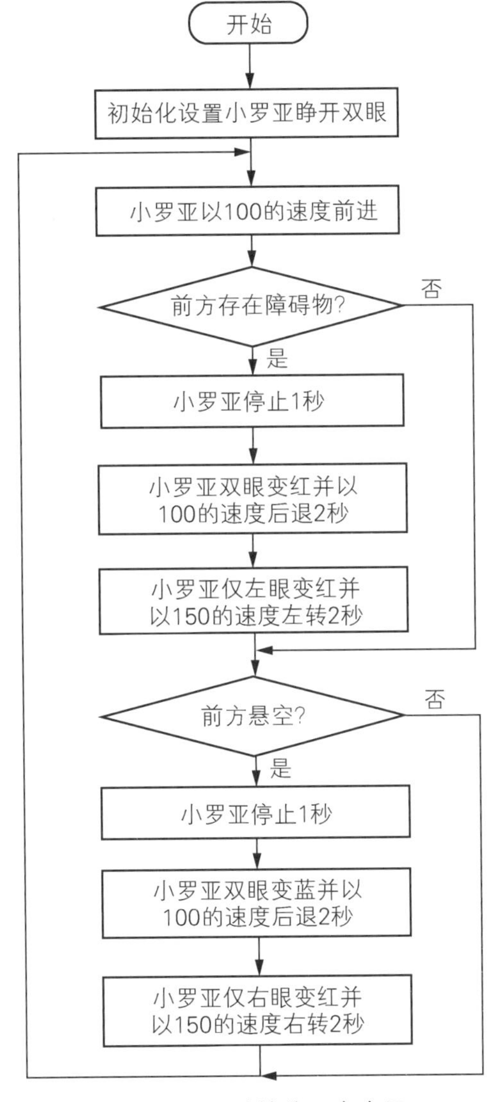

图 13-24　防摔的程序流程

2. 程序编写

打开 mDesigner，新建“上传模式”项目并重命名，编写如图 13-25 所示的程序。

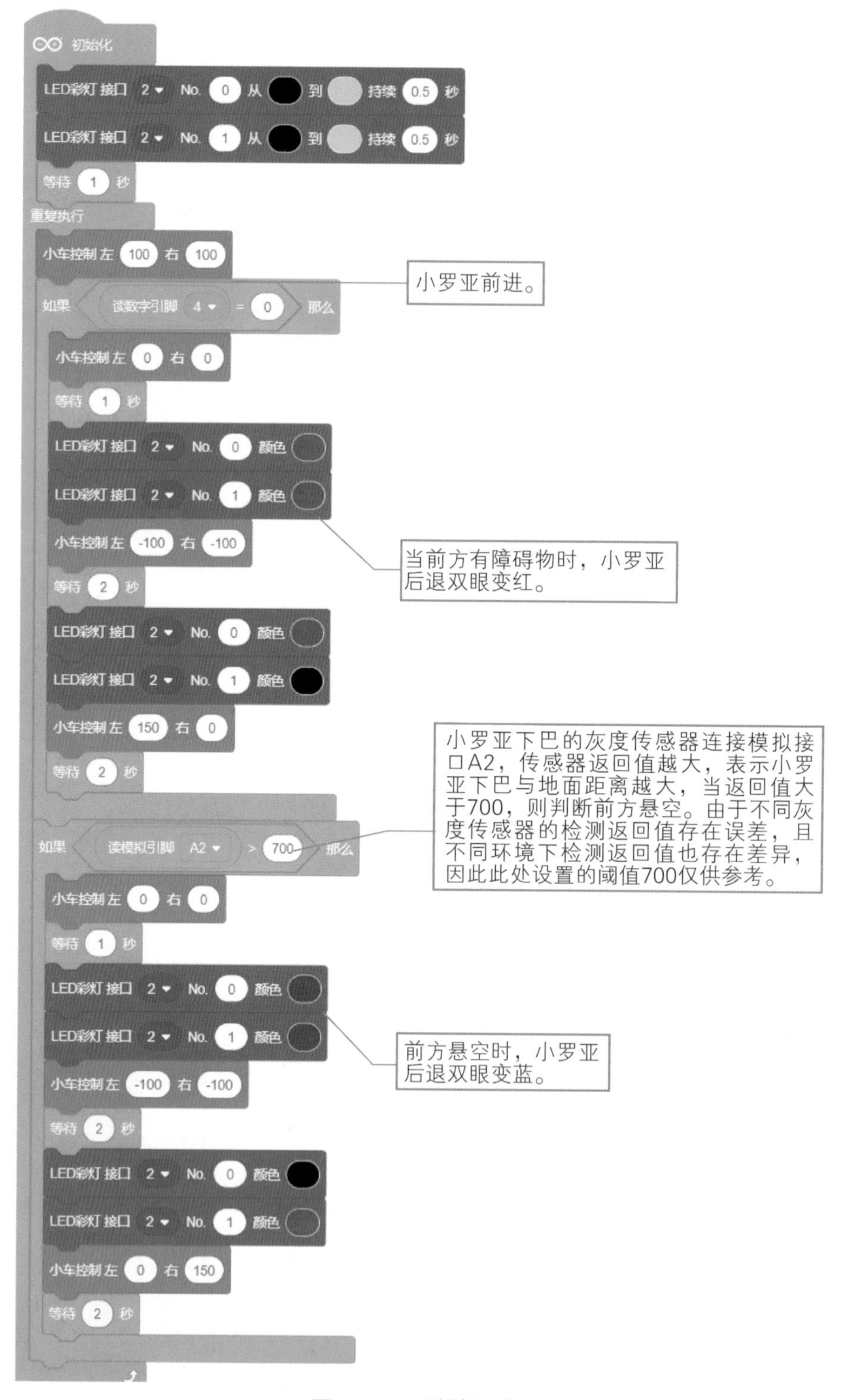

初始化
LED彩灯 接口 2 No. 0 从 到 持续 0.5 秒
LED彩灯 接口 2 No. 1 从 到 持续 0.5 秒
等待 1 秒
重复执行
小车控制 左 100 右 100
如果 读数字引脚 4 = 0 那么
小车控制 左 0 右 0
等待 1 秒
LED彩灯 接口 2 No. 0 颜色
LED彩灯 接口 2 No. 1 颜色
小车控制 左 -100 右 -100
等待 2 秒
LED彩灯 接口 2 No. 0 颜色
LED彩灯 接口 2 No. 1 颜色
小车控制 左 150 右 0
等待 2 秒
如果 读模拟引脚 A2 > 700 那么
小车控制 左 0 右 0
等待 1 秒
LED彩灯 接口 2 No. 0 颜色
LED彩灯 接口 2 No. 1 颜色
小车控制 左 -100 右 -100
等待 2 秒
LED彩灯 接口 2 No. 0 颜色
LED彩灯 接口 2 No. 1 颜色
小车控制 左 0 右 150
等待 2 秒
小罗亚前进。
当前方有障碍物时，小罗亚后退双眼变红。
小罗亚下巴的灰度传感器连接模拟接口A2，传感器返回值越大，表示小罗亚下巴与地面距离越大，当返回值大于700，则判断前方悬空。由于不同灰度传感器的检测返回值存在误差，且不同环境下检测返回值也存在差异，因此此处设置的阈值700仅供参考。
前方悬空时，小罗亚后退双眼变蓝。

图 13-25　防摔程序

3. 程序运行调试

运行程序，将小罗亚放在桌子上，小罗亚会开始前进，当它行进到桌子边缘时，能够自动发现前方悬空并自动躲避。

六、小想法

请尝试帮助小罗亚增加定时功能，这样既可以方便我们设定适合的清洁时间，又能达到节能效果。

七、你做得怎么样

根据自己在本课中的学习表现情况进行自我评价（“√”）。

知识技能	优秀	良好	一般	合格	仍需努力	备注
对元件、传感器的了解						
机器人搭建与接线情况						
程序编写与调试情况						
问题与困惑的解决情况						
创意与创造力表现						

第14课 搬运小能手

一、我能干什么

小罗亚不仅是清洁小能手，还是优秀的搬运工（见图 14-1）。我们可以遥控小罗亚搬运货物，并将收纳的货物运往目的地。快来看看在操作控制小罗亚的过程中，我们会发现什么？

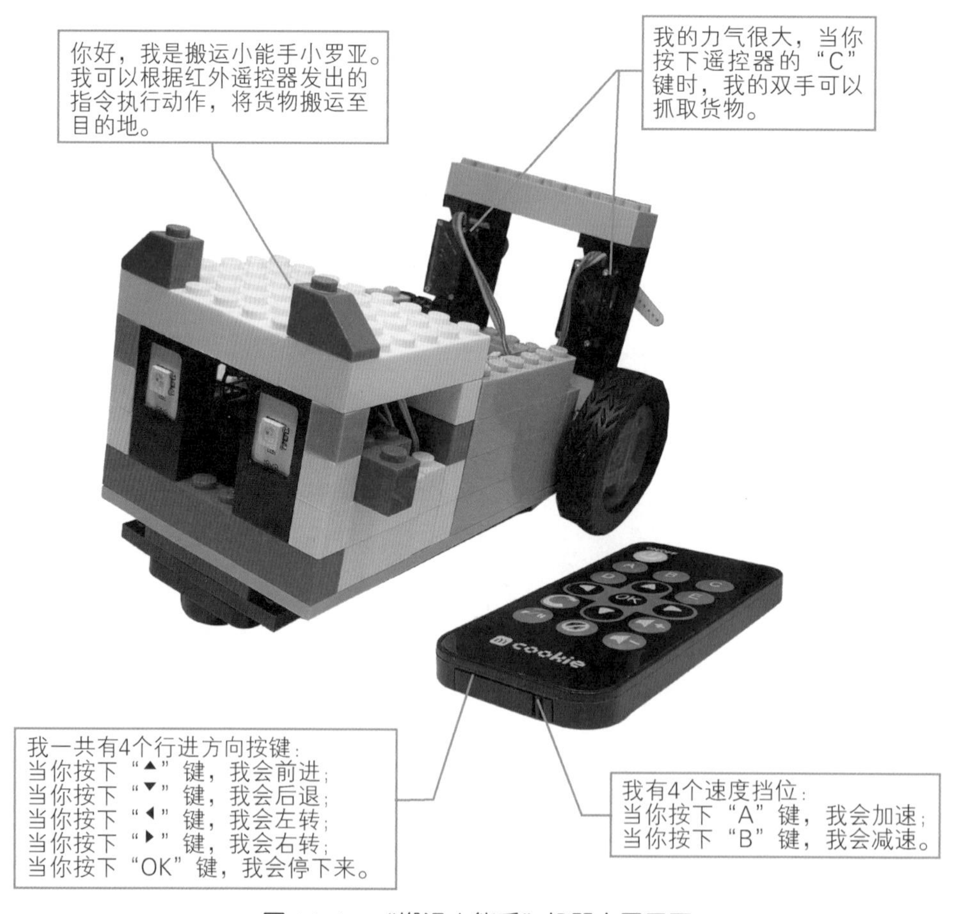

图 14-1 “搬运小能手”机器人展示图

二、我从哪里来

一起来看看小罗亚由哪些部件组成吧（见图 14-2~图 14-18）!

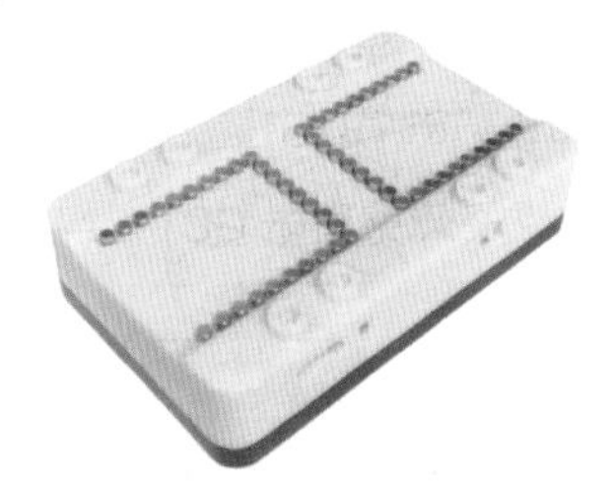

图 14-2　电池盒 ×1

图 14-3　USB 线 ×1

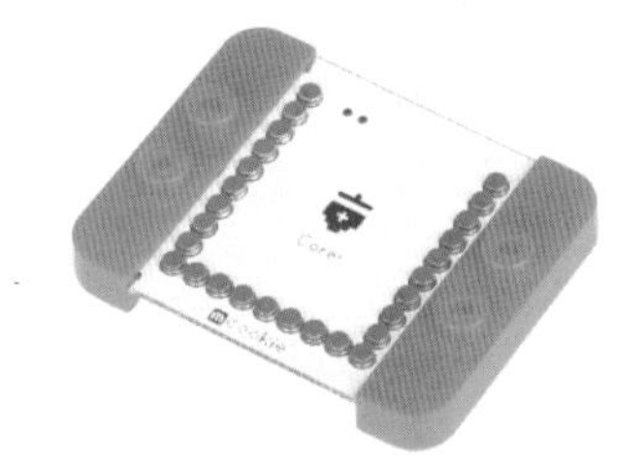

图 14-4　核心模块 ×1

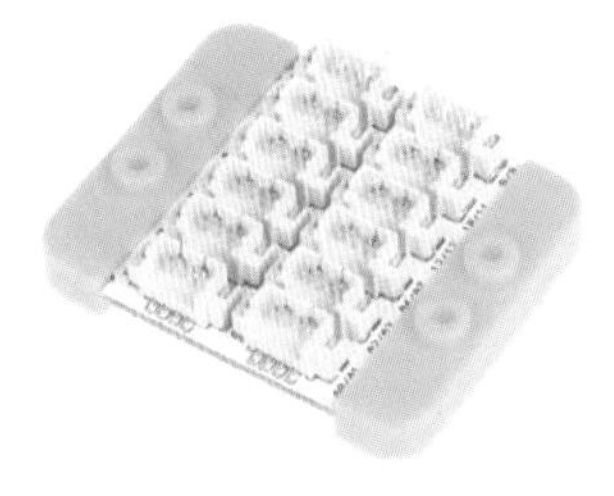

图 14-5　传感器接口板 ×1

图 14-6　4Pin 连接线 ×5

图 14-7　LED 彩灯（D）×2

图 14-8　舵机（D）×2

图 14-9　舵机转接板 ×1

图 14-10　OLED 屏幕 X1

图 14-11　1 转 2 转接板 ×1

图 14-12　红外接收传感器（D）×1

图 14-13　红外遥控器 ×1

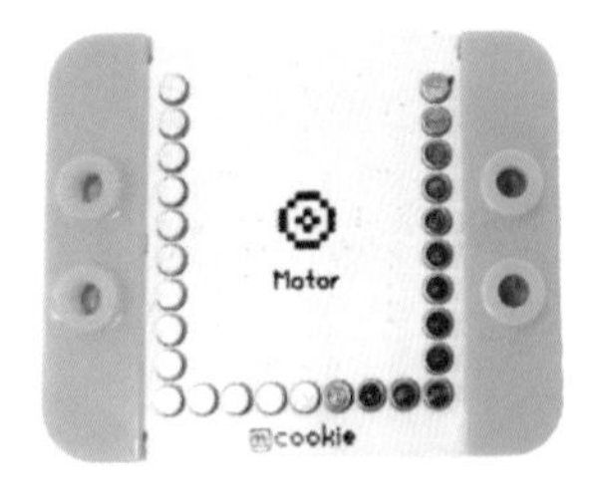

图 14-14　Motor 模块 ×1

图 14-15　N20 电机 ×2

图 14-16　2Pin 连接线 ×2

图 14-17　车轮 ×2

图 14-18　万向轮 ×1

三、换装大变身

（1）拼合模块板与电池盒，如图 14-19 所示。

图 14-19　拼合模块板与电池盒

（2）连接两个电机与Motor模块。分别将两个车轮安装到两个N20 电机的轴上，并用两条 2Pin线分别连接两个N20 电机与Motor模块的 1A/1B和 2A/2B接口，搭建小罗亚的腿部，如图 14-20 所示。

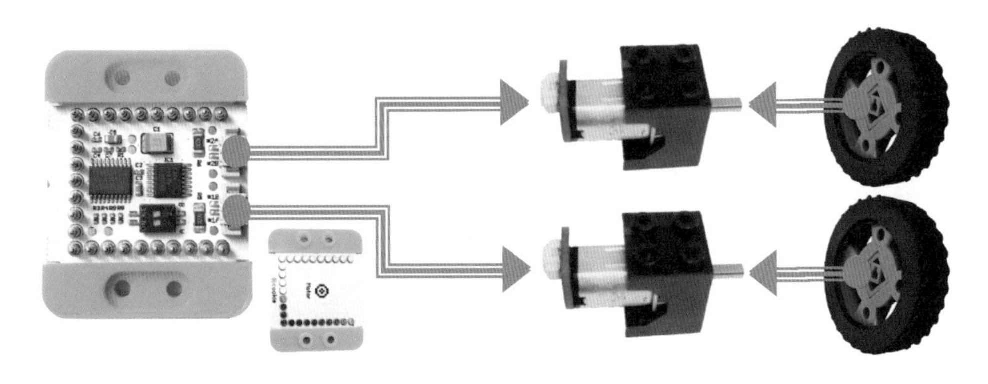

图 14-20　电机、Motor 模块连接示意图

（3）连接两个LED彩灯与传感器接口板。用一条 4Pin线连接 1 转 2 转接板与传感器接口板的 2/3 接口；用一条 4Pin线连接第一个LED彩灯的IN接口与 1 转 2 转接板的B接口，搭建小罗亚的左眼；用另一条 4Pin线连接第二个LED彩灯的IN接口与第一个LED彩灯的OUT接口，搭建小罗亚的右眼，如图 14-21 所示。

（4）连接红外接收传感器与传感器接口板。用一条 4Pin线连接红外接收传感器与 1 转 2 转接板的A接口，搭建小罗亚的鼻子。

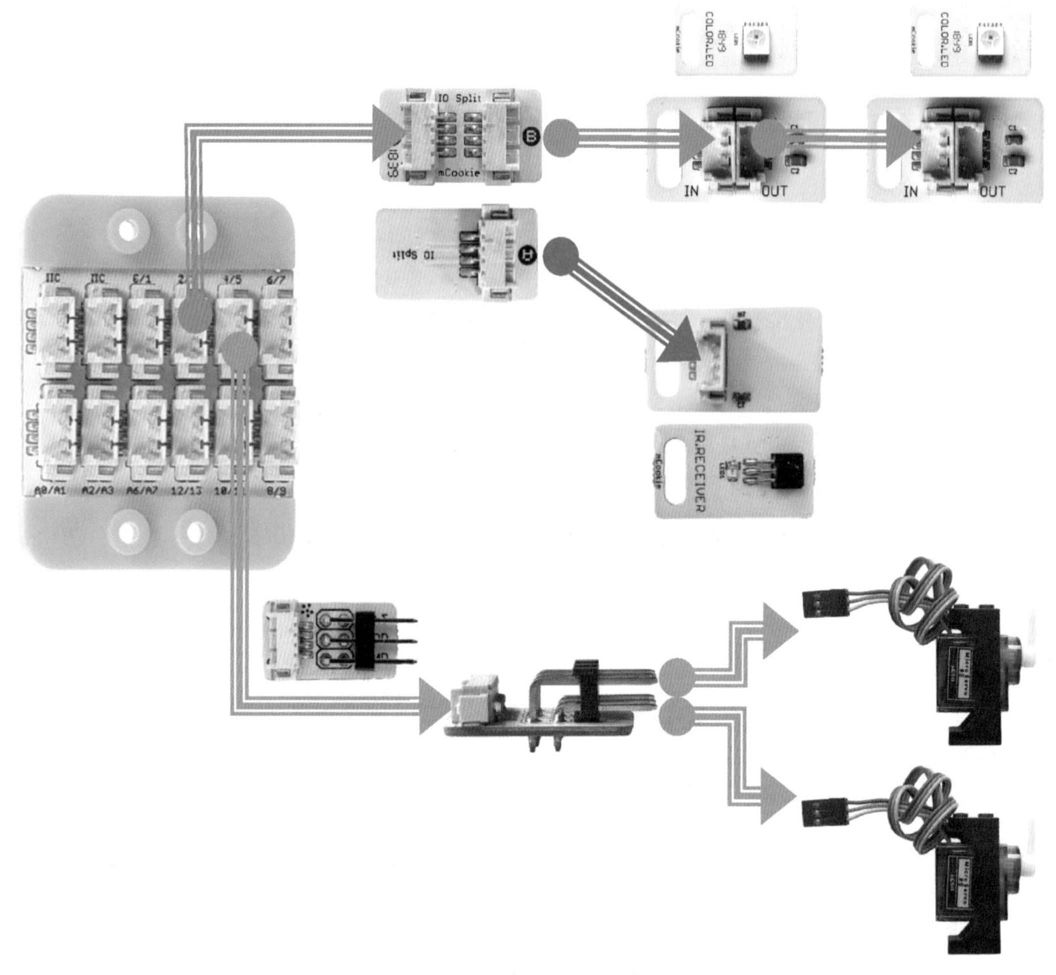

图 14-21　电路连接示意图

（5）连接两个舵机与传感器接口板。用一条 4Pin 线连接舵机转接板的 IN 接口与传感器接口板的 4/5 接口；用一条 3Pin 线连接第一个舵机和舵机转接板的 1 接口，搭建小罗亚的左手；用另一条 3Pin 线连接第二个舵机和舵机转接板的 2 接口，搭建小罗亚的右手，如图 14-21 所示。

四、我的基本功

打开电源后，小罗亚会眨两下眼睛，还会根据遥控器发出的指令做出前进、后退、左转、右转、搬运货物和眨眼睛等动作。

1. 程序流程

图 14-22 所示为遥控搬运货物的程序流程。

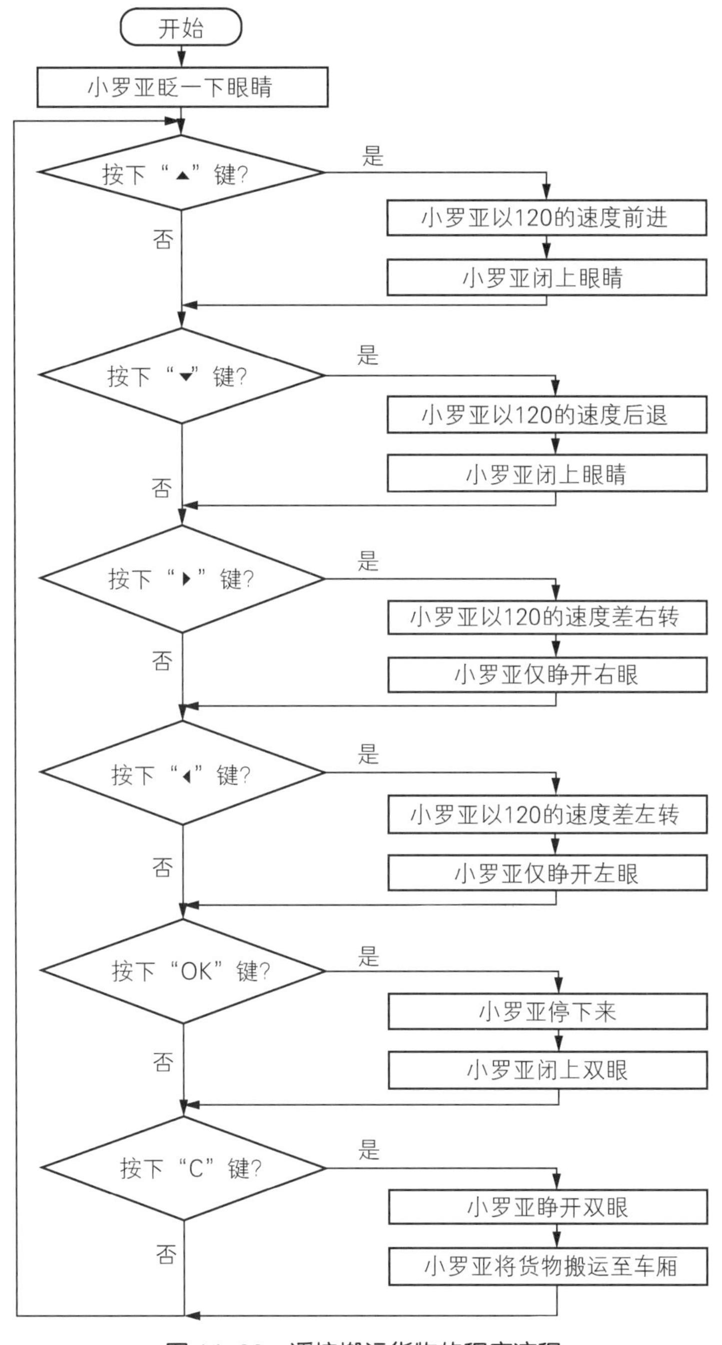

图 14-22　遥控搬运货物的程序流程

2. 程序编写

打开 mDesigner，新建“上传模式”项目并重命名，编写如图 14-23 所示的程序。

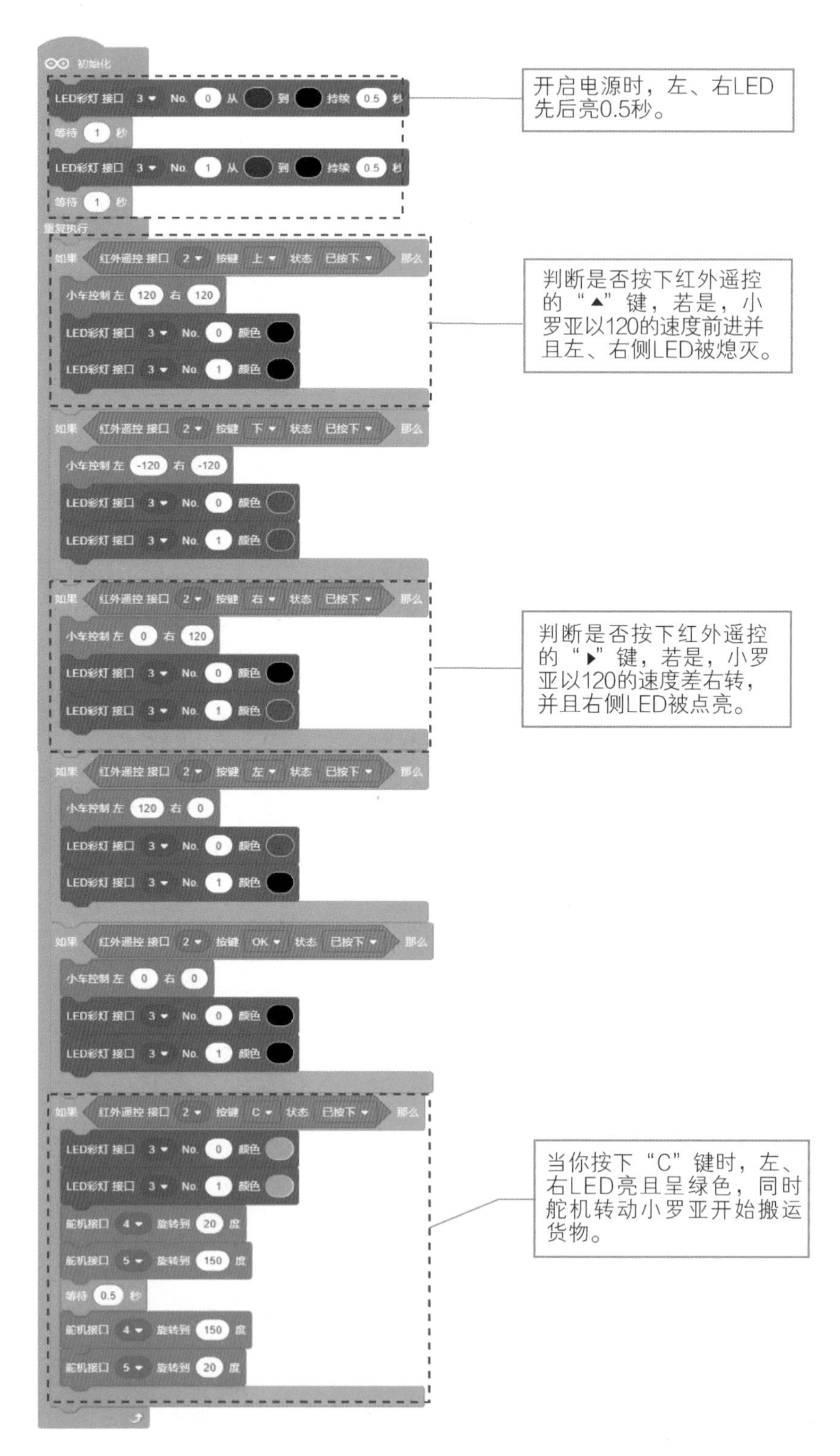

图 14-23　遥控搬运货物程序

知识卡片：同向转弯的不同设置

以图 14-24 中的小车左转为例，以下 3 个积木块都能表示小车左转，它们有何不同呢？

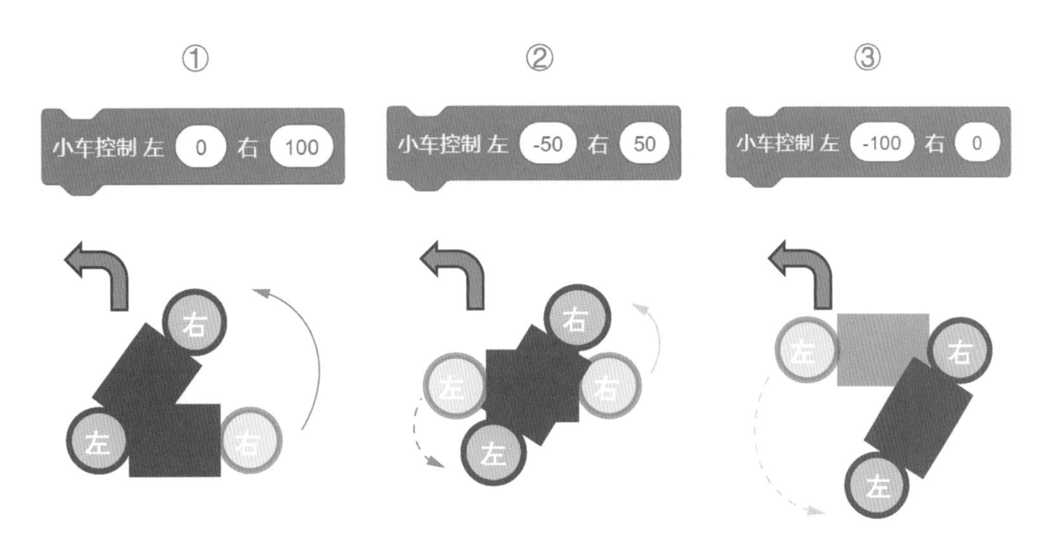

图 14-24 小车左转弯积木

情况 1：左轮速度不变，右轮加速，表示小车以左轮为支点，以 100 的前进速度定点左转。

情况 2：在同一时间内小车左轮减速，右轮加速，且两轮速度加减量一致，表示小车原地逆时针旋转。

情况 3：左轮减速，右轮速度不变，表示小车以右轮为支点，以 100 的后退速度定点左转。

3. 程序运行调试

运行程序，我们就可以用遥控器控制小罗亚移动并搬运货物了，快与你的小伙伴们一起来操控小罗亚进行一场搬运货物比赛吧！

五、我的超能力

小罗亚不仅能根据遥控器发出的指令向不同方向运动和搬运货物，还能切换运动速度，快来一起试试如何实现这一功能吧！

1. 程序流程

图 14-25 所示为速度调挡的程序流程。

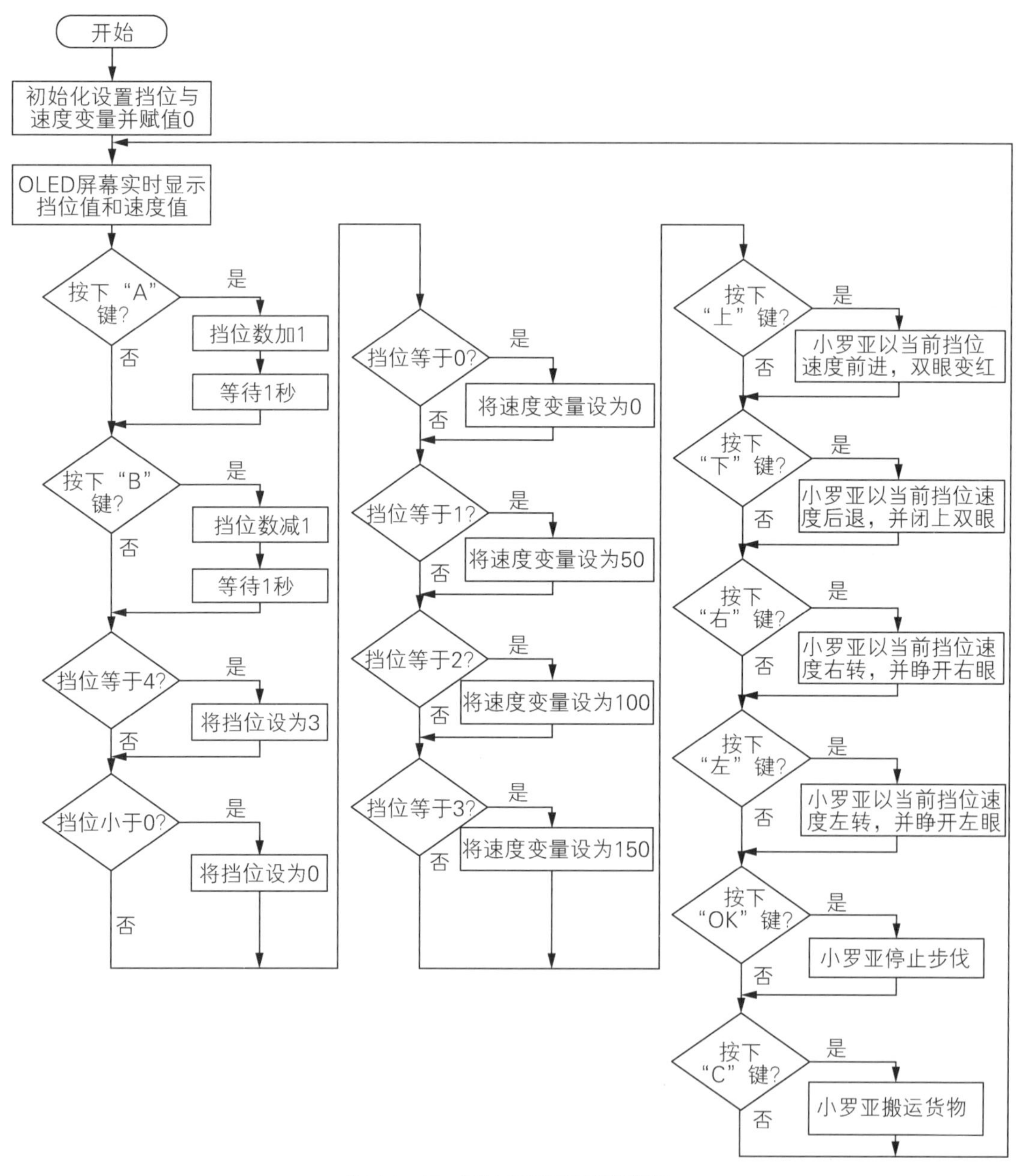

图 14-25　速度调挡的程序流程

2. 程序编写

打开mDesigner，新建“上传模式”项目并重命名，编写如图 14-26 所示的程序。

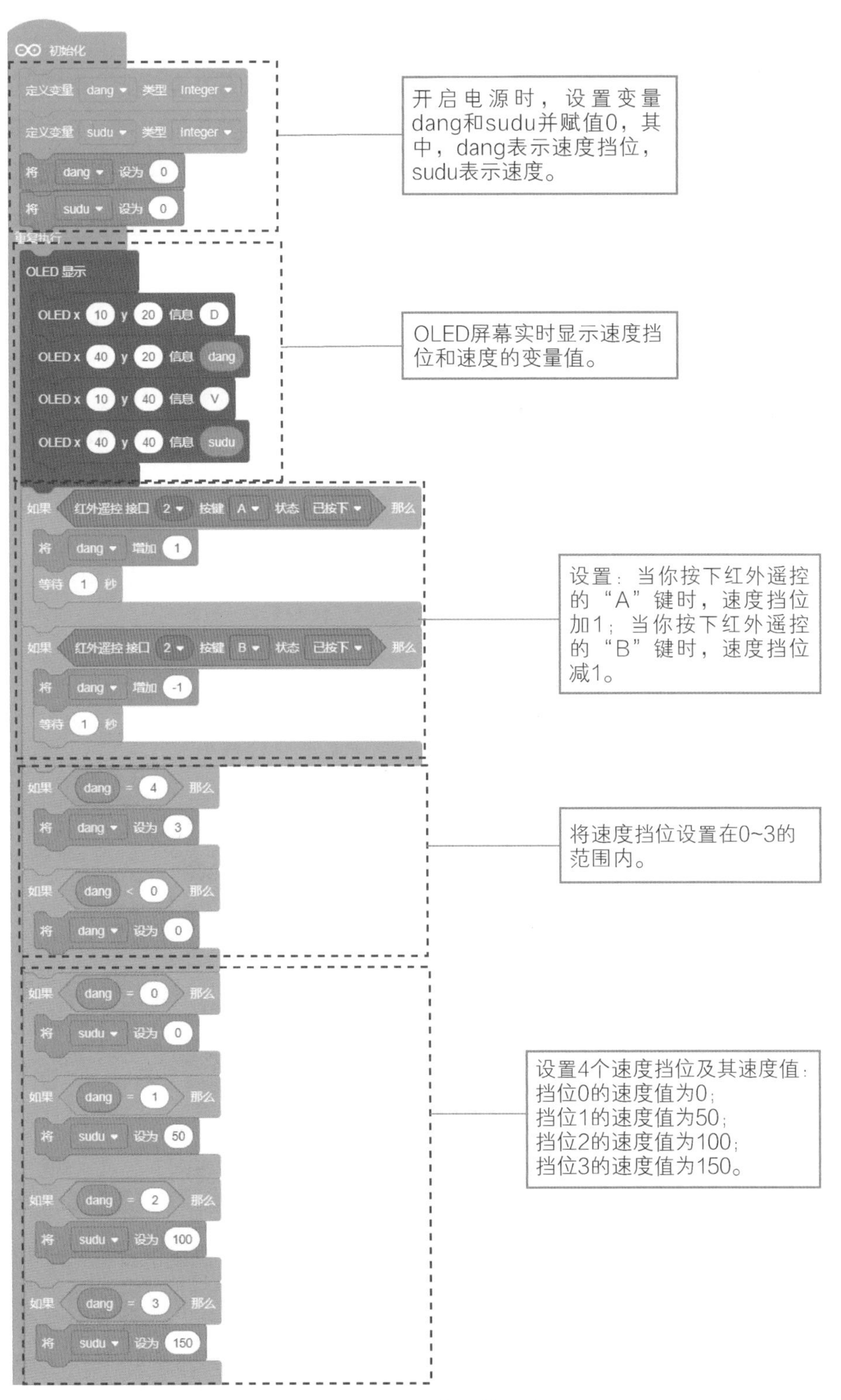

图 14-26 速度调挡程序

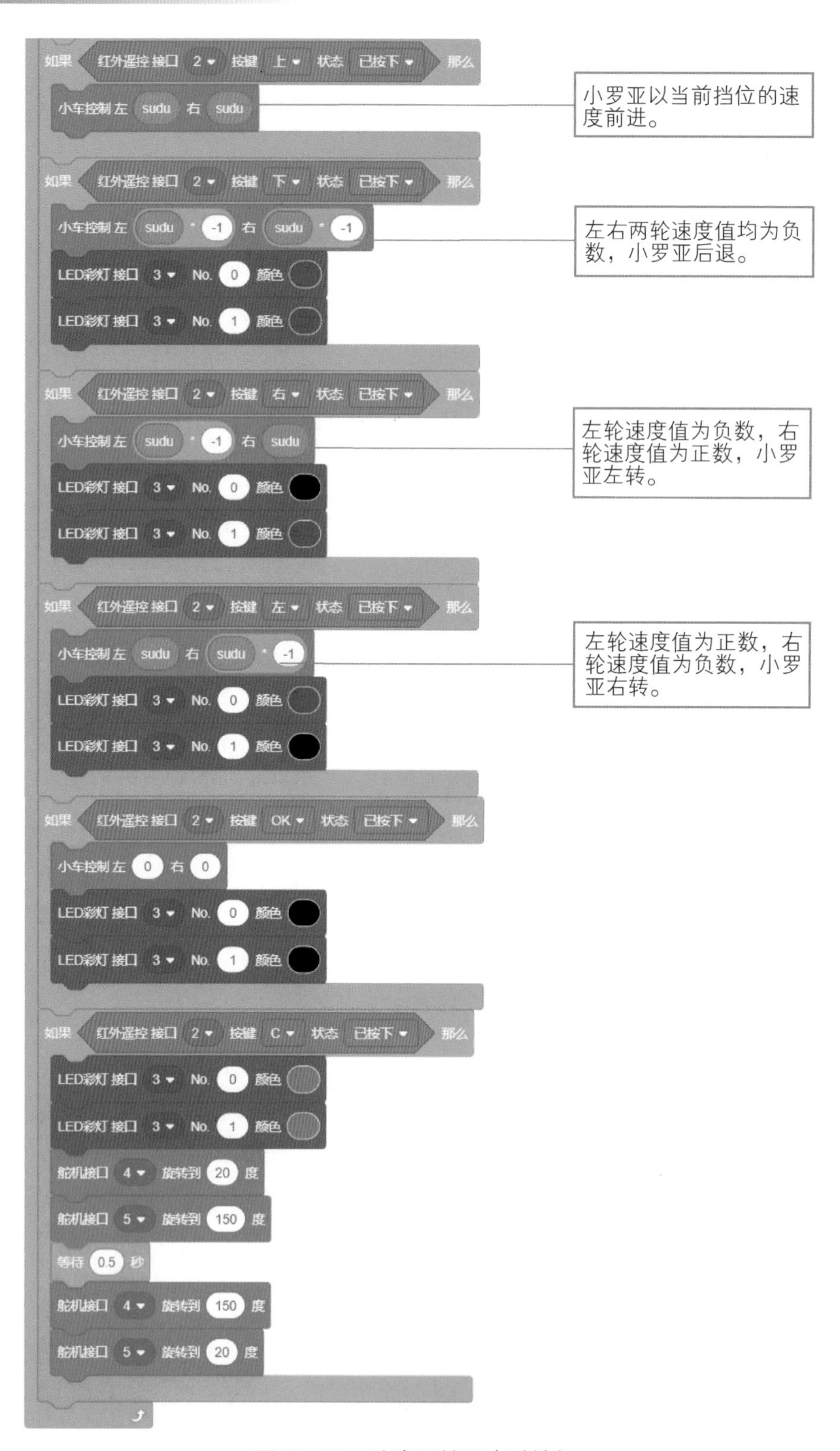

图 14-26 速度调挡程序（续）

3. 程序运行调试

运行程序，我们可以遥控小罗亚以不同的速度挡位前进、后退、左转、右转，还能遥控小罗亚搬运货物。

六、小想法

小罗亚已经具有速度调挡功能，请尝试调整左转弯或右转弯的速度差，通过遥控帮小罗亚实现如急转弯、平缓转弯等多种拐弯功能。

七、你做得怎么样

根据自己在本课中的学习表现情况进行自我评价（“√”）。

知识技能	优秀	良好	一般	合格	仍需努力	备注
对元件、传感器的了解						
机器人搭建与接线情况						
程序编写与调试情况						
问题与困惑的解决情况						
创意与创造力表现						

第15课 智能导游车

一、我能干什么

在本课中，小罗亚变身为智能导游车（见图 15-1），能沿着特定路线带领游客感受风景之美。这不仅能增添游客的乐趣、激发其好奇心，还能为景点节约劳动力。我们一起来看看导游小罗亚是如何精准指引旅游路线的吧！

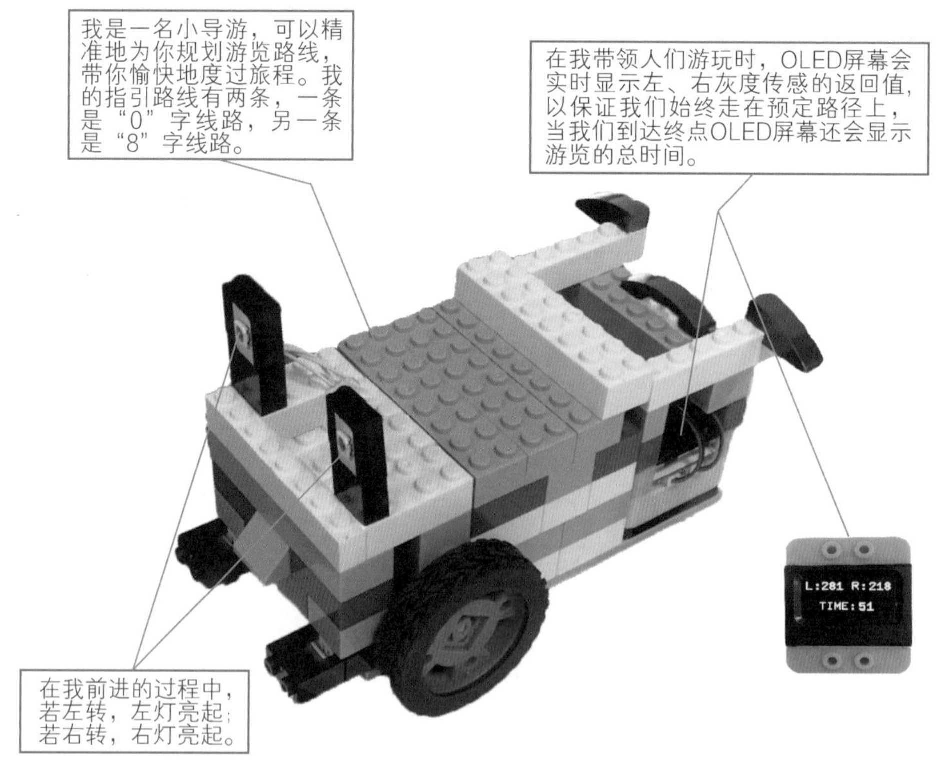

图 15-1　“智能导游车”展示图

二、我从哪里来

一起来看看小罗亚由哪些部件组成吧（见图 15-2~图 15-15）！

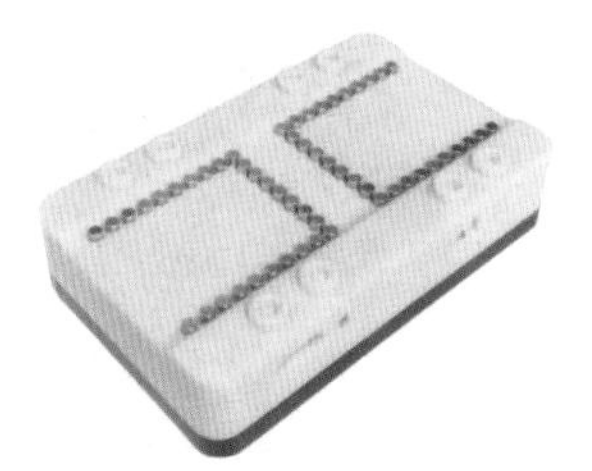

图 15-2　电池盒 ×1

图 15-3　USB 线 ×1

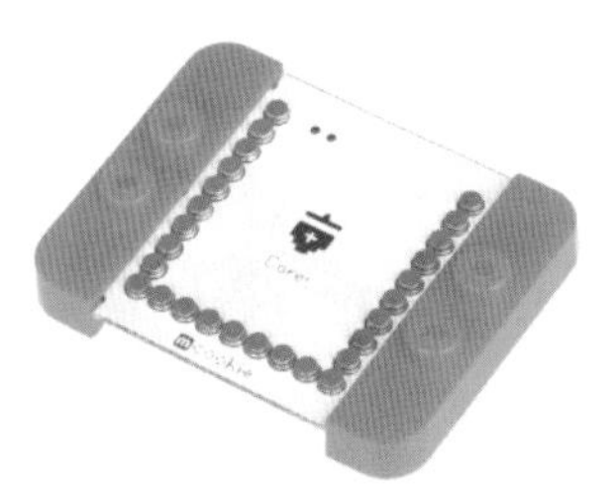

图 15-4　核心模块 ×1

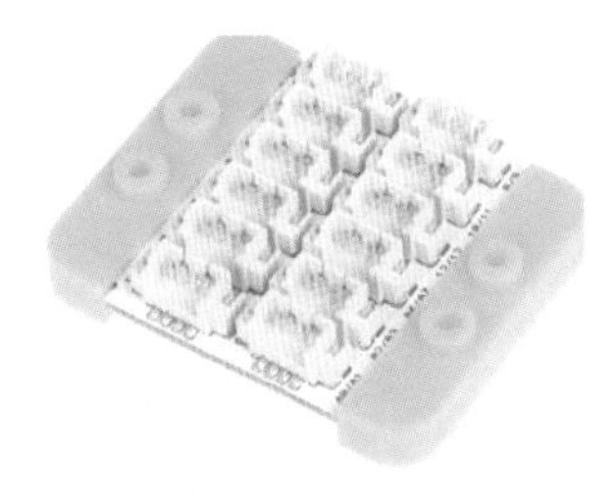

图 15-5　传感器接口板 ×1

图 15-6　4Pin 连接线 ×4

图 15-7　LED 彩灯（D）×2

图 15-8　OLED 屏幕 ×1

图 15-9　灰度传感器（A）×2

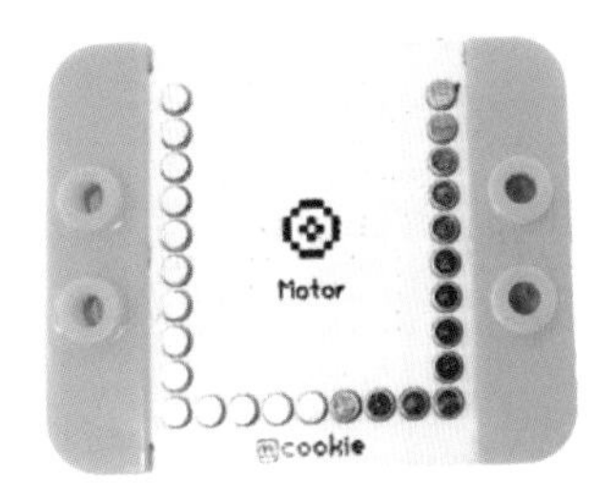

图 15-10　Motor 模块 ×1

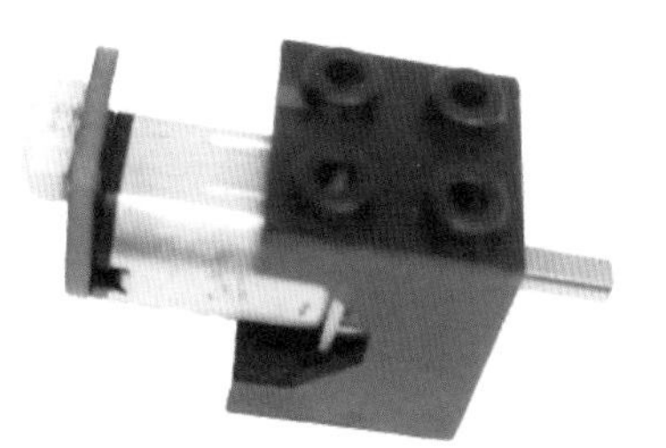

图 15-11　N20 电机 ×2

图 15-12　2Pin 连接线 ×2

图 15-13　车轮 ×2

图 15-14　万向轮 ×1

图 15-15　声音传感器 ×1

三、换装大变身

（1）拼合模块板与电池盒。

（2）连接两个电机与Motor模块。

（3）连接两个灰度传感器与传感器接口板。用一条 4Pin线连接第一个灰度传感器的IN接口与传感器接口板的A0/A1 接口；用一条 4Pin线连接第二个灰度传感器的IN接口与传感器接口板的A2/A3 接口，如图 15-16 所示。

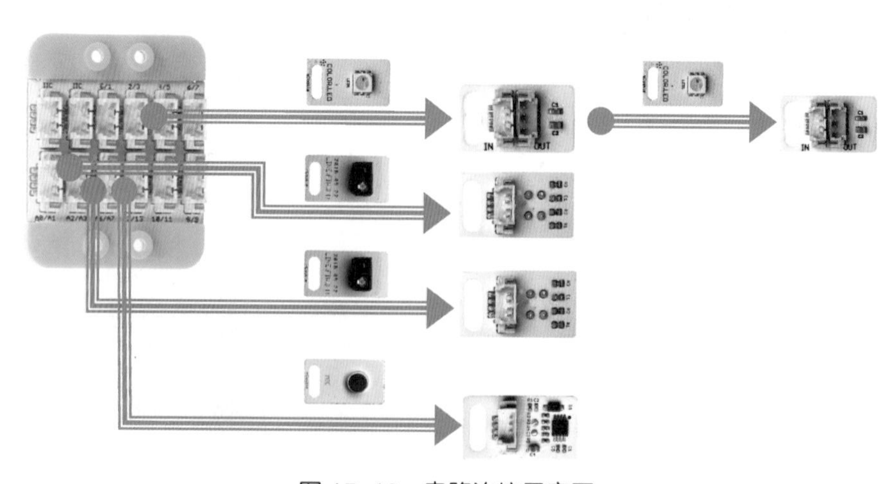

图 15-16　电路连接示意图

（4）连接两个LED彩灯与传感器接口板。用一条 4Pin线连接第一个LED彩灯（D）的IN接口与传感器接口板的 2/3 接口，搭建小罗亚的左尾灯；用另一条 4Pin线连接第二个LED彩灯（D）IN接口与第一个LED彩灯的OUT接口，搭建小罗亚的右尾灯，如图 15-16 所示。

（5）连接声音传感器与传感器接口板。用一条 4Pin线连接声音传感器与传感器接口板的A6/A7 接口，如图 15-16 所示。

四、我的基本功

小罗亚能够沿黑色路径自动巡线。在图 15-17 所示“0”字路线图中，蓝色矩形代表小罗亚，它能够通过前方的左、右灰度传感器感知自身是否偏离路线，并及时向相反方向偏转，从而确保自己始终沿着黑色路线前进。同时，小罗亚偏转时会通过左、右LED进行指示，并在达到终点后自动停止前进。

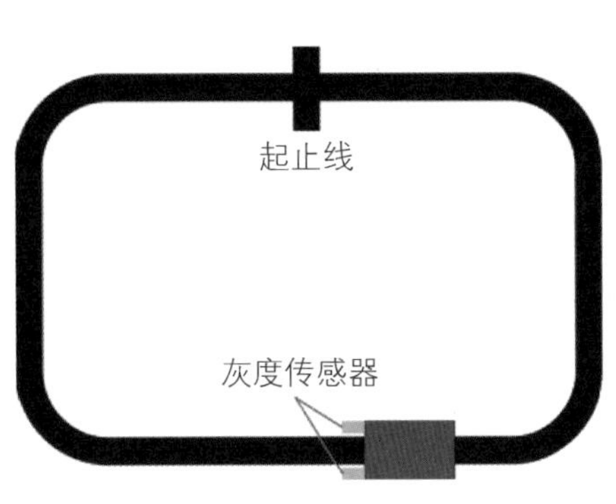

图 15-17　“0”字路线

在小罗亚前进的过程中，能够通过灰度传感器的检测结果判断自身行进状态，并执行相应操作动作，三者具体对应关系如表 15-1 所示。

表 15-1　检测结果与行进状态对应关系

灰度传感器检测结果		行进状态	执行动作
左灰度传感器	右灰度传感器		
白	白	在路径中间	直行
白	黑	向左偏离路径	向右偏转
黑	白	向右偏离路径	向左偏转
黑	黑	到达起止线	停止

当小罗亚的左、右灰度传感器都检测到白色时，说明小罗亚行驶在路线正中间，此时小车直行；当小罗亚的左灰度传感器检测到白色，右灰度传感器检测到黑色时，说明此时小罗亚向左偏离了路线，所以小车需要向右偏转来调整位置；同理，当左灰度传感器检测到黑色，右灰度传感器检测到白色时，小车需要向左偏转；当小罗亚的左、右灰度传感器都检测到黑色时，说明小罗亚到达了起止线，此时小车会停下来。

灰度传感器的返回值在 0 ～ 1023 范围内，在灰度传感器正对地面且与地面相距 1 厘米左右的情况下，若地面为白色，返回值通常小于 300；若地面为黑色，返回值通常大于 700。因此我们可以选择 300 ～ 700 范围内的任意值作为阈值来判断地面颜色的黑白状态。值得注意的是，由于地面光滑度、环境光线等因素都会影响灰度传感器的返回值，因此阈值选择因视具体情况而定。

1. 程序流程

图 15-18 所示为小车“0”字路线巡线的程序流程。

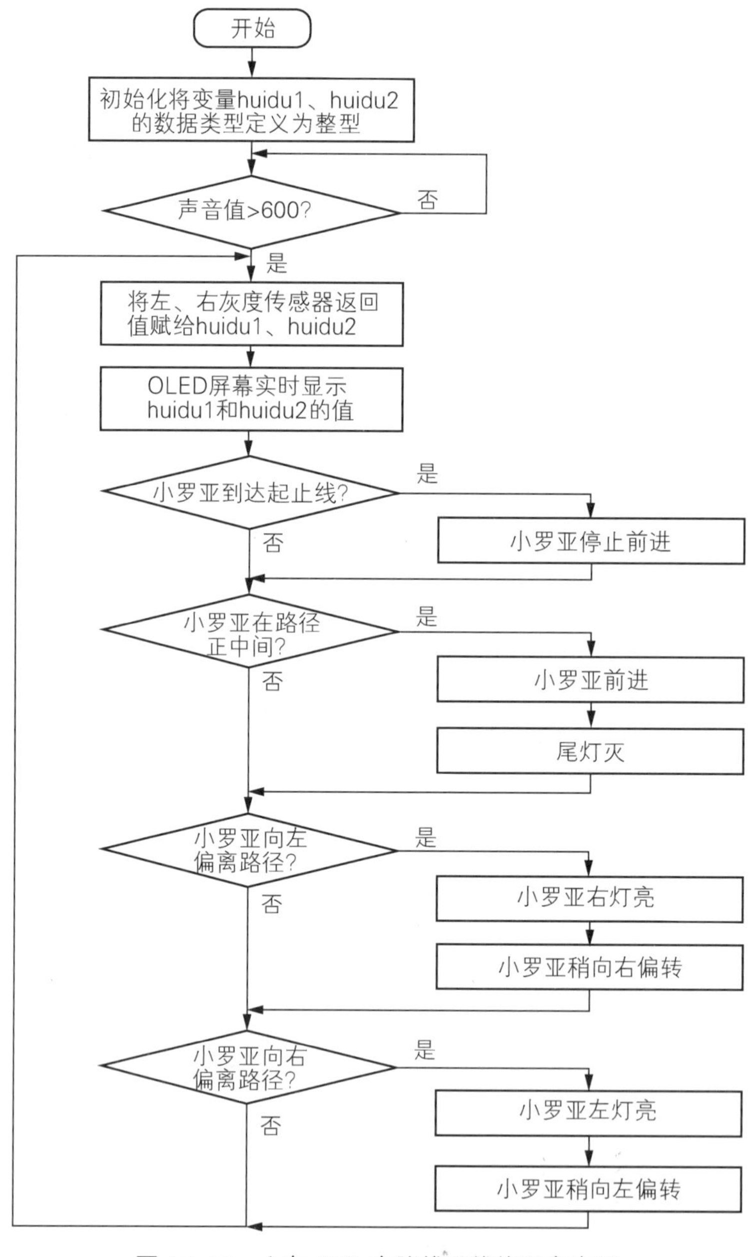

图 15-18　小车“0”字路线巡线的程序流程

2. 程序编写

打开mDesigner，新建“上传模式”项目并重命名，编写如图 15-19 所示的程序。

图 15-19　小车“0”字路线巡线程序

3. 程序运行调试

运行并上传程序，将小罗亚放在起止线的前方，然后通过拍掌启动小罗亚，看一看小罗亚能否沿着“0”字路线走完一圈并在到达起止线后自动停止，同时仔细观察小罗亚在偏离路线后能否迅速修正。

五、我的超能力

小罗亚除了能走“0”字路线，还能走更复杂的“8”字路线。在如图 15-20 所示的“8”字路线中，小罗亚能够从起止线出发，沿路径 1 ～路径 9 走完全部路程，并在到达起止线后自动停止，同时，OLED 屏幕上会显示小罗亚走完全程所花费的时间。

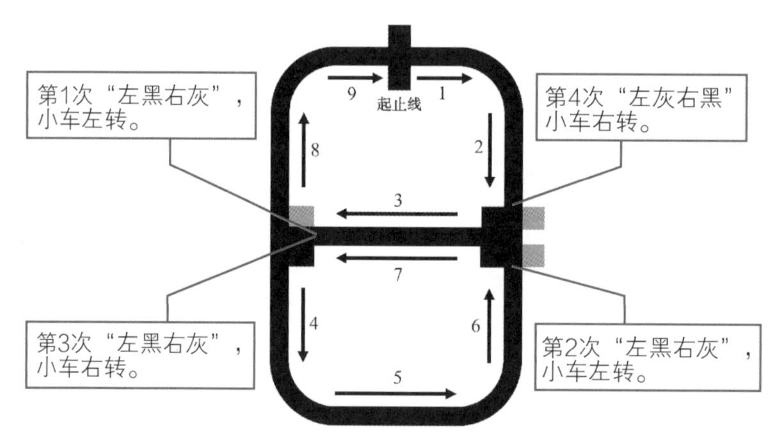

图 15-20　小车“8”字路线巡线

1. 认识新积木

实现这个超能力需要使用的积木如图 15-21 所示。

图 15-21　Arduino 分类中的系统运行时间积木

2. 程序流程

小罗亚之所以能够绕“8”字路线行进，是因为它不仅能够识别地面的“白色”与“黑色”，还能识别“灰色”。在图 15-22 中，当小罗亚行进到路径 2 与路径 3 的交汇点时，左、右灰度传感器的检测结果为“左灰右黑”，此时小罗亚需要右转。然而，在接下来的“路径 3 与路径 4”“路径 6 与路径 7”“路径 7 与路径 8”的 3 个交

汇点上，灰度传感器的检测结果都为“左黑右灰”，在这 3 个点上小罗亚的转向并不一致，前两次小罗亚需要左转，第 3 次则需要右转。因此，我们需要专门设置一个变量count，每当检测到“左黑右灰”的情况时，将count加 1，然后再根据count的值判断小罗亚需要左转还是右转。

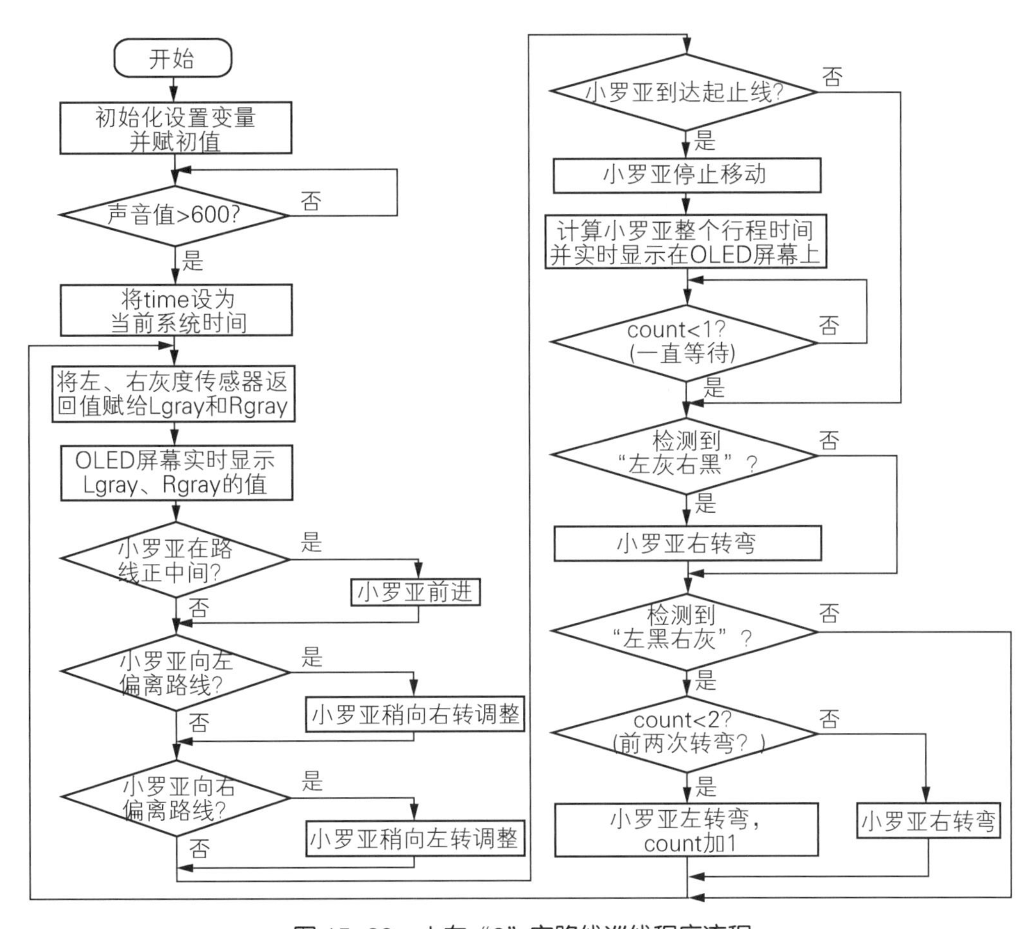

图 15-22　小车“8”字路线巡线程序流程

同时，在小罗亚达到终点后，设置“等待count<1”条件，使程序始终在此等待，实际上等效于整个程序停止运行。因此，在本程序中，如果小罗亚走完“8”字路线后重新开启下一个行程时，需要断电后重新上电重置整个程序。

3. 程序编写

打开mDesigner，新建“上传模式”项目并重命名，编写如图 15-23 所示的程序。在本程序调试环境下，以 300 和 700 作为分隔点将灰度传感器返回值（0 ～ 1023）划分为 3 个区间，0 ～ 299 代表检测结果为白色，301 ～ 699 代表检测结果为灰色，701 ～ 1023 代表检测结果为黑色。

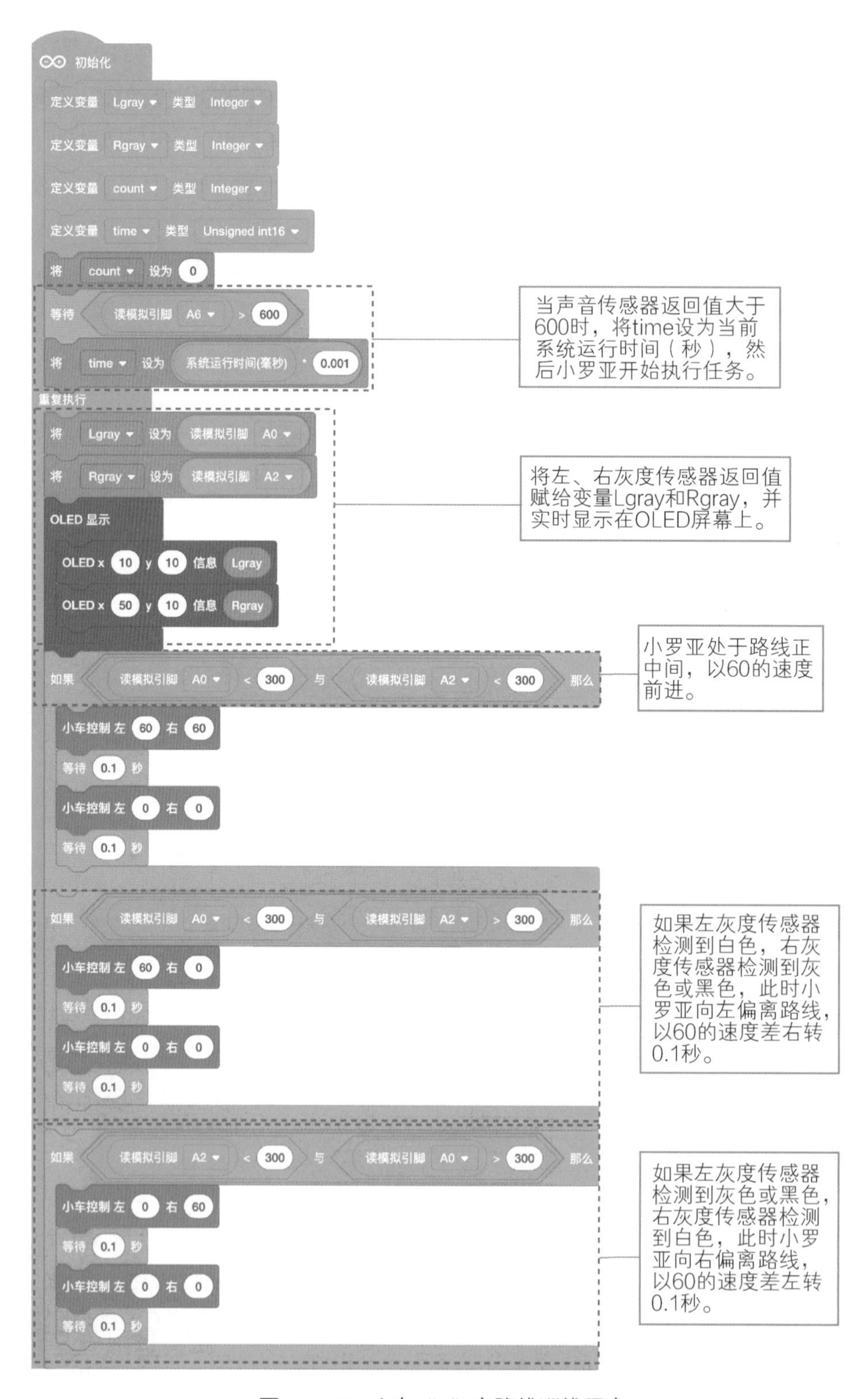

图 15-23　小车“8”字路线巡线程序

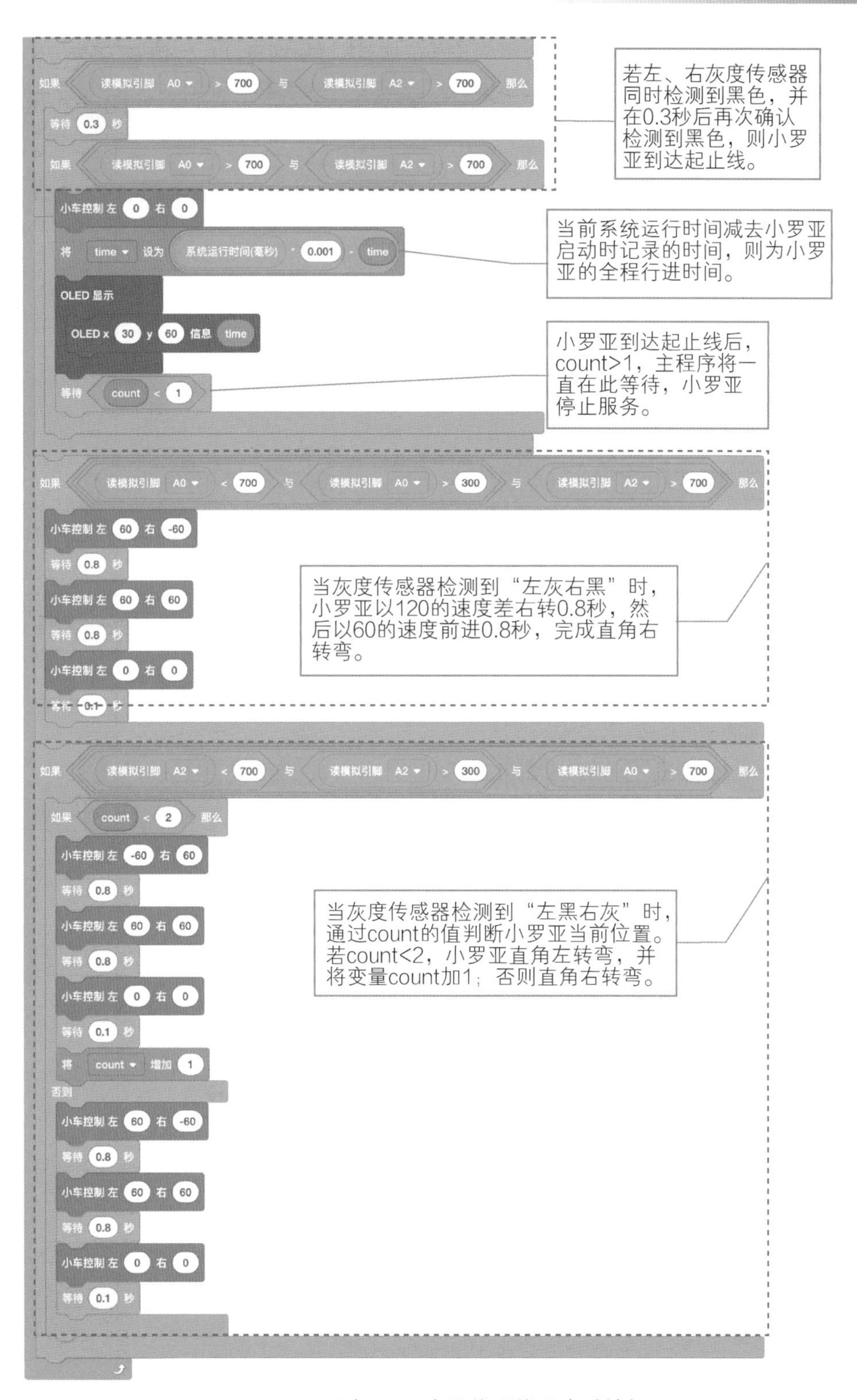

图 15-23　小车“8”字路线巡线程序（续）

4. 程序运行调试程序

运行并上传程序，将小罗亚放在起止线的前方，然后通过拍掌启动小罗亚，看一看小罗亚能否沿着“8”字路线走完全程并在到达起止线后自动停止。同时，仔细观察小罗亚能否实现较为完美的直角转弯，请你进一步调试程序，让小罗亚走完一圈的速度更快。

六、小想法

请为小罗亚增加语音播放功能，当小罗亚到达某个景点标志时，能够播放音频介绍相关景点。

七、你做得怎么样

根据自己在本课中的学习表现情况进行自我评价（“√”）。

知识技能	优秀	良好	一般	合格	仍需努力	备注
对元件、传感器的了解						
机器人搭建与接线情况						
程序编写与调试情况						
问题与困惑的解决情况						
创意与创造力表现						

第16课 超能小罗亚

一、我能干什么

我们知道小罗亚能够变身为清洁小卫士、搬运小能手以及导游小精灵，那我们能不能结合Wi-Fi模块制作一个超能小罗亚呢？当我们在外时，可以通过远程Wi-Fi控制小罗亚，使小罗亚帮助我们完成清洁卫生、搬运货物等工作（见图16-1）。

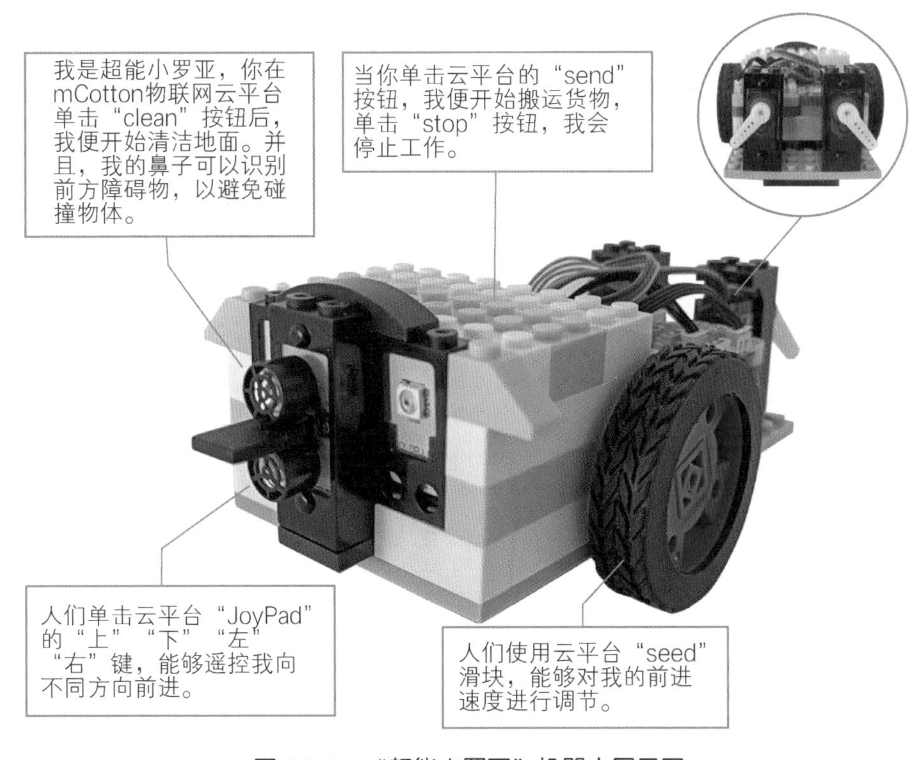

图16-1　“超能小罗亚”机器人展示图

二、我从哪里来

一起来看看小罗亚由哪些部件组成吧（见图16-2~图16-16）!

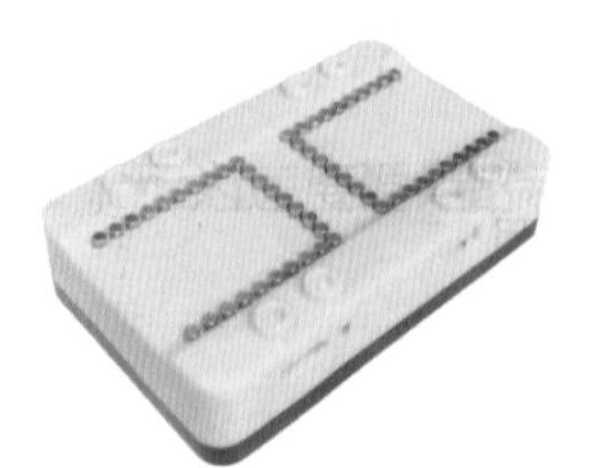

图 16-2　电池盒 ×1

图 16-3　USB 线 ×1

图 16-4　核心模块 ×1

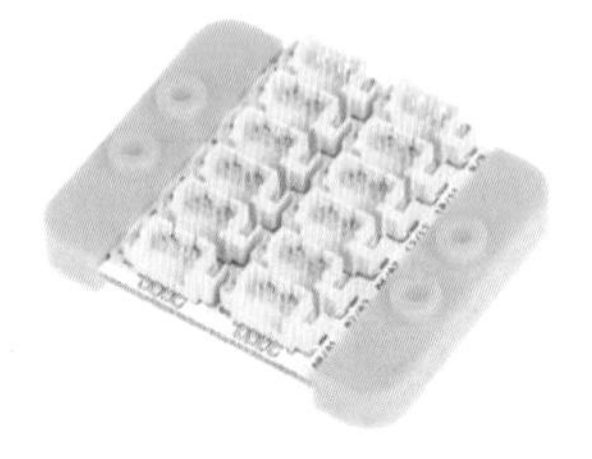

图 16-5　传感器接口板 ×1

图 16-6　4Pin 连接线 ×5

图 16-7　LED 彩灯（D）×2

图 16-8　舵机（D）×2

图 16-9　舵机转接板 ×1

图 16-10　超声波传感器（A）×1

图 16-11　万向轮 ×1

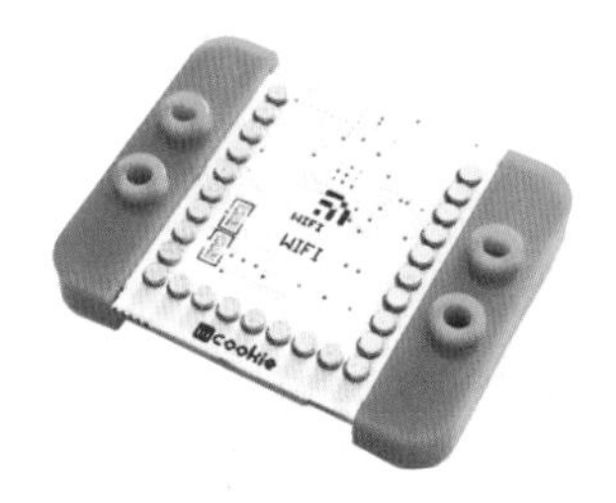

图 16-12　Wi-Fi 模块 ×1

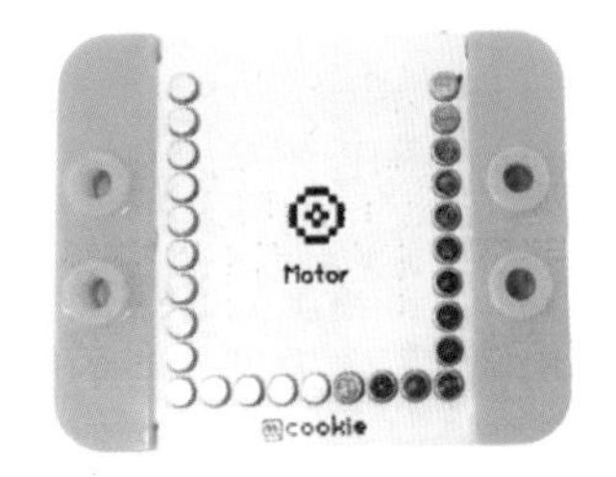

图 16-13　Motor 模块 ×1

图 16-14　N20 电机 ×2

图 16-15　2Pin 连接线 ×2

图 16-16　车轮 ×2

三、换装大变身

1. 拼合模块板与电池盒

按照如图 16-17 所示的样子拼合模块板与电池盒。

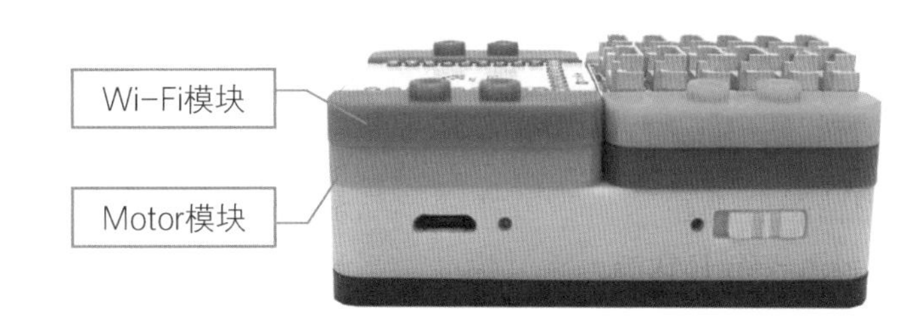

图 16-17　拼合模块板与电池盒

2. 将两个电机接上Motor模块

分别将两个车轮安装到两个N20 电机的轴上，并用两条 2Pin线分别连接两个N20 电机与Motor模块的 1A/1B和 2A/2B接口，搭建小罗亚的腿部，如图 16-18 所示。

3. 使两个LED彩灯接上传感器接口板

用一条 4Pin线连接第一个LED彩灯的IN接口与传感器接口板的 6/7 接口，搭建小罗亚的左眼；用另一条 4Pin线连接第二个LED彩灯IN接口与第一个LED彩灯的OUT接口，搭建小罗亚的右眼，电路连接示意图如图 16-19 所示。

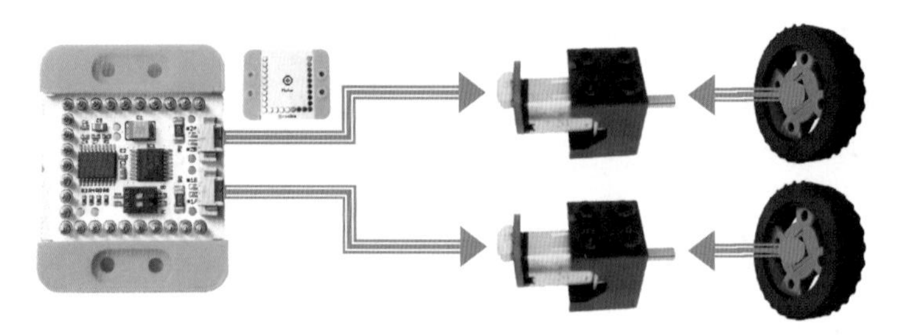

图 16-18　电机、Motor 模块电路连接示意图

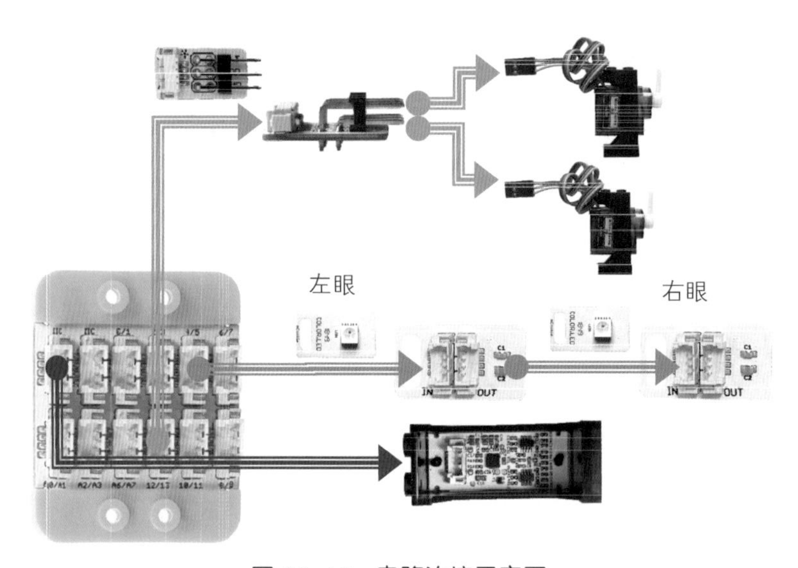

图 16-19　电路连接示意图

4. 使两个舵机接上传感器接口板

用一条 4Pin 线连接舵机转接板的 IN 接口与传感器接口板的 9/10 接口；用一条 3Pin 线连接第一个舵机和舵机转接板的 1 接口，搭建小罗亚的左手；用另一条 3Pin 线连接第二个舵机和舵机转接板的 2 接口，搭建小罗亚的右手，电路连接示意图如图 16-19 所示。

5. 使一个超声波传感器接上传感器接口板

用一条 4Pin 线连接超声波传感器与传感器接口板的 IIC 接口。

6. 配置 Wi-Fi 并连接物联网云平台

（1）打开并登录 mCotton 云平台

打开 mCotton 物联网云平台，单击左方导航栏的“登录”，登录个人用户。

（2）新建并命名我的设备

新建并命名我的设备为“超能小罗亚”，如图 16-20 所示。

图 16-20　新建并命名我的设备

（3）设置项目内容的数据通道

新增两个数据通道，分别命名为show_S1、show_S2，将数据类型设置为string，通过两个数据通道可将Wi-Fi模块的数据发送至硬件设备，具体操作过程如图 16-21 所示。

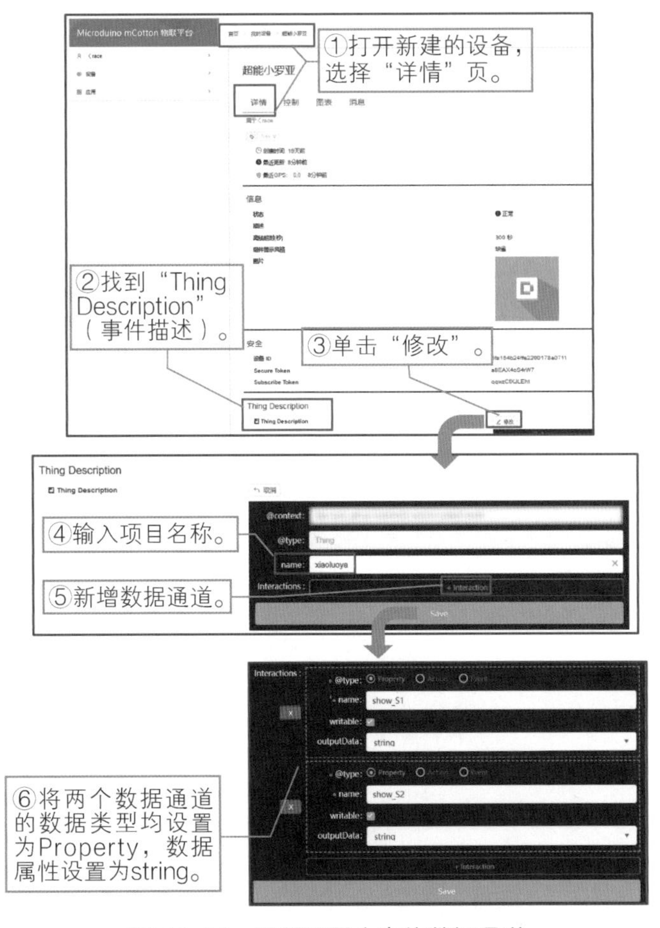

图 16-21　设置项目内容的数据通道

（4）设置按钮，实时发送同步数据

新增 3 个交互控件按钮，分别命名为“clean”“send”“stop”，数据源均选择“show_S1”，将发送值分别设置为“clean”“send”“stop”。图 16-22 以“clean”按钮为例介绍具体设置方法。

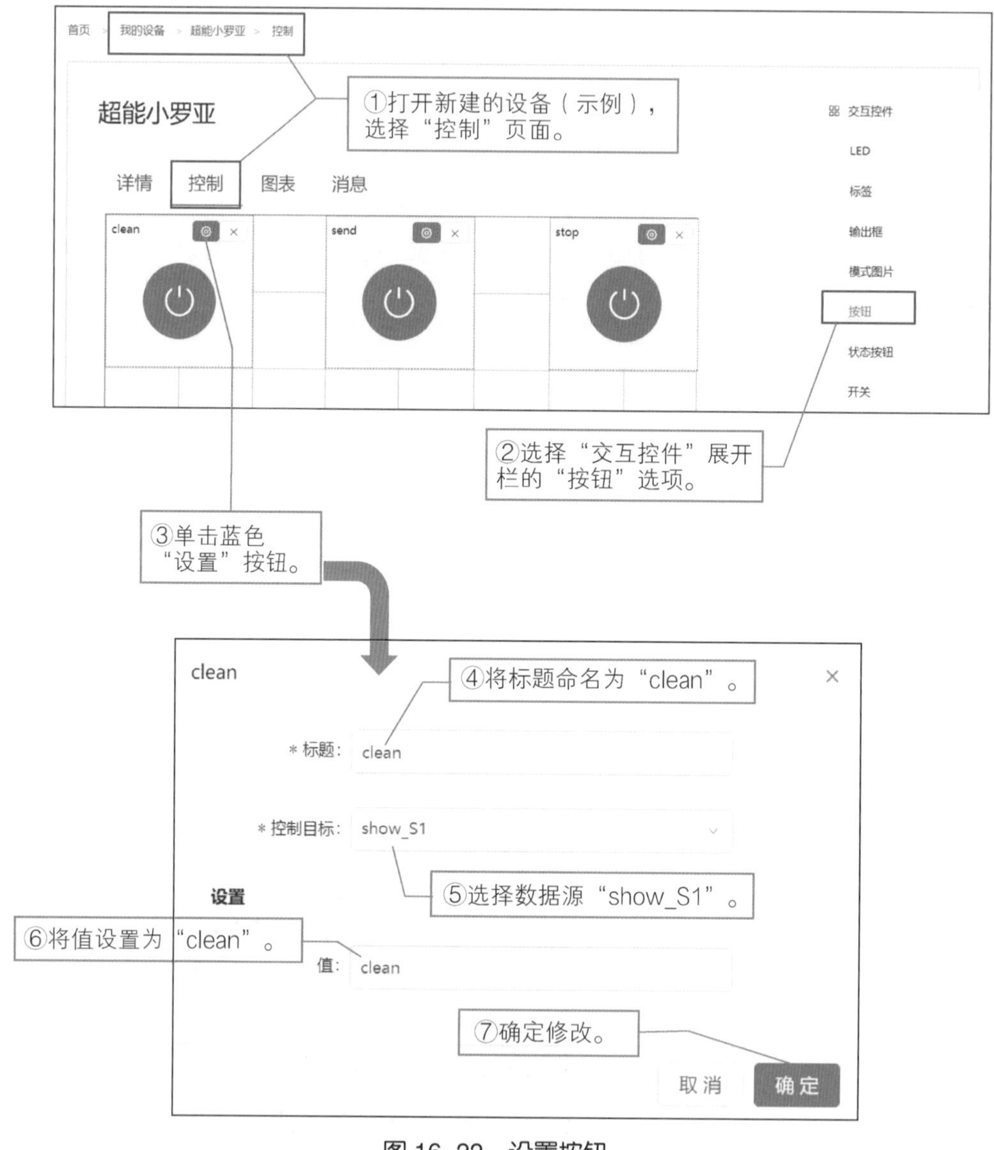

图 16-22　设置按钮

（5）设置滑块，实时发送调节速度的数据

新增一个滑块，将标题命名为“seed”，选择数据源“show_S1”，设置方法如图 16-23 所示。

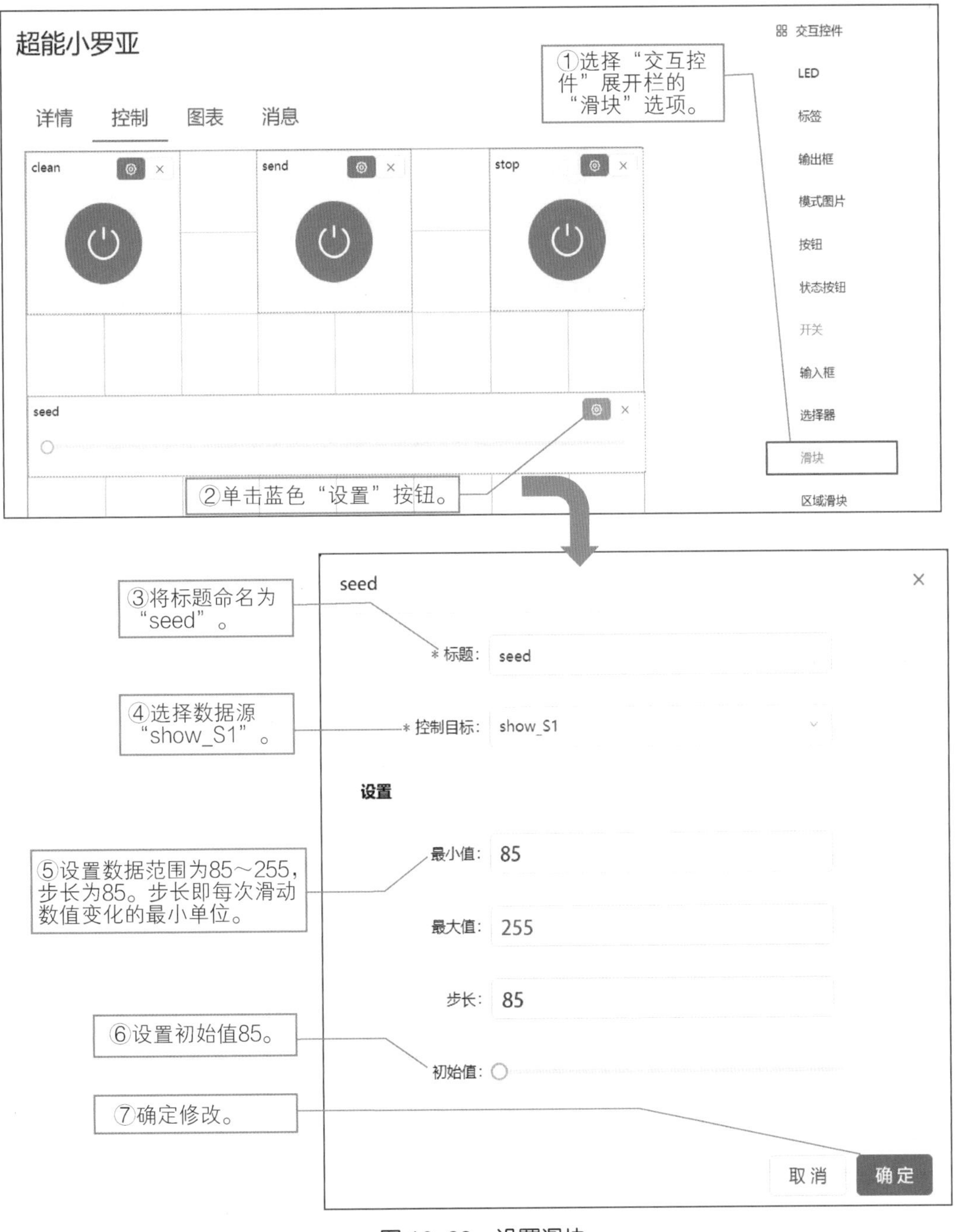

图 16-23　设置滑块

（6）设置操纵按钮，实时发送同步数据

新增一个操纵面板，将标题命名为“JoyPad”，选择数据源“show_S2”，设置方法如图 16-24 所示。

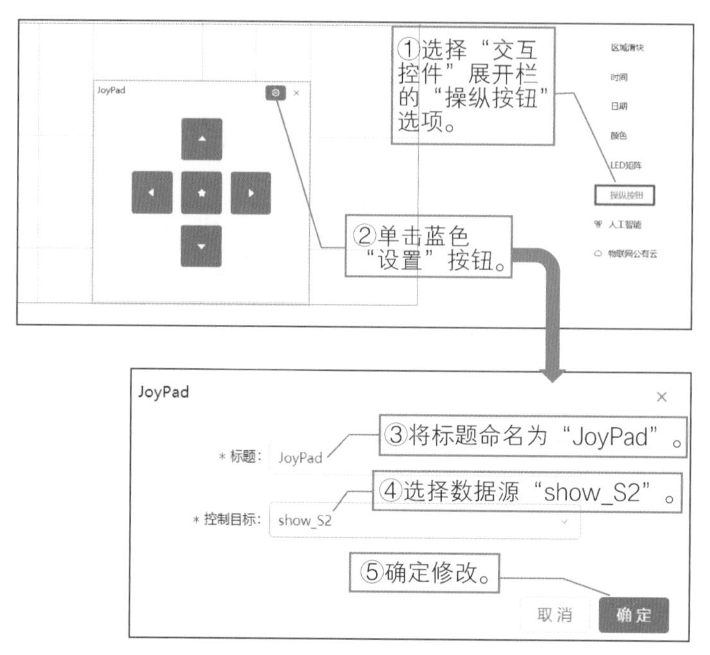

图 16-24　设置操纵按钮

四、我的基本功

打开电源并通过Wi-Fi成功连接mCotton物联平台后，小罗亚的双眼变亮并呈紫色，表示准备就绪。此时，小罗亚能够根据你的远程控制指令进行清洁工作，同时，你还可以调节控制小罗亚的清洁速度。

1. 认识新积木

实现这个功能需要使用的积木如图 16-25、图 16-26 所示。

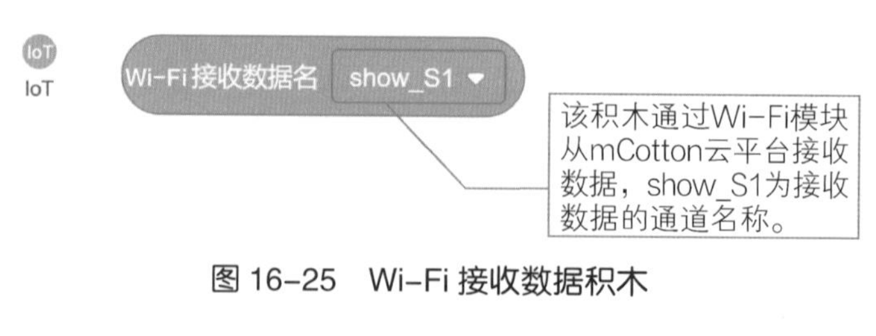

图 16-25　Wi-Fi 接收数据积木

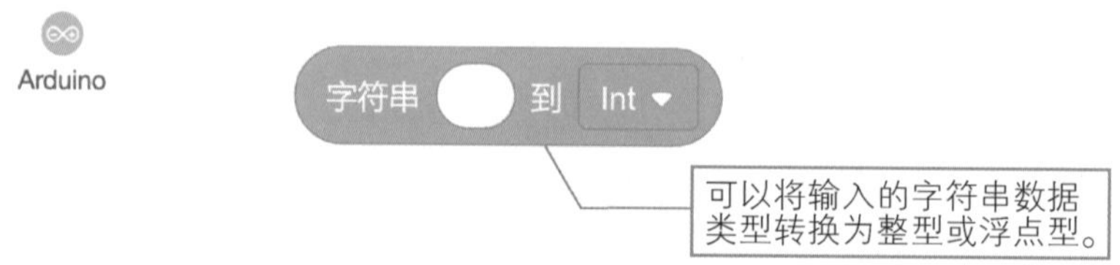

图 16-26　字符串转数值积木

2. 程序流程

图 16-27 所示为远程控制清洁的程序流程。

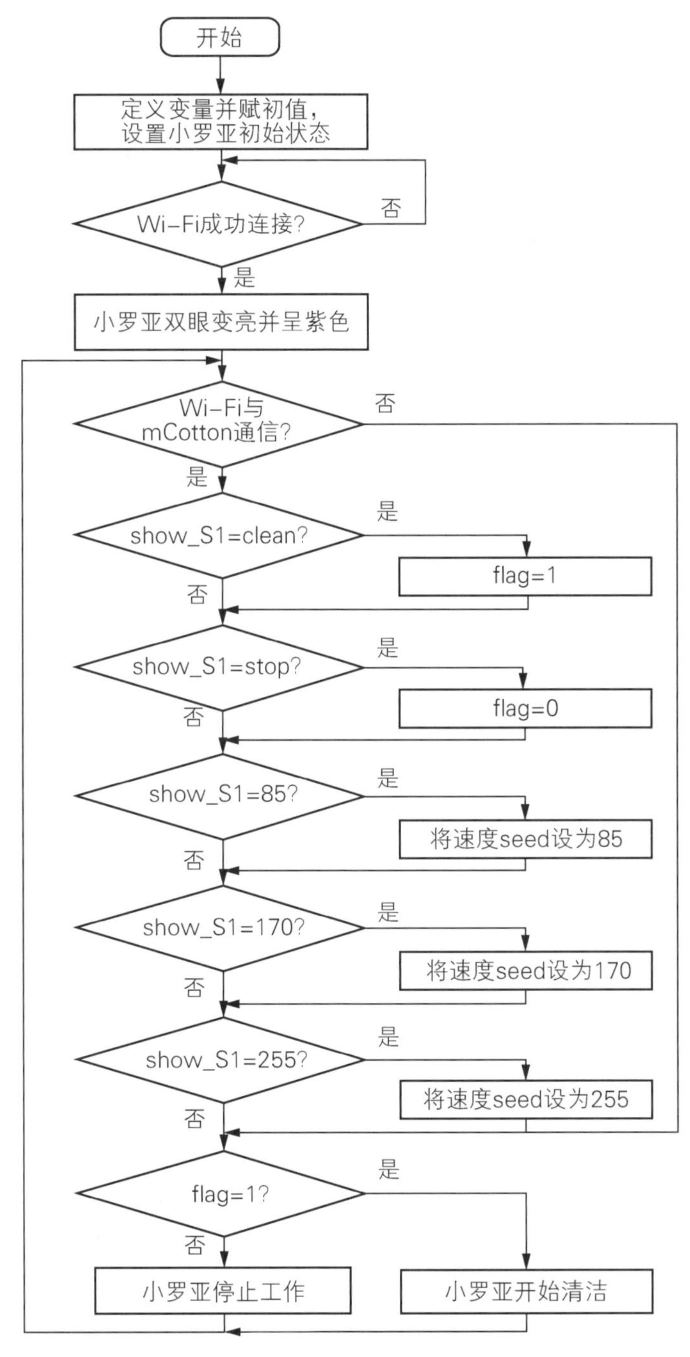

图 16-27　远程控制清洁的程序流程

3. 程序编写

打开mDesigner，新建“上传模式”项目并重命名，首先编写如图 16-28 所示的控制小罗亚清洁的子程序“clean”，以及如图 16-29 所示的小罗亚停止程序“stop”，然后编写如图 16-30 所示的远程控制清洁程序。

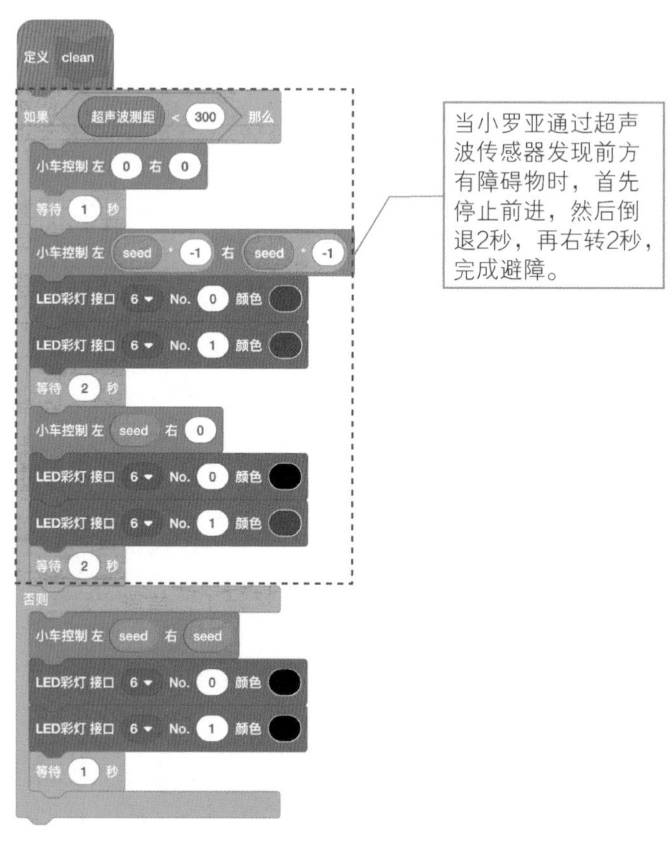

图 16-28　“clean”子程序

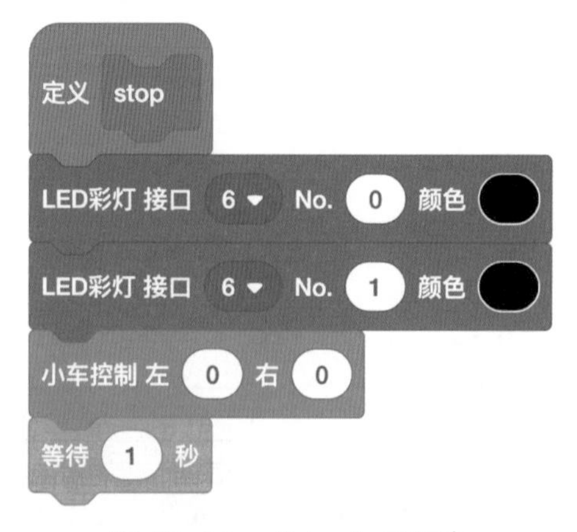

图 16-29　“stop”子程序

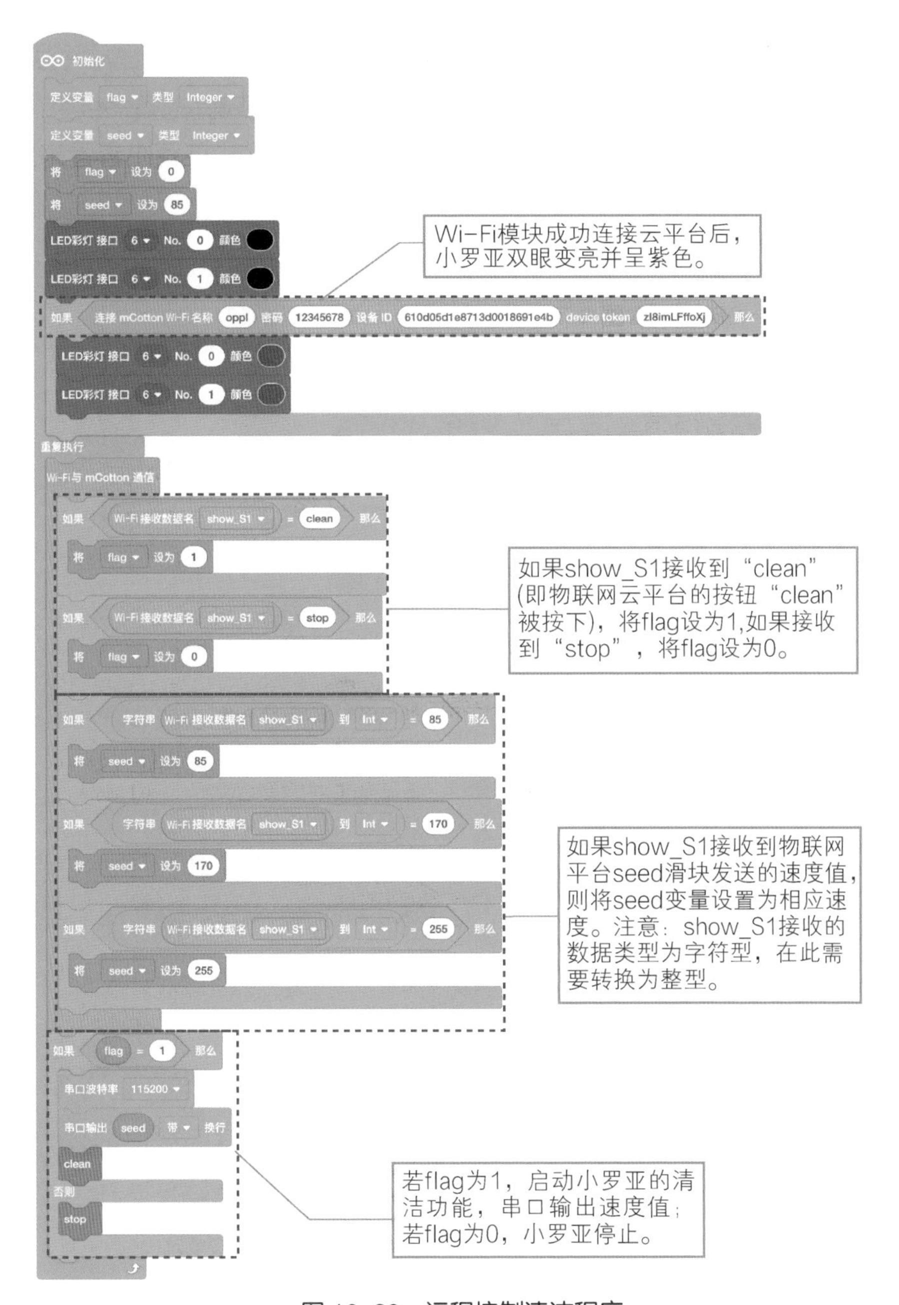

图 16-30　远程控制清洁程序

4. 程序运行调试

运行并上传程序，在mCotton云平台上单击“clean”按钮，控制小罗亚进行清洁工作，仔细观察小罗亚能否有效避开前方障碍物。同时，试一试使用mCotton云平台上的“seed”滑块调节小罗亚的前进速度。

五、我的超能力

我们不仅能远程控制小罗亚切换速度挡位进行清洁工作，还可以远程控制小罗亚搬运货物。

1. 程序流程

图 16-31 所示为远程控制清洁和搬运货物的程序流程。

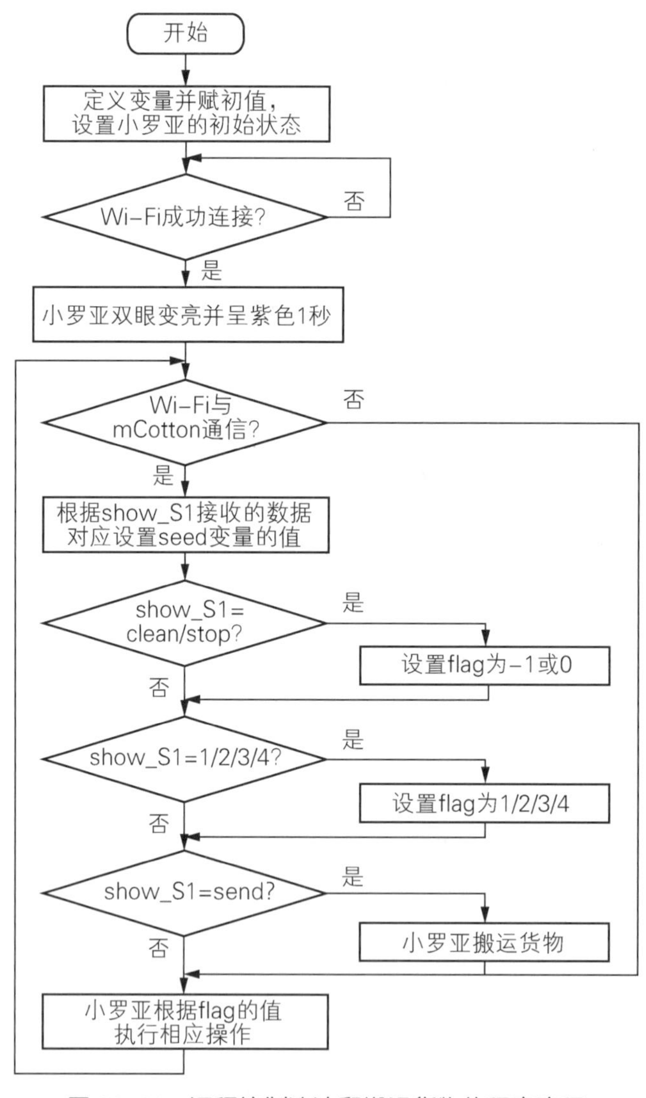

图 16-31　远程控制清洁和搬运货物的程序流程

2. 程序编写

打开mDesigner，新建“上传模式”项目并重命名，重复使用前面的“clean”

（见图 16-28）与“stop”（见图 16-29）两个子程序；然后编写如图 16-32 所示的“seed”子程序，以及如图 16-33 所示的 4 个方向控制子程序；最后编写如图 16-34 所示的远程控制清洁和搬运货物程序。

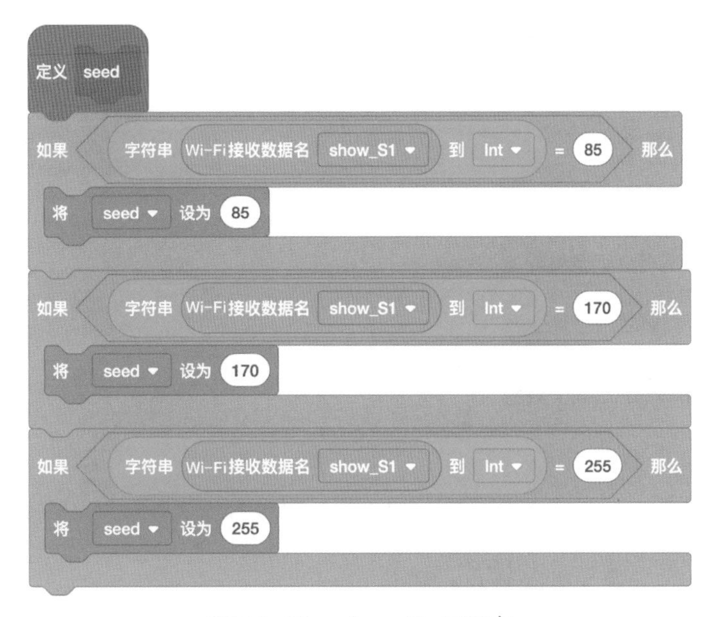

图 16-32　“seed”子程序

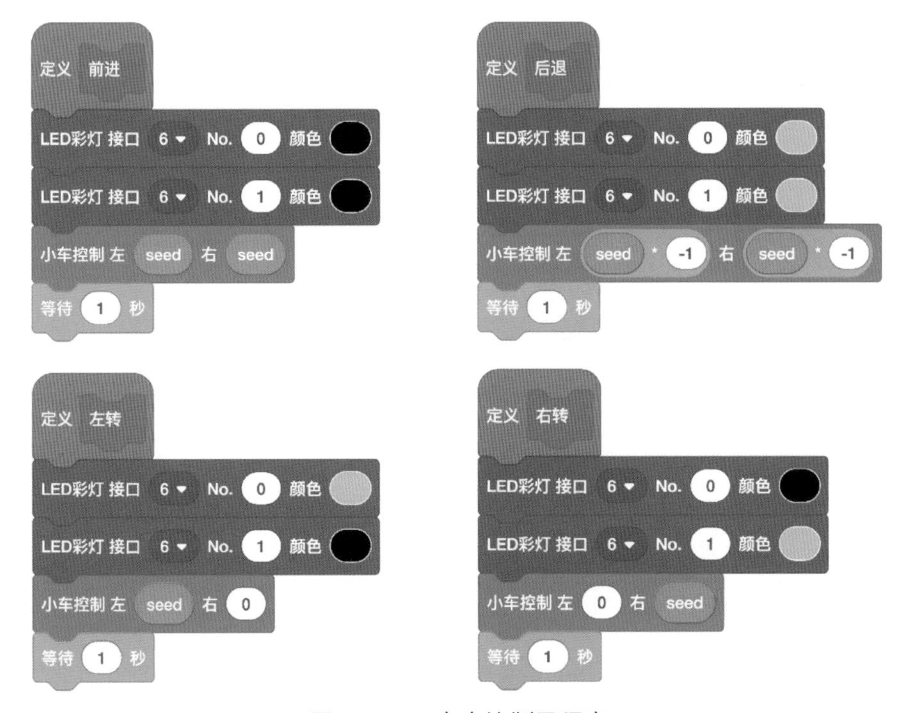

图 16-33　方向控制子程序

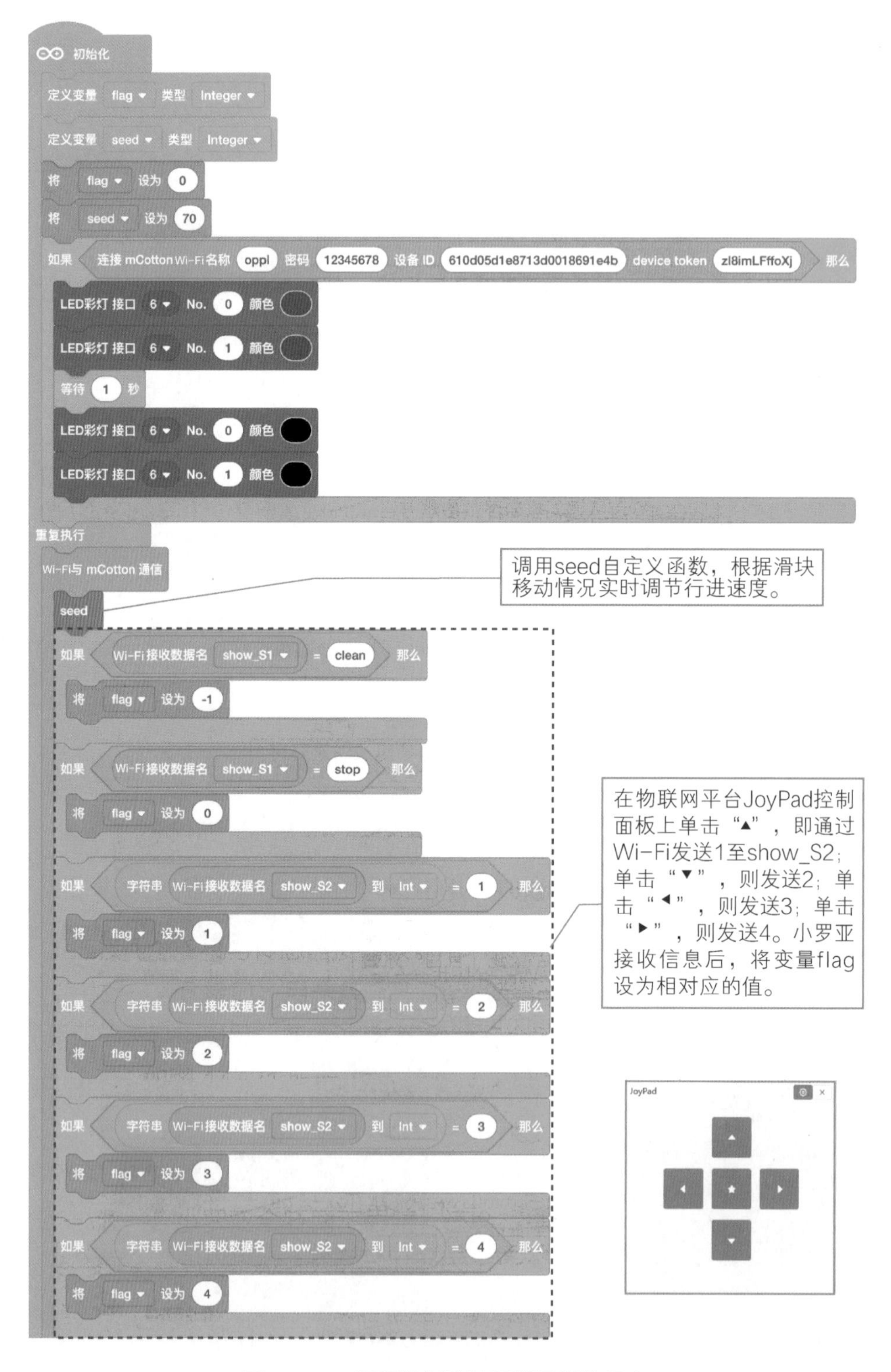

图 16-34　远程控制清洁和搬运货物程序

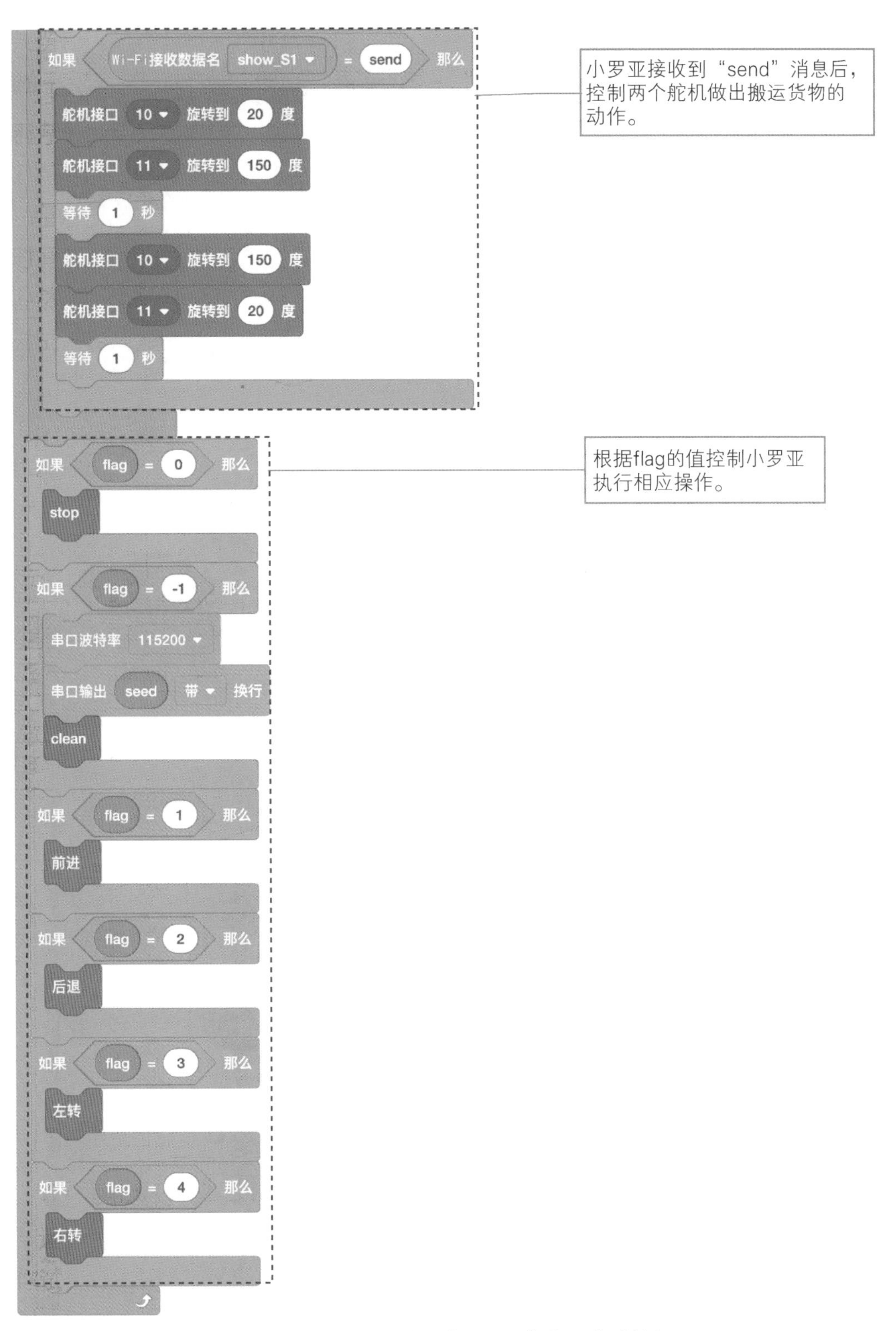

图 16-34　远程控制清洁和搬运货物程序（续）

3. 程序运行调试

运行并上传程序，我们就可以在mCotton云平台上通过前、后、左、右4个方向键遥控小罗亚移动，还可控制小罗亚搬运货物。注意观察，当你在云平台按下一次左转或右转键后，如果没有再按其他键，小罗亚会一直左转或右转。想一想如何修改程序，能够实现每按一次转向键，小罗亚只转向一次。

六、小想法

尝试使用物联网云平台的聊天机器人、百度人脸识别控件，为小罗亚增设人脸识别和语音交流功能，这样小罗亚不仅可以识别不同的人群，还可以进行语音交流，为我们解答生活中的各种问题。

七、你做得怎么样

根据自己在本课中的学习表现情况进行自我评价（“√”）。

知识技能	优秀	良好	一般	合格	仍需努力	备注
对元件、传感器的了解						
机器人搭建与接线情况						
程序编写与调试情况						
问题与困惑的解决情况						
创意与创造力表现						